"十四五"普通高等教育本科部委级规划教材

机械设计基础

（第3版）

胥光申　沈瑜　主编

汪成龙　贾妍　昝杰　副主编

中国纺织出版社有限公司

内 容 提 要

本书是根据教育部机械设计基础课程教学基本要求，并结合多年的教学实践经验，以加强学生的素质教育和能力培养为目标，满足我国机械工业、轻纺工业发展需要，在上一版的基础上修订而成。全书共 12 章，内容包括：绪论，机构的组成，平面机构的运动分析，平面连杆机构及其设计，凸轮机构及其设计，齿轮传动及其设计，轮系及其设计，其他常用机构及其应用，机械平衡与机械运转调速，带传动与链传动，螺纹连接，轴系零部件设计。每章前设有知识要点和知识探索，后附有习题，以供学生自学和复习。

本书可作为高等院校机械类专业和非机械类专业机械设计课程的教材，也可作为高等职业院校相关专业的教材，还可供相关工程技术人员参考。

图书在版编目（CIP）数据

机械设计基础 / 胥光申，沈瑜主编；汪成龙，贾妍，昝杰副主编. --3 版. --北京：中国纺织出版社有限公司，2023.6

"十四五"普通高等教育本科部委级规划教材

ISBN 978-7-5229-0549-5

Ⅰ. ①机… Ⅱ. ①胥… ②沈… ③汪… ④贾… ⑤昝… Ⅲ. ①机械设计—高等学校—教材 Ⅳ. ①TH122

中国国家版本馆 CIP 数据核字（2023）第 072690 号

责任编辑：陈怡晓 孔会云 责任校对：高 涵
责任印制：王艳丽

中国纺织出版社有限公司出版发行
地址：北京市朝阳区百子湾东里 A407 号楼 邮政编码：100124
销售电话：010—67004422 传真：010—87155801
http://www.c-textilep.com
中国纺织出版社天猫旗舰店
官方微博 http://weibo.com/2119887771
三河市宏盛印务有限公司印刷 各地新华书店经销
2023 年 6 月第 1 版第 1 次印刷
开本：787×1092 1/16 印张：15.25
字数：345 千字 定价：52.00 元

第 3 版前言

本教材是"十四五"普通高等教育本科部委级规划教材，是在《机械设计基础》第 1 版和第 2 版的基础上修订而成。本版在总结了第 2 版使用经验的基础上，结合当前工程教育改革的需要，参考近年新教材的特点，考虑提高学生的能力和素质以及加强教学的适用性，对教材的体系和内容进行了进一步的补充和完善。在修订过程中，在保持本书原有特色的基础上，力求简明、实用，使其更符合当前培养人才的需要。本次修订的主要内容如下：

1. 对教材中涉及的国家标准、规范进行了梳理，采用了最新的国家标准，更新了相关数据。

2. 考虑机械设计的整体性和系统性，本版教材增加了与机械的运动学和动力学有关的内容。

3. 每章前面增加了"知识要点"和"知识探索"部分，章后增加"习题"，引导学生拓展知识和深入理解，激发学生的学习主动性。

4. 更新、调整部分章节的内容及其应用实例，使内容更加简洁明了，便于学生理解和灵活运用。

5. 对第 2 版教材中的文字、图表、公式和计算中的一些疏漏进行了更正。

各院校可根据自身的教学特点和教学计划对课程教学内容进行调整。

参加本书编写的有胥光申、沈瑜、汪成龙、贾妍、昝杰、邢宇和张改萍等，由胥光申和沈瑜担任主编。在修订过程中得到了高晓丁、李晶、金京和罗声的大力支持和指导，在此表示衷心的感谢。

由于编者能力所限，本书难免存在欠妥之处，敬请各位专家、读者不吝指正。

编　者
2022 年 12 月于西安

第2版前言

本书是在 2010 年第 1 版的基础上修订而成的。根据高等工科院校机械设计基础基本要求和当前教学改革的实际需要，我国机械工业和轻纺工业最新发展的需要，并结合编者在教学中使用该教材的实践，对第 1 版教材进行了修订。本次修订基本上维持了第 1 版教材总的结构体系，修订的主要工作包括以下几项：

一、工科近机类专业对机械设计基础教学的内容要求发生变化，突出机械设计和应用的教学内容。根据这一变化，在新修订的教材中删减了平面机构运动分析和机械平衡与机械运转调速两章内容，增加了机构应用实例的内容。

二、对每一章的思考题与习题进行了调整。

三、更正或改进了原书文字、插图、计算公式及计算中的一些疏漏和错误。

本书作为高等院校工科近机类各专业机械设计基础教材，在使用中各校教师可以根据不同专业的要求增加相关专业的内容。

参加本版修订编写工作的有：高晓丁、胥光申、金京、李晶、汪成龙、罗声、贾妍。全书由高晓丁统稿、担任主编，胥光申、金京、李晶、汪成龙、沈瑜任副主编。

编　者
2016 年 12 月于西安

第1版前言

本书是根据高等工科院校机械设计基础课程最新基本要求，并结合多年的教学实践经验及我国机械工业、轻纺工业发展的需要，同时认真吸取近年来全国高等院校非机械专业机械设计基础课程教学改革的经验，经精心组织教学内容、精心编排、精心编写而成的。

本书可以作为高等院校非机械类专业机械设计基础课程的教材，也可以作为高等职业学校、高等专科学校及成人高校相关专业的教材，还可供有关工程技术人员参考。

本书主要特点有：

（1）从高等院校非机械类专业培养应用型人才的总目标出发，建立合理的机械工程技术的知识结构，并结合我国机械工业、轻纺工业发展的需要，重点突出了机械原理的基本内容，加强了常用机构的工作原理、运动特点、机构设计等方面的内容。

对机械设计部分的内容按照不同类型零、部件的工作特点、设计方法与理论，进行了重新整合及压缩，如轴系零、部件设计一章的内容是将现行教材中四章的内容整合成一章。

（2）选择了一个典型机器设备——牛头刨床进行分析，在不同的章节中对牛头刨床的主传动机构、变速系统进行了详细介绍，使学生对一个完整的机器系统建立起全面的认识。

（3）结合我国轻纺工业发展的实际情况和需要，在各章节内容和习题中都引用了部分轻工机械和纺织机械的实例。

（4）增加新型技术、新颖零部件等方面的内容，如液压传动机构、同步带传动、高速带传动、气体摩擦滑动轴承、关节轴承、直线运动轴承等的介绍。

参加本书编写工作的有：高晓丁、金京、胥光申、李晶、汪成龙、沈瑜和罗声。全书由高晓丁统稿、担任主编。

限于编者水平，书中错误和不当之处在所难免，恳请广大读者不吝批评指正。

编　者
2010 年 5 月于西安

目录

第1章 绪论

【知识要点】

1. 了解机械、机器、机构、构件、零件和部件的概念。

2. 掌握机械设计的一般方法。

【知识探索】

1. 机械设计的目的是使机器在预期的寿命内可以可靠地工作。如何提高机器的工作可靠性和延长工作寿命?

2. 不同生产商生产的同一产品为何有质量差距? 如何提高产品的质量?

在长期的生产实践中,人类为了代替和减轻人的劳动、提高生产率,创造和发展了各种各样的机械。机械工业担负着为国民经济各部门提供技术装备的重要任务。机械工业的发展水平是衡量一个国家生产力发展水平和综合国力强弱的重要标志之一。

科学技术和工业生产力的发展,使机械技术与电子技术、计算机技术实现有机交叉与融合,丰富了机械学科的发展,促进机械产品向高效、多功能、自动化和轻量化方向发展。

机械设计基础是一门技术基础课程,比较集中地体现了基础理论与实践经验的综合,对培养学生的创新意识和设计能力起着至关重要的作用。随着科学技术的不断进步,生产过程机械化和自动化水平不断提高,机械的应用已经深入人们生产、工作、生活的方方面面。各个专业的工程技术人员都能够或多或少地遇到机械系统的技术问题,以及机械设备的使用、维护和管理等问题。因此,不同专业的工程技术人员都应具备一定的机械设计方面的知识,可以更好地完成本职工作,为国民经济建设服务。

(1) 主要内容。机械设计基础课程的主要研究内容涉及机械系统中常用机构和通用零部件设计的基本概念、基本理论、基本方法和设计计算,以及与此相关的国家标准、规范、手册、图表等技术资料的运用。具体包括以下内容:

①机构学的基本理论:机构的组成、平面机构的运动分析、机械的平衡与机械运转调速。

②机械传动:连杆机构、凸轮机构、齿轮机构及其传动机构、齿轮系、带传动与链传动、其他常用机构。

③轴系零部件:滑动轴承、滚动轴承、联轴器和离合器、轴。

④机械连接。

(2) 主要任务。机械设计基础课程的主要任务是培养学生具备以下能力:

①具有正确的设计思想、设计理念并勇于创新探索。

②熟练掌握常用机构和通用零件的工作原理和结构特点，具有设计机械传动装置和简单机械的能力。

③初步具有运用国家标准、手册、规范、图册和查阅有关技术资料的能力。

④了解典型机械的实验方法，受到实验技术的基本训练。

本课程需要综合应用许多先修课程，如机械制图、工程力学、金属工艺学等课程的知识，课程涉及的知识面较广且偏重应用。因此，学习本课程时应注重理论联系实际，重视基本概念的理解和基本技能的训练，注意学习分析问题、解决问题的方法，力求达到能够运用本课程所学的基本知识解决常用机构、一般简单机械及其通用零部件的设计问题的目的。

1.1 机械与机械设计

机械是机器和机构的总称。

1.1.1 机器与机构

机器是执行机械运动的装置，用于变换或传递能量、物料与信息。按照用途的不同，机器一般可以分为动力机、工作机和信息机器三类。动力机是指将自然界中的能量转换为机械能而做功的机械装置，如风力机、汽轮机、蒸汽机等。工作机是指能够代替人的劳动、完成有用的机械功或物料搬运的机械装置，如各种加工机床、汽车、印刷机等。信息机器是指完成信息传递或变换的机械装置，如传真机、编码器等。

图 1-1 所示为牛头刨床，它要实现功能，需要通过刨头 6（带动刨刀 7）的切削运动和工作台的间歇移动共同配合完成。电动机 3 为牛头刨床提供动力，经带传动与变速轮系（图 1-1 中未画出）进行减速后，通过其他机构进行运动分解与变换。一方面，通过连杆机构（包括滑块 2、导杆 7、滑块 6、刨头 8），将转动变换为刨头 8 带着刨刀作往复直线运动。另一方面，通过凸轮—连杆组合机构（包括凸轮 9、摆杆 10、连杆 11、摆杆 12）、间歇机构（包括摆杆 12、棘轮 13）和曲柄滑块机构（图 1-1 中未画出），实现工作台的间歇移动。两者配合实现刨削全过程，完成有效的机械功。

（1）机器的组成。从功能上讲，一般的机器组成主要包括以下几个方面：

①原动部分。驱动整部机器完成预定功能的动力来源。一般来说，机器的原动机是将其他形式的能量转换成可以利用的机械能。常用的原动机有电动机、内燃机等。通常一部机器只有一个原动机，复杂的机器可以有几个原动机。

②执行部分。用来完成机器预定功能的部分，也称为工作部分，如牛头刨床的刨头、机器人的手臂、车床的刀架等。一部机器可以只有一个执行部分，也可根据机器的功能要求分解为几个执行部分。

③传动部分。将原动机的运动和动力传给执行部分的中间环节。主要是将原动机运动及动力参数转变为执行部分所需的运动及动力参数。

④控制系统。用于控制机器的启动、停止、换向、运动速度等，如机器的电气系统、监测系统等。

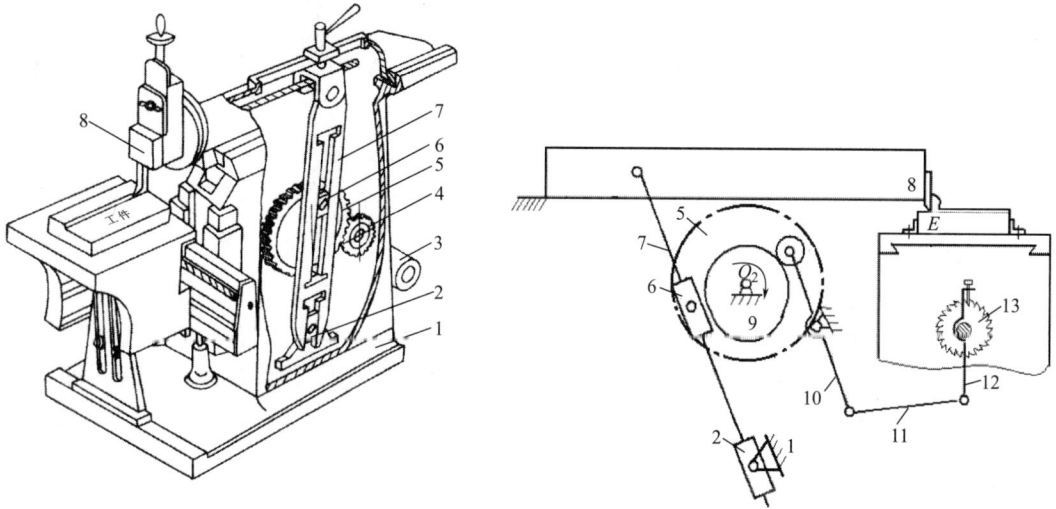

图 1-1 牛头刨床

⑤支撑和辅助部分。为保证机器正常工作和使用的部分，如机箱、润滑系统、冷却系统等。

（2）机器的功能（图 1-2）。

（3）机器的共同特征。机器类型繁多，各类机器构造、性能和用途等各不相同，但是它们都具有以下三个共同的特征：

①它们都是一种人为的实物（机件）的组合体。

②组成它们的各部分之间都具有确定的相对运动。

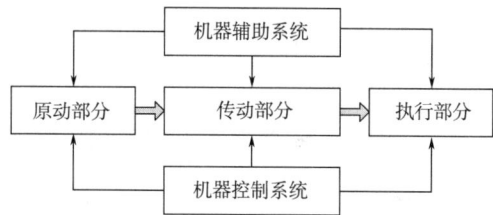

图 1-2 机器的功能组成

③它们能够完成有用的机械功或转换机械能。

机器的运动是依靠一种或多种机构综合作用实现的。机构是指结合实体单元的形状，用来传递运动和力或变换运动形式的装置。

机构仅具备机器的前两个特征，即特征①和特征②，但是从运动的观点来看，机器和机构之间是没有区别的，所以统称为机械。

常见的基本机构类型如图 1-3 所示，有连杆机构、凸轮机构、齿轮机构、间歇机构，以及以上机构的组合机构等。

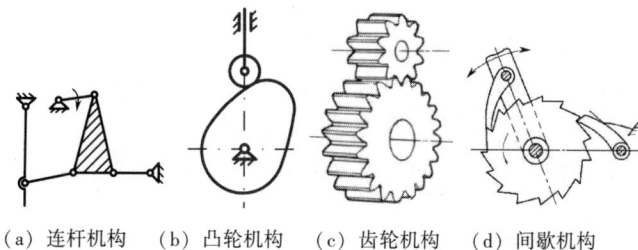

(a) 连杆机构　(b) 凸轮机构　(c) 齿轮机构　(d) 间歇机构

图 1-3 常见的机构类型

3

1.1.2　构件与零件

机器的组成中，具有确定的相对运动的各单元体称为构件；最小的加工制造单元体称为零件。构件可以是单一的零件，也可以是由若干个零件组成的刚性体。如图1-1所示的导杆7为具有相对运动的单一整体构件，而图1-4所示大齿轮轴，因结构、工艺等原因，是由轴1、大齿轮2、平键3、轴端挡圈4、螺钉5等几个零件组成的刚性构件。

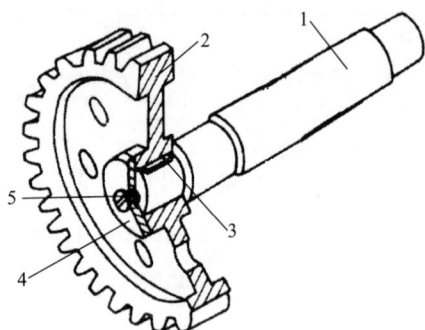

图1-4　牛头刨床中的大齿轮轴

零件按其用途可分为两类：一类是在各种机器中都能普遍使用的零件，称为通用零件，如齿轮、轴、螺钉等。另一类是只在特定机器中使用的零件，称为专用零件，如剑杆织机的剑杆、洗衣机中的波轮、内燃机中的活塞等。

【思考题】

1. 比较构件和零件。
2. 家用洗衣机属于何种机器？设计时需要考虑哪些问题？

1.2　机械设计的基本要求与一般过程

一部机器的质量主要上取决于设计质量。制造过程对机器质量所起的作用，本质上就在于实现设计时所规定的质量。因此，机器的设计是决定机器好坏的关键。

1.2.1　机械设计的基本要求

虽然不同的机械其功能、构造和外形都不相同，但它们设计的基本要求大体是相同的，机械设计应满足的基本要求可以归纳为以下几个方面。

1.2.1.1　满足功能、运动和动力性能的要求

实现全部的预定功能要求是机械设计最基本的出发点。设计者需按照要求设计机械系统，并使其中各机构和构件的运动满足运动和动力性能的要求。为此，机械设计中，应使机械零件满足强度、刚度、耐磨性和振动稳定性等方面的要求，并且结构合理。

1.2.1.2　工作可靠性的要求

机械的工作可靠性是指机械在规定的使用条件下，在预定的工作期限内，完成规定功能的能力。工作可靠是机械的必备条件。这需要从机械系统的整体设计、零部件的结构设计、材料及热处理的选择、加工工艺的制定等方面加以保证。

机器工作可靠性的高低是用机器的可靠度来衡量的。机器的可靠度越大越好，但可靠度越大，机器的成本越高。

1.2.1.3　经济性的要求

机械的经济性是一项综合性能指标。机械设计的经济性要求是指在满足机械的功能性要

求的前提下，所设计的机器应设计周期短、最大限度地降低成本、减少能源消耗、提高效率、降低管理与维护费用。产品的经济性是产品推向市场的一个重要性能指标。机械设计的经济性要求应贯穿于机械设计、制造和使用的全过程，自始至终都应把产品设计、制造与销售三方面作为一个整体来考虑。

1.2.1.4 机械零件工艺性和标准化的要求

（1）工艺性。机械零件的结构应具有良好的工艺性，是指在满足使用要求的前提下，设计周期短、加工制造容易、成本低、装拆与维护方便。设计机械零件时，应从以下几个方面考虑零件的结构工艺性：

①毛坯选择合理。尺寸小的零件可选用型材，尺寸大的零件可选用锻件，尺寸非常大的零件可选用铸件；生产批量小的零件可选用型材或焊接件，生产批量大的零件可选用铸件等。

②结构简单合理。机械零件的结构形状应尽量简单，如仅由平面、圆柱面组合而成；同时追求加工表面数目少，加工量小。

③确定合适的零件精度。一般零件的精度越高，机器的性能会越好。但零件的精度过高，加工的成本将急剧增加。因此，要根据实际情况确定合适的机械零件的加工精度。

（2）标准化。标准化是长期生产实践和科学研究的技术总结，是我国现行的一项重要的技术政策。许多机械零件都是标准化的零件。在机械设计中，能采用标准件的地方一定要选用标准零件，除非标准零件不能满足要求，才可自行设计。选用标准化的零件有如下好处：

①质量好、成本低。标准零件是由专门生产标准零件的标准件厂设计、加工、制造的。标准件厂拥有加工标准零件的专用设备，可进行大批量的生产，并且所采用的技术也是最先进的。因此，标准化的零件质量好、成本低。

②互换性好。如标准零件失效，只需花极少代价换上一个同样型号的标准零件就能解决问题。

③采用标准化的零件可节省设计时间，使设计者能将主要精力用在关键零件的设计上。

④交流方便。机械工程技术人员主要是通过图纸交流设计思想、设计要求等，图纸的标准化程度越高，越有利于工程技术人员之间的交流。

现行的与机械零件设计有关的标准，从运用范围上讲，可分为国家标准（GB）、行业标准和企业标准三个等级，从使用的强制性来讲，可分为必须执行的（有关度、量、衡及人身安全等标准）和推荐使用的（如标准直径等）。

1.2.1.5 其他特殊要求

有些机械由于工作环境和要求的不同，对设计提出了某些特殊要求。如高级轿车的变速箱有低噪声的要求；精密仪器、仪表有防水、防振的要求；机床有在使用期限内保持规定精度的要求；食品、医药、纺织机械有不得污染产品的要求；飞行器有重量轻、阻力小的要求；重型机器有便于安装、拆卸及运输的要求等。

1.2.2 机械设计的一般程序

机械设计就是建立满足功能要求的一部机器的创造过程。作为一部完整的机器，它是一个复杂的系统。要提高机器设计质量，必须有一个科学的设计程序。一部机器的设计程序基本上可按照图1-5进行。

1.2.2.1 明确设计任务

机械设计是一项为实现机器预定目标的有目的的活动，因此正确地决定设计目标（任务）是机器设计成功的基础。明确设计任务包括制订机器的总体目标和各项具体的技术要求，这是机器设计、优化、评价、决策的依据。

明确设计任务是指在进行技术、市场调研基础上，分析制定所设计机器的用途、功能、各种技术经济性能指标和参数范围，预期的成本范围等，包括对同类或相近产品的技术和经济指标，同类产品的不完善性及缺陷和用户的意见和要求分析等，并根据要求编写机器设计的任务书，包括机器的功能、主要性能指标、基本使用要求、特殊要求、工作环境（条件）、生产批量、经济性分析及设计进度等。

图1-5 设计流程

1.2.2.2 总体设计

机器的总体设计是根据设计任务书中确定的机器的功能、主要性能参数、基本使用要求全方位进行的。要对设计任务书提出的机器功能中必须达到的要求、最低要求及希望达到的要求进行综合分析，即这些功能能否实现，多项功能间有无矛盾，相互间能否替代等。最后确定设计机器的功能、性能参数，作为进一步设计的依据。

总体设计阶段中，应按照机器设计任务书提出的设计要求，确定机器的工作原理，分别按机器原动部分、传动部分及执行部分制定设计方案，并用机构运动简图表示。此外，还要考虑机器的操作、维修、安装、外廓尺寸等要求，以及各主要部件之间的相对位置关系及相对运动关系。

总体设计对机器的制造和使用都有很大的影响，为此，常需做出几个方案加以分析、比较，通过优化求解得出最佳方案。

1.2.2.3 技术设计

技术设计又称结构设计。其任务是根据总体设计的要求，确定机器各零部件的材料、形状、数量、空间相互位置、尺寸、加工和装配，并进行必要的强度、刚度、可靠性设计计算。若有几种方案时，需进行评价决策，最后选择最优方案。

技术设计阶段的目标是完成施工所需的总装配草图及部件装配草图、零件工作图和技术文件，包括各部件及零件的外形及基本尺寸、各部件之间的连接等。技术设计的主要内容：

（1）根据制定的设计方案，确定原动机的参数（功率、转速、线速度等）；作机器的运动学计算，确定各运动构件的运动参数（转速、速度、加速度等）。

（2）结合各部分的结构及运动参数，计算确定各主要零件的公称载荷的大小及特性。

（3）根据主要零件的公称载荷的大小和特性，进行零、部件的初步设计。即参照零、部件的一般失效情况、工作特性、环境条件等，合理拟定工作能力准则；进行设计计算或类比，确定零、部件的基本尺寸。

（4）根据已定出的主要零、部件的基本尺寸，设计完成总装配图、部件装配图，并对所有零件的外形及尺寸进行结构化设计，完成零件工作图。注意全面考虑所设计零件的结构

6

工艺性，使其具有最合理的构形。

（5）根据总装配图、部件装配图和零件工作图，结合具体零件的载荷和细节因素，对一些重要的或者外形及受力情况复杂的零件进行精确的校核计算。根据校核的结果，修正零件的结构及尺寸，直到获得最优结果。

技术设计是保证质量、提高可靠性、降低成本的重要工作。技术设计是从定性到定量、从抽象到具体、从粗略到详细的设计过程。

1.2.2.4　样机制作、试验

样机制作、试验阶段是通过机器样机制造、样机试验，检查机器的功能及机器各个零部件的强度、刚度、运转精度、振动稳定性、噪声等方面的性能，并随时检查及修正设计图纸，以更好地满足设计要求；同时验证机器生产制造各工艺流程的正确性，并对不合理的工艺流程进行调整。

1.2.2.5　定型、批量生产

机器定型、批量生产阶段是根据样机制作、试验的结果，完善设计图纸中的各技术参数，确保机器的功能和主要性能参数满足使用要求；同时完善机器生产制造各工艺流程，保证机器制造工艺流程的正确性，提高生产效率，降低成本，提高经济效益。

1.2.2.6　技术文件编制

编制各类技术文件，包括机器的设计计算说明书、使用说明书（使用操作方法、日常保养及简单的维修方法）、标准件明细表、备用件的目录等；其他技术文件包括检验合格单、外购件明细表、验收条件等。

机器设计过程是智力活动过程，它体现了设计人员的创新思维活动，设计过程是逐步逼近解答方案并逐步完善的过程。设计过程中还应注意以下几点：

（1）设计过程要有全局观点，不能只考虑设计对象本身的问题，而要把设计对象看作一个系统，处理好人—机—环境之间的关系。

（2）善于运用创造性思维和方法，注意考虑多方案解答，避免解答的局限性。

（3）设计的各阶段应有明确的目标，注意各阶段的评价和优选，以求出既满足功能要求又有最大实现可能的方案。

（4）要注意反馈及必要的工作循环。解决问题要由抽象到具体，由局部到全面，由不确定到确定。

1.3　机械零件设计的基本知识

1.3.1　机械零件的主要失效形式

机械零件由于某些原因不能在既定的工作条件和使用期限内正常工作，即丧失工作能力或达不到设计功能的现象，称为失效。机械零件的主要失效形式有以下几种。

1.3.1.1　整体断裂

零件在承受过大载荷时，某一危险截面的应力超过零件的强度极限会发生断裂，这种断裂称为过载断裂；若零件受变应力长期作用而发生的断裂，称为疲劳断裂。疲劳断裂是多数

机械零件的主要失效形式。整体断裂是零件的严重失效形式，它不仅使零件丧失工作能力，有时还会造成人身和设备事故，应避免。

1.3.1.2　零件的表面破坏

由于机器中各零件接合面之间都是静和动的接触关系，载荷作用于接合表面，摩擦发生于接合表面，环境介质也包围于零件工作表面，故零件的损伤与破坏常发生于零件工作表面。零件的表面失效主要有腐蚀、磨损、接触疲劳等。

腐蚀是发生在金属表面的一种电化学或化学侵蚀现象，其结果是零件表面发生锈蚀，从而使零件表面遭到破坏。磨损是两个零件的接触表面在做相对运动的过程中，零件表面物质丧失或转移，致使零件不能正常工作。对于承受变应力的零件，会造成零件表面的疲劳腐蚀破坏。

1.3.1.3　过大的残余变形

零件工作中发生严重过载，即零件承受的应力超过零件材料的屈服极限时，零件将产生塑性变形，这不仅会改变零件的尺寸和形状，破坏零件间的配合关系，也会使零件失去工作能力。

1.3.1.4　破坏正常工作条件而引起的失效

有些零件只有在一定的工作条件下才能正常工作，如带传动，只有在传递的有效圆周力小于带与带轮之间的临界摩擦力时才能正常地工作，否则就会发生打滑失效。

1.3.2　机械零件的工作能力计算准则

不发生失效的条件下零件所能安全工作的限度，称为机械零件的工作能力或承载能力。具体零件的失效形式取决于该零件受载情况、结构特点和工作条件等因素。针对不同失效形式建立的判定零件工作能力的条件，称为零件的工作能力计算准则，主要包括以下几种。

1.3.2.1　强度准则

强度是零件抵抗整体断裂、塑性变形和表面失效（磨粒磨损及腐蚀除外）的能力。强度准则就是指零件中（或表面）的最大应力不得超过允许的极限值。零件强度的计算条件为：

$$\sigma \leq [\sigma] \text{ 或 } \tau \leq [\tau] \tag{1-1}$$

式中：σ、τ——零件危险截面的最大计算正应力和最大计算剪应力，MPa；

$[\sigma]$ $[\tau]$——零件的许用正应力和许用剪应力，MPa。

1.3.2.2　刚度准则

刚度是零件承受载荷后抵抗弹性变形的能力。刚度准则是指零件在载荷作用下产生的最大弹性变形量 y 小于或等于机器工作性能所允许的极限变形量 $[y]$。保证零件刚度的计算条件为：

$$y \leq [y] \tag{1-2}$$

式中：y——零件工作时的最大弹性变形量；

$[y]$——零件工作时的许用变形量。

1.3.2.3　耐磨性准则

机械中，凡是具有相对运动或相对运动趋势的接触表面都存在摩擦。摩擦表面物质在相对运动中不断损耗，造成形状和尺寸逐渐改变的现象称为磨损。一般情况下，零件的磨损过程大致可以分为三个阶段：第一阶段是磨合磨损阶段，当新机器在运转初期，通过逐渐增大载荷，快速磨去零件制造时表面遗留下来的波峰尖部，随着波峰的降低，接触面的实际面积增大，磨损速度逐渐减缓，零件进入稳定磨损阶段。第二阶段是稳定磨损阶段，零件的磨损是缓慢而稳定的，其对应的时间就是零件的使用寿命。第三阶段是剧烈磨损阶段，组成运动副的零件之间的间隙明显增大，温升剧增，机械效率大幅度下降，并伴有异常的振动和噪声，此时应立即检修，更换零件。

按照破坏机理机械磨损可分为磨粒磨损、黏着磨损（也称胶合）、表面疲劳磨损（又称疲劳点蚀）和腐蚀磨损四种基本类型。

机械零件耐磨性是指做相对运动的零件工作表面抵抗磨损的能力。由于机械零件磨损破坏机理复杂，除表面疲劳磨损外，其他类型的机械磨损目前尚无公认的定量计算方法，一般采用条件性计算。例如对于非液体摩擦，为了防止接触表面油膜破坏而产生过度磨损，通常用限制工作表面的压强值的方法，即：

$$p \leq [p] \tag{1-3}$$

式中：p——零件工作表面的压强，MPa；

$[p]$——零件工作表面的许用压强，MPa。

对有些相对滑动速度较大的摩擦表面，为了防止摩擦面温升过高，需要限制摩擦发热量（摩擦功耗），即：

$$pv \leq [pv] \tag{1-4}$$

式中：v——零件工作表面的相对滑动速度，m/s；

$[pv]$——零件工作表面材料的 pv 的许用值，MPa·m/s。

1.3.2.4　振动稳定性准则

如果机器或零件的固有频率等于或接近于激振源的强迫振动频率时，将会产生共振。共振不仅影响机器的正常工作，产生噪声，而且还可能造成破坏性事故。振动稳定性准则是指防止高速运转的机器及其零件发生共振，使其转速避开共振区域。通常应保证以下条件：

$$0.85f > f_p \text{ 或 } 1.15f < f_p \tag{1-5}$$

式中：f——零件的固有频率；

f_p——激振源的固有频率。

设计机械零件时，上述各项机械零件工作能力的计算准则不必全部进行，应视具体情况而定。一般根据一个或几个可能发生的主要失效形式，运用相应的计算准则，确定机械零件的主要参数或基本尺寸。

1.3.3　机械零件的强度

1.3.3.1　载荷

机械零件所受的载荷有力、弯矩和转矩等。

机械零件所受的载荷不随时间变化，或变化非常缓慢，或变化幅度很小，称为静载荷，如零件的重力等。机械零件所受的载荷随时间作周期性或非周期性变化，称为变载荷。实际中，大多数机器及其零部件是在变载荷条件下工作。根据名义功率和转速，按力学公式计算出的机械零件所受的载荷称为名义载荷，它是零件在理想工况条件下的理想机器中所受的载荷，理想载荷实际上几乎是不存在的。考虑到实际工况下的实际机器中，机械零件还会受到各种附加的载荷，为此，通常采用引入载荷系数 K（通常 $K \geqslant 1$）的办法来大致估计这些因素的影响。载荷系数与名义载荷的乘积称为计算载荷。

1.3.3.2　应力

机械零件在载荷的作用下，零件上将产生某种应力。按照计算载荷求得的应力称为计算应力。作用在机械零件上的应力按照其随时间变化的情况可以分为静应力和变应力。

如表 1-1 中，应力不随时间变化的或变化缓慢的应力称为静应力。静应力只能由静载荷产生，并且只有静载荷方向和大小相对零件不变时的应力，才是静应力。随时间显著变化的应力称为变应力，变载荷作用在零件上，肯定产生变应力。如果静载荷的方向相对零件变化时，则在零件中也会产生变应力，如齿轮、带、滚动轴承等。大多数零件都是在变应力状态下工作的。

表 1-1　应力基本类型

应力类型	静应力	非对称循环变应力	脉动循环变应力	对称循环变应力
应力图				
平均应力 σ_m	$\sigma_m = \sigma_{min} = \sigma_{max}$	$\sigma_m = (\sigma_{min} + \sigma_{max})/2$	$\sigma_m = \sigma_{max}/2$	0
应力变化幅 σ_a	$\sigma_a = \sigma_m$	$\sigma_a = (\sigma_{min} - \sigma_{max})/2$	$\sigma_a = \sigma_{max}/2$	$\sigma_a = \sigma_{min} = \sigma_{max}$
循环特性 r	$+1$	$r = \sigma_{min}/\sigma_{max}$	0	-1

在变应力中，周期、应力变化幅度和平均应力都不随时间变化的变应力称为稳定变应力。稳定变应力有五个参数：最大应力 σ_{max}、最小应力 σ_{min}、平均应力 σ_m、应力幅 σ_a 和循环特性 r。各参数的计算公式以及稳定变应力的三种基本类型见表 1-1。

1.3.3.3　许用应力

许用应力是机械零件强度条件的尺度和判据，合理的许用应力值可以使机械零件在具有足够的强度及寿命的前提下，尺寸小、重量轻。许用应力的确定一般采用下式进行计算：

$$[\sigma] = \sigma_{min}/S \tag{1-6}$$

$$[\tau] = \tau_{min}/S \tag{1-7}$$

式中：σ_{min}、τ_{min}——零件材料的极限正应力和极限剪应力，MPa；

S——安全系数。

极限应力 σ_{min}、τ_{min} 的确定与零件经受的应力种类和其材料的性质有关。

在静应力作用下，对于塑性材料（碳钢、合金钢等）制造的零件，其主要失效形式为塑性变形，故极限应力取材料的屈服极限 σ_S 和 τ_S，即 $\sigma_{min} = \sigma_S$ 和 $\tau_{min} = \tau_S$；对于脆性材料（铸铁、有色金属等）制造的零件，其主要失效形式为脆性断裂，故极限应力取材料的强度极限 σ_b 和 τ_b，即 $\sigma_{min} = \sigma_b$ 和 $\tau_{min} = \tau_b$。

在变应力作用下，零件的主要失效形式为疲劳破坏，在计算变应力条件下工作的零件的许用应力时，应以零件材料的疲劳极限作为极限应力。

安全系数通常采用查表法确定，不同的机械制造行业或部门，经过长期实践制定出适合本行业或部门的安全系数或许用应力等专用规范。合理选用安全系数是十分重要的，安全系数过大，则零件尺寸大，机器笨重，成本高；安全系数过小，机器不安全。

1.3.4　机械零件设计一般步骤

当一部机器设计的总体布置和传动方案已经确定，力学分析已基本完成时，要进行机械零件的设计，机械零件设计的一般步骤如下：

（1）选择零件材料。应根据零件的工作要求和条件，综合材料的力学物理和化学性能，以及经济因素和资源状况，选择合适的零件材料和热处理方法。

（2）拟定零件的设计计算简图。依据零件的基本结构和作用载荷情况，建立力学模型、进行载荷分析等。

（3）工作能力计算。分析零件可能出现的失效形式，确定零件工作能力计算准则，计算和确定出零件的基本尺寸或主要参数。

（4）零件结构设计。依据零件工作能力确定出零件基本尺寸和参数，考虑加工工艺和装配工艺等要求，确定零件的形状和全部尺寸。

（5）绘制机械零件工作图并标注必要的技术条件。在以上步骤完成之后，绘制完成机械零件工作图，并标注必要的技术条件。

习题

1-1　说明机器与机构、零件与构件的区别。

1-2　举例说明什么是专用零件，什么是通用零件。

1-3　试简述机械零件的失效主要形式、机械零件工作能力计算准则。

1-4　在机械设计中常用的材料有哪些？试指出以下材料牌号的含义：45、Q215、40Cr、ZG310-570、HT250、QT500-7。

1-5　选用机械零件的材料时，应遵循哪些原则？

1-6　金属材料常用的热处理方法有哪些？

1-7　作用在机械零件剖面上的应力有哪些类型？

1-8　题图 1-1 为一心轴的力学模型，其中该心轴的转速为 n、作用外力 F 的大小和方向都不变化，试分析作用在该轴中间剖面的应力属于何种类型。

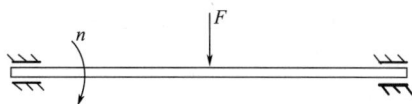

题图 1-1

第 2 章　机构的组成

【知识要点】

1. 机构的组成要素及运动副概念和分类。
2. 构件和运动副的表示符号和机构运动简图的绘制。
3. 机构具有确定运动的条件及其自由度的计算方法。

【知识探索】

1. 同样功能的机械能否用不同的机构实现？不同功能的机械能否用相同的机构实现？试用实例说明。

2. 机构中的虚约束在实际加工和安装过程中如果不满足特定要求，会变成实际约束，导致机构不能运动，那为什么还要引入虚约束？

机构是用来传递运动和力的构件系统。了解机构的组成和结构特点，对分析或设计机械都具有重要的意义。分析研究中常用机构运动简图表示机构的结构状况。机构用于传递运动和动力时，机构中各构件之间一般应具有确定的运动，因而必须讨论机构具有确定运动的条件，使机构能正常工作。

2.1　机构的组成要素及特点

2.1.1　构件

在机构中，具有独立运动的单元体称为构件。其中，某一选定的、用来支承活动构件和作为研究运动的参考坐标的相对固定构件称为机架，给定运动规律的构件称为原动件，跟随原动件运动的其余活动构件则称为从动件。

从运动传递和功能实现的角度分析，任何机械都是由许多构件组成。构件可以是一个单独零件，也可以因结构和工艺要求，由几个零件经刚性连接而成。

如图 2-1 所示，内燃机中的连杆是一个构件。它是一个独立运动的单元体，由多个零件组成，具体的零件有连杆体 1、连杆头 2、轴瓦 3、螺杆 4、螺母 5 和轴套 6 等。

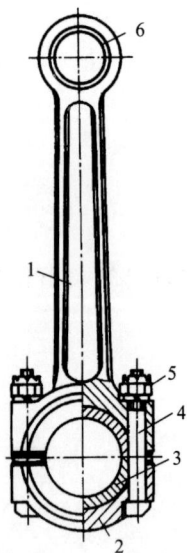

图 2-1　内燃机连杆

2.1.2 运动副及其分类

机构是由构件组合而成，每个构件都以一定方式与其他构件相连接。一般将两构件直接接触所形成的可动连接称为运动副。

定义构件所具有的独立运动数目为构件的自由度。如图 2-2 所示，在 XOY 平面中，一个活动的平面构件 S 仅能产生 3 个独立运动。绕任意点 A 转动和随 A 点沿 X 与 Y 方向移动，即具有 3 个自由度。一个活动的空间构件可产生 6 个独立运动，即具有 6 个自由度。

两构件通过运动副连接时，其部分独立运动会受限制。常把运动副对构件的独立运动所施加的限制称为约束。运动副每引入一个约束，构件便失去一个自由度。运动副所限制的独立运动和引入的约束数，取决于它的类型。

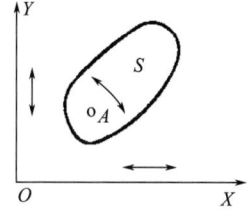

图 2-2 构件自由度

运动副有很多种分类方法。一般按运动副的接触形式可分为：以点或线形式接触的称为高副，以面形式接触的称为低副。面接触在承载时的压强低于点、线接触，故高副比低副更易磨损。若按被运动副联接两构件间的相对运动形式来划分，运动副可分为空间运动副和平面运动副。有时运动副也按引入的约束数分级分为 Ⅰ 级副、Ⅱ 级副、Ⅲ 级副、Ⅳ 级副、Ⅴ 级副；也可以按接触部位的几何形状分类。如图 2-3 所示的运动副由构件 1 和构件 2 组成，因运动副的接触部位是球面，所以可称为球面副；由于球面副仅允许两构件绕 X、Y 和 Z 轴相对转动，限制沿 X、Y 和 Z 方向的相对移动（约束为 3），因此也称为Ⅲ级副。

由于平面运动副相对简单且应用广泛，以下内容将对平面运动副进行重点分析和讨论。

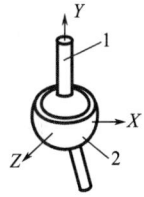

图 2-3 球面副

2.1.2.1 平面低副

如图 2-4 所示，构件 1 和 2 通过圆柱面接触组成低副。由于两构件仅能绕 Z 轴相对转动，限制沿 X、Y 方向的相对移动（约束为 2），所以称其为平面转动副或铰链。如图 2-5 所示，构件 1 和 2 通过矩形壁面接触组成低副，两构件仅能沿 X 轴相对移动，限制沿 Y 方向的移动与绕 Z 轴的转动（约束为 2），所以称为平面移动副。

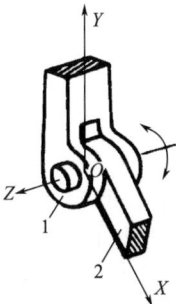

图 2-4 平面转动副

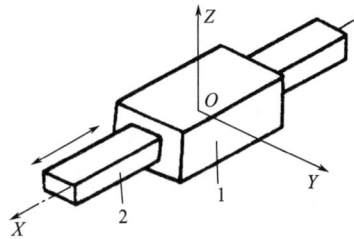

图 2-5 平面移动副

2.1.2.2 平面高副

如图 2-6 所示，凸轮 1 与构件 2 在 A 点接触组成高副。由于构件 2 相对于凸轮 1 可沿切向 t—t 移动和绕 A 点转动，限制沿法向 n—n 的相对移动（约束为 1），所以也称为滚滑副。同理，如图 2-7 所示，齿轮 1 和 2 通过齿廓接触组成高副，相互间可作沿切向 t—t 的滑动和绕接触线的滚动，限制沿法向 n—n 的相对移动（约束为 1）。

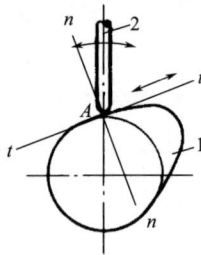

图 2-6　平面高副　　　　　图 2-7　齿轮高副

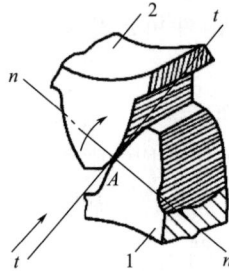

2.1.3　运动链

一般称由多个构件通过运动副连接所构成的系统为运动链。如图 2-8 所示，若各构件由运动副连成封闭系统，则称为闭式运动链（简称闭链）。如图 2-9 所示，若各构件由运动副连成开式系统，则称为开式运动链（简称开链）。

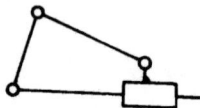

图 2-8　闭式运动链　　　　　图 2-9　开式运动链

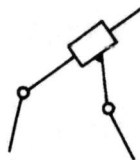

闭链在传统机械中较为常见，开链则在机械手和机器人中广泛应用。但在复杂机械中，可能既含闭链又含开链。

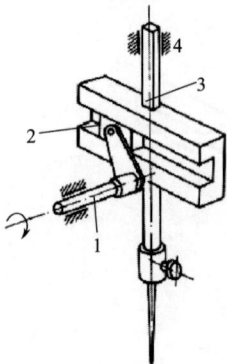

图 2-10　缝纫机下针机构

2.1.4　机构

在运动链中，取一构件为机架，其余构件相对于机架都具有确定的相对运动，则该运动链称为机构。

若机构中的各构件都在同一平面或相互平行的平面内做相对运动，称为平面机构，否则则称为空间机构。

如图 2-10 所示为缝纫机下针机构，该机构为平面机构。其中，曲柄 1 为原动件，滑块 2 和构件 3 为从动件，构件 4 为机架。当曲柄 1 转动时，带动滑块 2 将运动传递于构件 3，使构件 3 实现预期的下针运动。

2.2　平面机构运动简图

2.2.1　平面机构简图的构成

从运动变换与传递的角度分析，机构各部分的运动与原动件的运动规律、连接各构件的运动副类型和运动尺寸（各运动副相对位置尺寸）密切相关，而与构件和运动副的具体结构、外观、截面尺寸、组成零件及固连方式等无关。因此，为便于分析和研究，用标准符号表示运动副，用简单线条表示构件，并按一定比例定出机构的运动尺寸，这样绘制的图形称为机构运动简图。它能正确反映机构中各构件之间的相对运动关系。

只是为表达机构的组成状况和结构特征，没有严格按比例绘制的简图，被称为机构示意图。

2.2.1.1　常用构件的表示

图 2-11（a）是常见的固定构件表示方法；图 2-11（b）是常见的构件固定联接（成为一个构件）表示方法。

(a)固定构件　　　(b)构件固定联接

图 2-11　常见固定构件和构件固定联接表示方法

2.2.1.2　常用运动副的表示

图 2-12（a）表示构件 1、2 组成转动副，小圆圈表示转动副，圆圈的圆心为两个构件的转动中心；图 2-12（b）表示构件 1、2 组成移动副，移动副的导轨方向与两个构件的相对移动方向相同，其中画有阴影斜线的表示机架；而图 2-12（c）则表示构件 1、2 组成高副，一般在绘图时需绘制出两构件接触处的曲线轮廓外形。

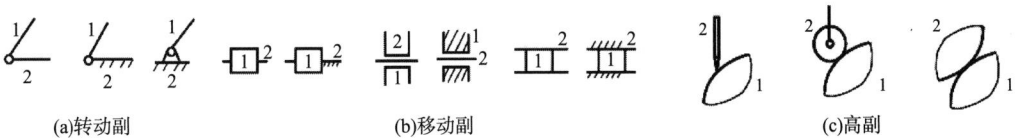

(a)转动副　　　　　(b)移动副　　　　　(c)高副

图 2-12　常见运动副表示方法

2.2.1.3　含运动副构件的表示

图 2-13（a）表示含两个运动副的构件（二副构件）；图 2-13（b）表示含有三个运动副的构件（三副构件）；含更多运动副的构件可用类似方法来表示。

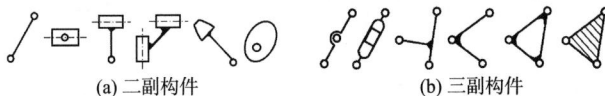

(a) 二副构件　　　　　(b) 三副构件

图 2-13　常见含多个运动副构件表示方法

2.2.1.4 常用机构的表示

表 2-1 所示是常用机构运动简图及其表示符号。

表 2-1 常用机构运动简图符号

名称		表示符号	名称		表示符号
联轴器	弹性联轴器	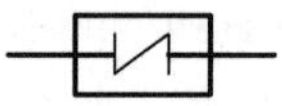	离合器	啮合式离合器	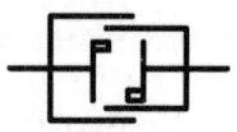
	一般联轴器	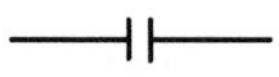		摩擦式离合器	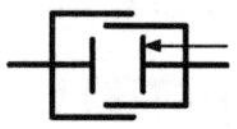
电动机		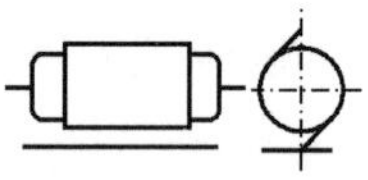	凸轮机构		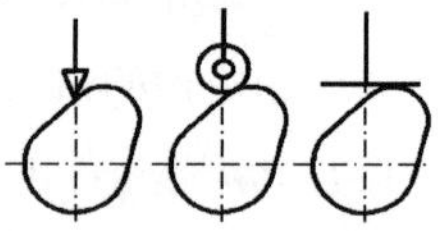
带传动		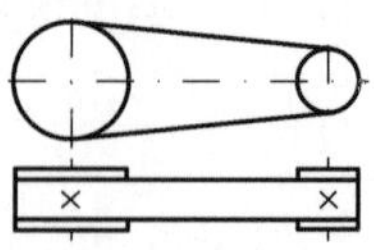	链传动		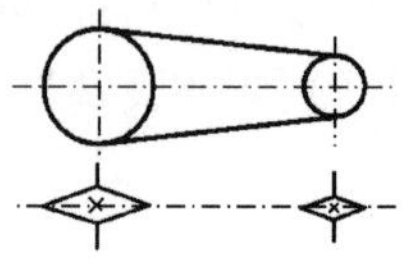
非圆齿轮机构		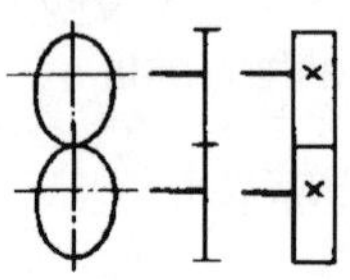	齿轮齿条机构		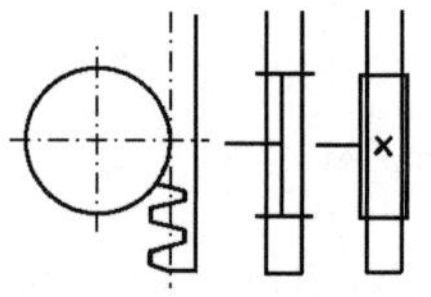
外啮合圆柱齿轮机构		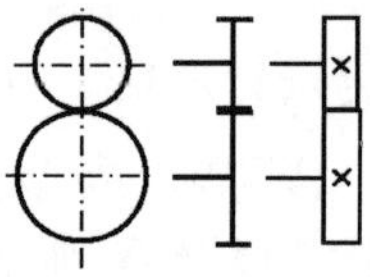	内啮合圆柱齿轮机构		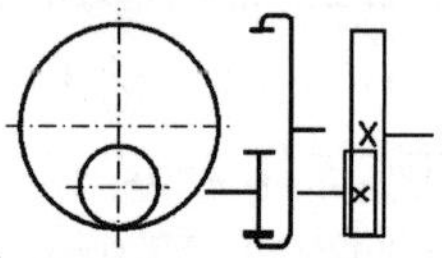
圆锥齿轮机构		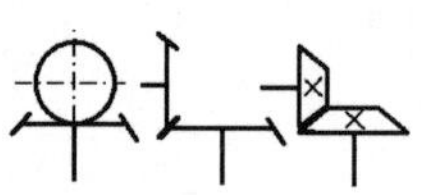	蜗杆蜗轮机构		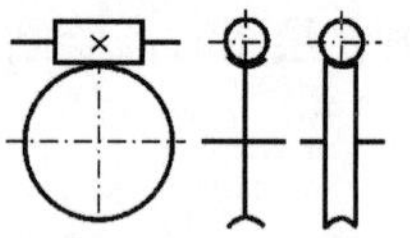

2.2.2 平面机构运动简图的绘制

绘制机构运动简图的一般步骤为：

（1）分析机构的运动，确定机构的构件数目，确定原动件、从动件和机架。

（2）沿运动传递线路，逐个分析构件之间的相对运动性质，确定运动副的类型和数目。

（3）选择合适的视图平面，尽可能反映多数构件的运动状况，必要时可用多个视图。

（4）以恰当的比例尺 μ_1=实际尺寸(m)/图示长度(mm)，定出各运动副的相对位置，用各运动副的符号、常用机构的符号和简单线条绘制机构运动简图，并在原动件上用箭头标出运动方向。

下面以图 2-14 所示的活塞泵为例，说明机构运动简图的具体绘制过程。

活塞泵是由曲柄1、连杆2、扇形齿轮3、齿条活塞4和机架5所组成，它能将曲柄1的律性。从动件的运动规律可用运动线图进行描述，如图 5-7（b）所示为位移线图。凸轮机构运动线图横坐标轴为时间 t 或凸轮转角 δ，纵坐标轴是从动件位移 s、速度 v、加速度 a。

5.2.2　从动件常用运动规律

在工程实际中，常用的从动件运动规律主要有等速运动规律、等加速等减速运动规律、余弦加速度运动规律、正弦加速度运动规律等，下面分别加以介绍。

5.2.2.1　等速运动规律

如图 5-8 所示为凸轮机构从动件等速运动规律的运动线图，其运动方程为：

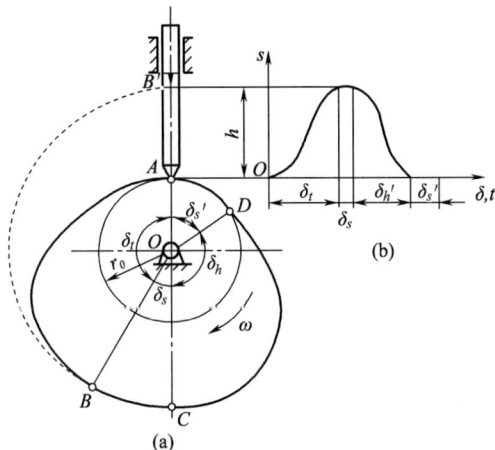

图 5-7　对心尖顶直动从动件盘形凸轮机构

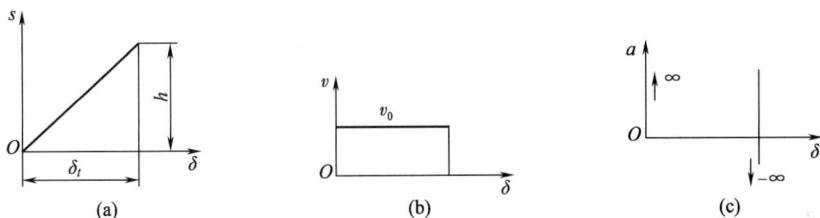

图 5-8　等速运动规律

推程：$s=(h/\delta_t)\delta,v=(h/\delta_t)\omega,a=0$

回程：$s=[1-(\delta/\delta_h)]h,v=-(h/\delta_h)\omega,a=0$

如图 5-8（b）所示，从动件运动在推程开始和终止位置速度有突变，此时加速度将从零变到无穷大，理论上产生无穷大的惯性力，因而会使凸轮机构受到极大的冲击，这种冲击称为刚性冲击。刚性冲击在凸轮机构工作时表现为强烈的冲击振动，造成零部件变形、断裂。

5.2.2.2　等加速等减速运动规律

如图 5-9 所示为凸轮机构从动件等加速等减速运动规律的运动线图。凸轮机构从动件运动行程中等加速与等减速运动各占部分行程，其推程运动方程为：

等加速段：

$$s=(2h/\delta_t^2)\delta^2,v=(4h\omega/\delta_t^2)\delta,a=4h\omega^2/\delta_t^2$$

等减速段：

$$s=h-(2h/\delta_t^2)(\delta_t-\delta)^2,v=(4h\omega/\delta_t^2)(\delta_t-\delta),a=-4h\omega^2/\delta_t^2$$

同理，其回程运动方程为

(a)　　　　　　　　(b)　　　　　　　　(c)

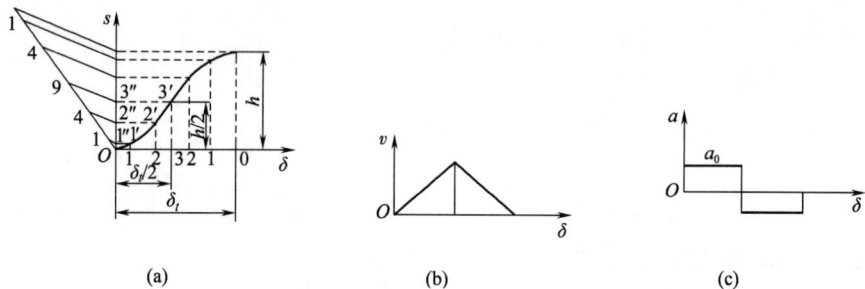

图 5-9　等加速等减速运动规律

等加速段：

$$s = h-(2h/\delta_h^2)\delta^2, v = -(4h\omega/\delta_h^2)\delta, a = -4h\omega^2/\delta_h^2$$

等减速段：

$$s = (2h/\delta_h^2)(\delta_h-\delta)^2, v = -(4h\omega/\delta_h^2)(\delta_h-\delta), a = 4h\omega^2/\delta_h^2$$

如图 5-9（c）所示，在凸轮 δ_t 等于 0、$\delta_t/2$、δ_t 三点处，从动件的加速度有突变，不过加速度这一突变为有限值，引起的冲击较小，这种冲击称为柔性冲击。柔性冲击在凸轮机构工作时表现为振动、噪声，造成凸轮机构动态性能恶化。

5.2.2.3　余弦加速度运动规律（又称简谐运动规律）

如图 5-10 所示为凸轮机构从动件余弦加速度运动规律的运动线图，其运动方程为：

推程：$s = [1-\cos(\pi\delta/\delta_t)]h/2$

$v = \sin(\pi\delta/\delta_t)[h\pi\omega/(2\delta_t)]$

$a = \cos(\pi\delta/\delta_t)[h\pi^2\omega^2/(2\delta_t^2)]$

回程：$s = h/2[1+\cos(\pi\delta/\delta_t)]$

$v = -[h\pi\omega/(2\delta_t)]\sin(\pi\delta/\delta_t)$

$a = -[h\pi\omega^2/(2\delta_t^2)]\cos(\pi\delta/\delta_t)$

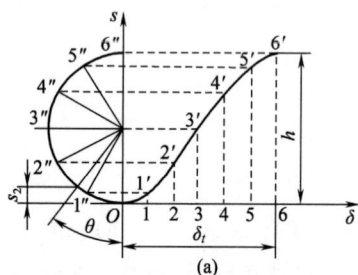

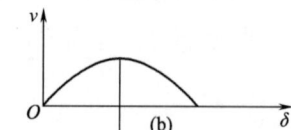

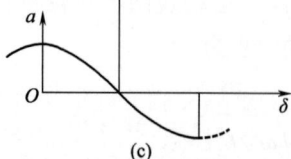

如图 5-10（c）所示，在凸轮 δ_t 等于 0、δ_t 两位置的加速度有突变，这一突变为有限值，会引起柔性冲击。

5.2.2.4　正弦加速度运动规律（又称摆线运动规律）

如图 5-11 所示为凸轮机构从动件正弦加速度运动规律的运动线图，其运动方程为：

推程：$s = [(\delta/\delta_t)-\sin(2\pi\delta/\delta_t)/2\pi]h$

$v = h\omega[1-\cos(2\pi\delta/\delta_t)]/\delta_t$

$a = 2\pi\omega^2 h\sin(2\pi\delta/\delta_t)/\delta_t^2$

回程：$s = [1-(\delta/\delta_t)+\sin(2\pi\delta/\delta_h)/2\pi]h$

$v = h\omega[\cos(2\pi\delta/\delta_h)-1]/\delta_h$

$a = -2\pi\omega^2 h\sin(2\pi\delta/\delta_h)/\delta_h^2$

图 5-10　余弦加速度运动规律

正弦加速度运动规律的运动线图的特点是速度曲线和加速度曲线均连续无突变，故既无刚性冲击也无柔性冲击。

律性。从动件的运动规律可用运动线图进行描述，如图 5-7（b）所示为位移线图。凸轮机构运动线图横坐标轴为时间 t 或凸轮转角 δ，纵坐标轴是从动件位移 s、速度 v、加速度 a。

5.2.2　从动件常用运动规律

在工程实际中，常用的从动件运动规律主要有等速运动规律、等加速等减速运动规律、余弦加速度运动规律、正弦加速度运动规律等，下面分别加以介绍。

5.2.2.1　等速运动规律

如图 5-8 所示为凸轮机构从动件等速运动规律的运动线图，其运动方程为：

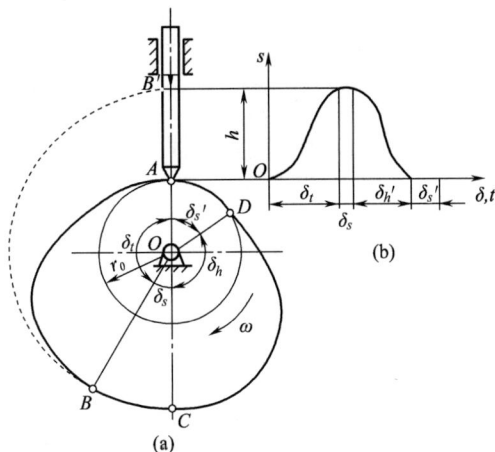

图 5-7　对心尖顶直动从动件盘形凸轮机构

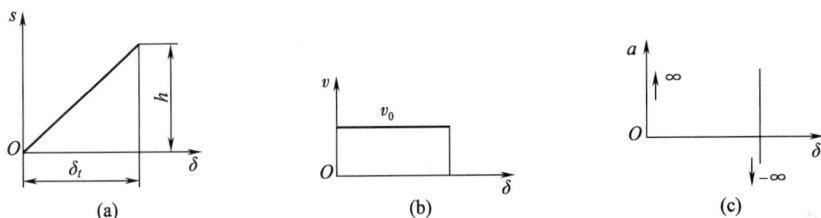

图 5-8　等速运动规律

推程：$s=(h/\delta_t)\delta, v=(h/\delta_t)\omega, a=0$

回程：$s=\left[1-(\delta/\delta_h)\right]h, v=-(h/\delta_h)\omega, a=0$

如图 5-8（b）所示，从动件运动在推程开始和终止位置速度有突变，此时加速度将从零变到无穷大，理论上产生无穷大的惯性力，因而会使凸轮机构受到极大的冲击，这种冲击称为刚性冲击。刚性冲击在凸轮机构工作时表现为强烈的冲击振动，造成零部件变形、断裂。

5.2.2.2　等加速等减速运动规律

如图 5-9 所示为凸轮机构从动件等加速等减速运动规律的运动线图。凸轮机构从动件运动行程中等加速与等减速运动各占部分行程，其推程运动方程为：

等加速段：

$$s=(2h/\delta_t^2)\delta^2, v=(4h\omega/\delta_t^2)\delta, a=4h\omega^2/\delta_t^2$$

等减速段：

$$s=h-(2h/\delta_t^2)(\delta_t-\delta)^2, v=(4h\omega/\delta_t^2)(\delta_t-\delta), a=-4h\omega^2/\delta_t^2$$

同理，其回程运动方程为

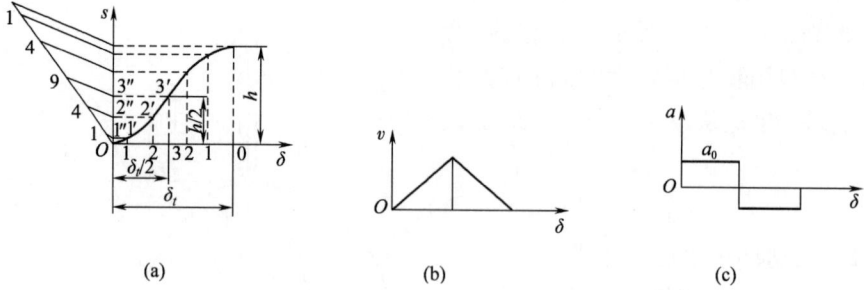

图 5-9　等加速等减速运动规律

等加速段：

$$s = h - (2h/\delta_h^2)\delta^2, v = -(4h\omega/\delta_h^2)\delta, a = -4h\omega^2/\delta_h^2$$

等减速段：

$$s = (2h/\delta_h^2)(\delta_h - \delta)^2, v = -(4h\omega/\delta_h^2)(\delta_h - \delta), a = 4h\omega^2/\delta_h^2$$

如图 5-9（c）所示，在凸轮 δ_t 等于 0、$\delta_t/2$、δ_t 三点处，从动件的加速度有突变，不过加速度这一突变为有限值，引起的冲击较小，这种冲击称为柔性冲击。柔性冲击在凸轮机构工作时表现为振动、噪声，造成凸轮机构动态性能恶化。

5.2.2.3　余弦加速度运动规律（又称简谐运动规律）

如图 5-10 所示为凸轮机构从动件余弦加速度运动规律的运动线图，其运动方程为：

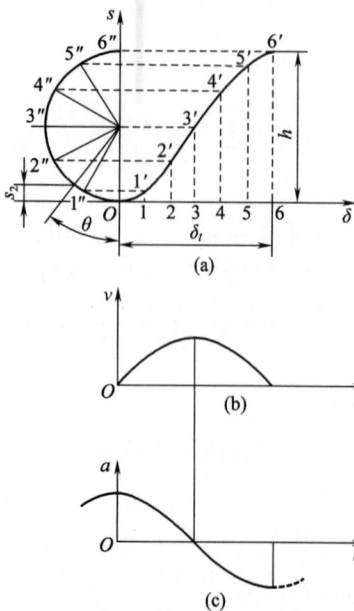

图 5-10　余弦加速度运动规律

推程：$s = [1 - \cos(\pi\delta/\delta_t)]h/2$

$\quad\quad v = \sin(\pi\delta/\delta_t)[h\pi\omega/(2\delta_t)]$

$\quad\quad a = \cos(\pi\delta/\delta_t)[h\pi^2\omega^2/(2\delta_t^2)]$

回程：$s = h/2[1 + \cos(\pi\delta/\delta_t)]$

$\quad\quad v = -[h\pi\omega/(2\delta_t)]\sin(\pi\delta/\delta_t)$

$\quad\quad a = -[h\pi\omega^2/(2\delta_t^2)]\cos(\pi\delta/\delta_t)$

如图 5-10（c）所示，在凸轮 δ_t 等于 0、δ_t 两位置的加速度有突变，这一突变为有限值，会引起柔性冲击。

5.2.2.4　正弦加速度运动规律（又称摆线运动规律）

如图 5-11 所示为凸轮机构从动件正弦加速度运动规律的运动线图，其运动方程为：

推程：$s = [(\delta/\delta_t) - \sin(2\pi\delta/\delta_t)/2\pi]h$

$\quad\quad v = h\omega[1 - \cos(2\pi\delta/\delta_t)]/\delta_t$

$\quad\quad a = 2\pi\omega^2 h\sin(2\pi\delta/\delta_t)/\delta_t^2$

回程：$s = [1 - (\delta/\delta_t) + \sin(2\pi\delta/\delta_h)/2\pi]h$

$\quad\quad v = h\omega[\cos(2\pi\delta/\delta_h) - 1]/\delta_h$

$\quad\quad a = -2\pi\omega^2 h\sin(2\pi\delta/\delta_h)/\delta_h^2$

正弦加速度运动规律的运动线图的特点是速度曲线和加速度曲线均连续无突变，故既无刚性冲击也无柔性冲击。

5.2.3 从动件组合运动规律

工程实际中，机械对从动件的运动和动力特性常有多种要求，而一种常用运动规律又难以满足这些要求。这时，为了获得更好的运动和动力特性，可把几种常用运动规律组合起来使用。例如，在凸轮机构中，为了避免冲击，要求速度曲线和加速度曲线必须连续，而凸轮机构工作过程又要求从动件必须采用等速运动规律，此时为了同时满足从动件的运动和动力要求，可将等速运动规律适当地加以修正，如将从动件等速运动规律在其行程两端与正弦加速度运动规律组合，如图 5-12 所示，可以使凸轮机构获得较好的运动和动力性能。

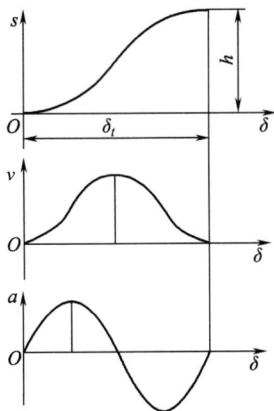

图 5-11 正弦加速度运动规律

5.2.4 从动件运动规律的选择

从动件运动规律的选择首先需满足机器的工作要求，同时还应使凸轮机构具有良好的动力特性，以及考虑所设计的凸轮便于加工等。选择从动件运动规律时应尽可能使其运动中的冲击较小。当运动曲线高阶连续可导时，凸轮具有良好的动态性能，但必须有足够的凸轮加工精度予以保证。

表 5-1 为从动件常用运动规律的比较，其速度、加速度和跃度的最大值也列于表中。由表中可知，等加速等减速运动规律和正弦加速度运动规律的速度峰值较大，而除等速运动规律之外，正弦加速度运动规律的加速度最大值最大。

因此，选择从动件运动规律时应综合考虑各方面因素。动力特性往往是首要考虑因素，但是，良好的动态性能会增大加工成本和难度。例如，从动件采用正弦加速度运动规律的动力

图 5-12 组合运动规律

性能优于等加速等减速运动规律，所以在高速场合一般选用正弦加速度运动规律，但其加工成本较高。而当机械的工作过程对从动件的运动规律有特殊要求，凸轮转速又不太高时，则应首先从满足工作需要出发选择从动件的运动规律，其次考虑其动力特性和便于加工。

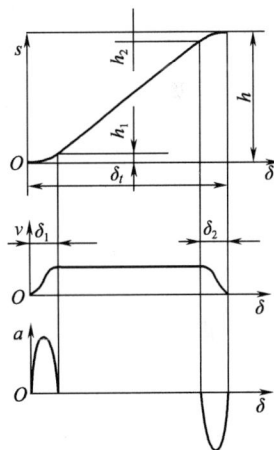

表 5-1 从动件常用运动规律特性及适用场合

运动规律	冲击特性	v_{max} ($h\omega/\delta_t$)	a_{max} ($h\omega^2/\delta_t^2$)	j_{max} ($h\omega^3/\delta_t^3$)	适用场合
等速	刚性	1.00	∞	—	低速轻载
等加速等减速	柔性	2.00	4.00	∞	中速轻载
余弦加速度	柔性	1.57	4.93	∞	中速中载
正弦加速度	无	2.00	6.28	39.5	高速轻载

5.3　凸轮廓线的设计

5.3.1　凸轮廓线设计的基本原理

根据工作要求和结构条件，选定了凸轮机构的型式、基本尺寸、从动件的运动规律和凸轮的转向后，可进行凸轮廓线的设计。凸轮廓线设计方法有解析法和图解法。凸轮廓线设计方法的核心就是求解凸轮轮廓曲线上的诸点。将图解法的几何关系数字化，是解析法的计算公式。

凸轮轮廓曲线设计的基本原理是反转法原理。

如图 5-13 所示，当凸轮以角速度 ω 绕轴 O 逆时针转动时，从动件在凸轮的推动下实现预期的运动。依据相对运动原理，现设想给整个凸轮机构加上一个公共角速度 $-\omega$，使其绕轴心 O 转动。这时凸轮与从动件之间的相对运动并未改变，凸轮将静止不动，而从动件则一方面随其导轨以角速度 $-\omega$ 绕轴心 O 转动，一方面又在导轨内作预期的往复移动。这样，从动件在这种复合运动中，其尖顶的运动轨迹即为凸轮轮廓曲线。这种方法假定凸轮不动而使从动件连同导轨一起反转，故称反转法。

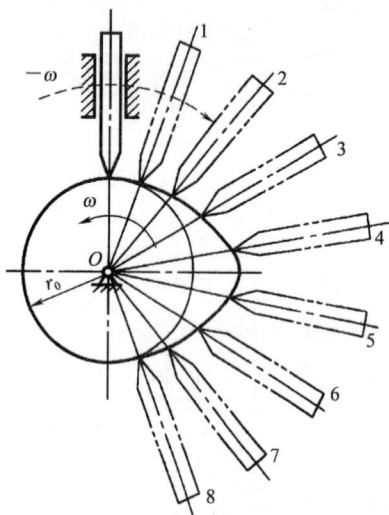

图 5-13　反转法绘制凸轮轮廓

5.3.2　用图解法设计凸轮廓线

5.3.2.1　偏置尖顶直动从动件盘形凸轮廓线的绘制

设凸轮的基圆半径为 r_0，从动件位移线图如图 5-14（a）所示，凸轮以等角速 ω 顺时针方向回转，凸轮机构存在偏距 e。试设计该偏置尖顶直动从动件盘形凸轮廓线。

偏置尖顶直动从动件盘形凸轮机构的偏距圆是以偏距 e 为半径以凸轮转动中心 O 为圆心所作的圆，从动件移动导轨中心位置与偏距圆始终相切，如图 5-14（b）所示。

偏置尖顶直动从动件盘形凸轮廓线具体设计步骤如下：

①取与位移线图同样的比例尺作基圆和偏距圆、确定从动件位移起始位。

②在基圆上，对应从动件位移线图，标各运动阶段凸轮角 δ_i。

③沿 $-\omega$ 方向绘制一系列从动件机架位置（机架位置须与偏距圆相切），从动件位置线与基圆的交点编号和从动件位移线图相对应，例如从动件位移线图上的 1，2，3，4，…，对应从动件端部位置线与基圆的交点编号 C_1，C_2，C_3，C_4，…。

④量取从动件位移，即从动件位移线图上的 11′线段长与图 5-14（b）中的 B_1C_1 线段长对应并相等，同理，22′与 B_2C_2 对应，以此类推得到一系列点 B_1，B_2，…，B_9。

⑤光滑连接各 B_i 点，所得曲线便是所设计的凸轮轮廓。

当偏距 $e=0$ 时，用以上步骤所设计的凸轮轮廓为对心尖顶直动从动件盘形凸轮的

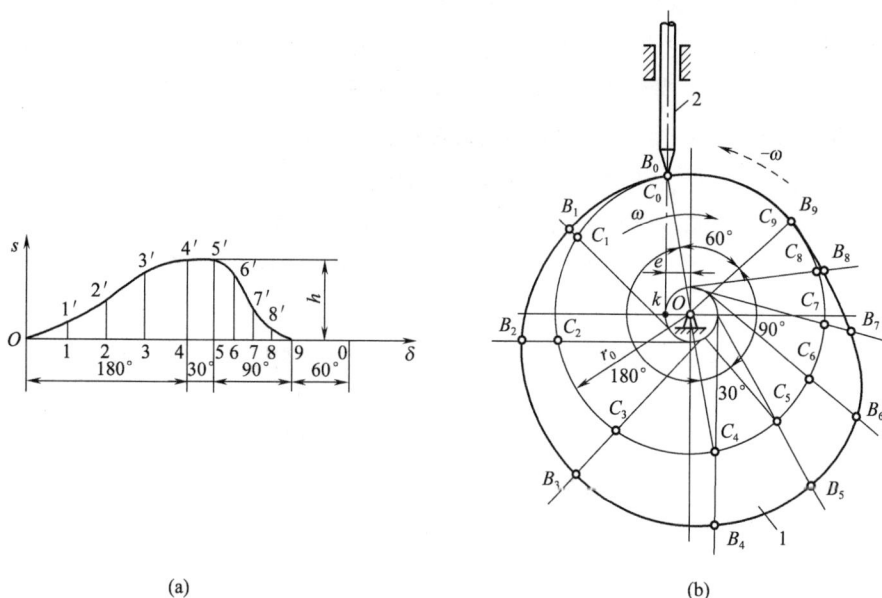

(a)　　　　　　　　　　　(b)

图 5-14　偏置尖顶直动从动件盘形凸轮廓线的设计

轮廓。

5.3.2.2　对心滚子直动从动件盘形凸轮廓线的绘制

绘制对心滚子直动从动件盘形凸轮廓线时，先将滚子圆心 B 视为尖顶从动件的尖顶，

按前述方法绘制以滚子圆心为尖顶的对心直动从动件盘形凸轮廓线，该廓线称为滚子直动从动件盘形凸轮机构的理论廓线（图 5-15 中的 β），凸轮的基圆半径 r_0 和压力角 α 通常是指凸轮理论廓线的基圆半径和压力角。以理论廓线上的各点为圆心，以滚子半径 r_r 为半径，作一系列滚子圆，则此族圆的内包络线即为所设计凸轮的工作廓线（又称实际廓线）。

设 β 是对心滚子直动从动件盘形凸轮的理论廓线，按尖顶的对心直动从动件盘形凸轮廓线设计方法，凸轮的工作廓线设计步骤如下：

（1）取滚子半径 r_r。

（2）以 β 上各点为圆心画一系列半径为 r_r 的圆。

（3）画滚子圆的内包络线 β'，β' 就是所设计的凸轮廓线。

设计过程如图 5-15 所示。

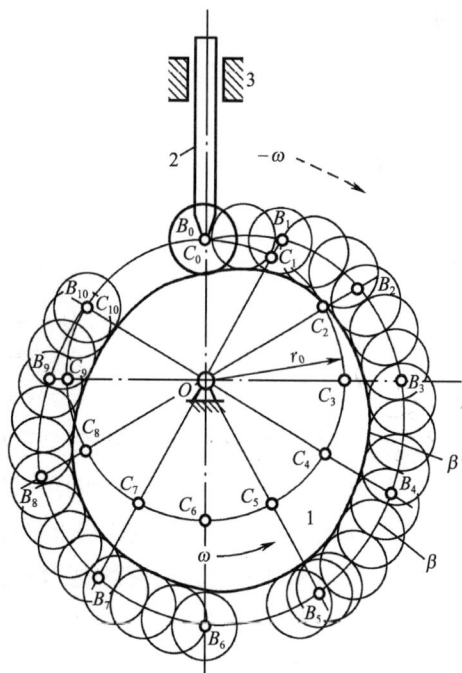

图 5-15　对心滚子直动从动件盘形凸轮廓线的设计

5.3.2.3 摆动从动件盘形凸轮廓线的绘制

一尖顶摆动从动件凸轮机构，已知其从动件的角位移线图如图 5-16（a）所示，凸轮与摆动从动件的中心距 l_{OD}，摆动从动件长度 l_{BD}，凸轮基圆半径 r_0，以及凸轮以等角速度 ω 逆时针回转。利用反转法绘制该凸轮轮廓的步骤如下：

（1）取比例尺，以 r_0 为半径作基圆；以 O 为圆心，以 l_{OD} 为半径作圆，称为中心距圆。在中心距圆上任取 D_0 点作为推程起始点所对应的摆动从动件轴心位置。

（2）自 D_0 点开始，沿 $-\omega$ 方向在中心距圆上取角 δ_1、δ_2、δ_3 和 δ_4，并将 δ_1、δ_3 分成与图 5-16（b）中横坐标相对应的等分，得摆杆轴心在反转中的各个位置 D_1、D_2、D_3、…；再以这些点为圆心，以从动件长度 l_{BD} 为半径作弧，与基圆交于 C_1、C_2、C_3、…。

（3）以 C_1D_1、C_2D_2、C_3D_3、…为基准，分别量取与图 5-16（b）中对应的摆杆位移角 β_1、β_2、β_3、…，得 B_1D_1、B_2D_2、B_3D_3、…，则点 B_1、B_2、B_3、…即为摆杆的尖顶在反转中依次占据的位置。将 B_0、B_1、B_2、…连成光滑曲线即为凸轮的轮廓曲线。

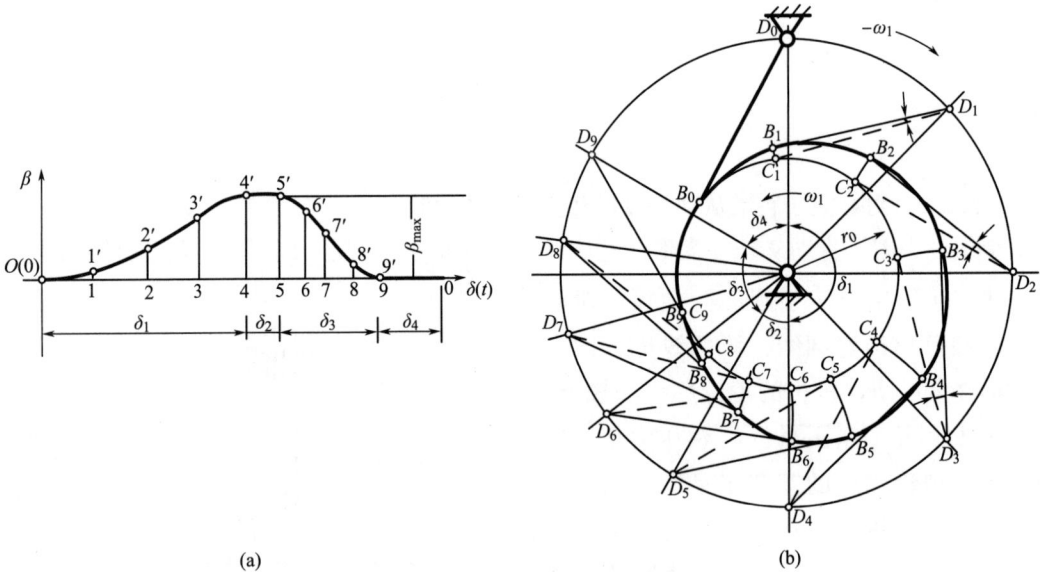

(a)   (b)

图 5-16　摆动从动件盘形凸轮廓线的设计

5.3.3　用解析法设计凸轮廓线

用解析法设计凸轮廓线，就是根据从动件的运动规律和已知的机构参数，求出凸轮廓线的方程式，并精确地计算出凸轮廓线上各点的坐标值。下面以对心尖端直动从动件盘形凸轮机构为例介绍用解析法设计凸轮廓线。

如图 5-17 所示，取坐标系 y 轴与从动件移动导轨轴线重合，当凸轮转角为 δ 时，从动件产生相应的位移 s，建立从动件位移 s 的矢量方程式：

$$\boldsymbol{OB} = \boldsymbol{s}_0 + \boldsymbol{s} \tag{5-1}$$

将式（5-1）分别向 x、y 轴投影，则从动件尖顶 B 点的坐标为：

$$\begin{cases} x = (r_0 + s)\sin\delta \\ y = (r_0 + s)\cos\delta \end{cases} \qquad (5\text{-}2)$$

式中：$r_0 = s_0$。

此即为对心尖端直动从动件盘形凸轮廓线的解析方程式。

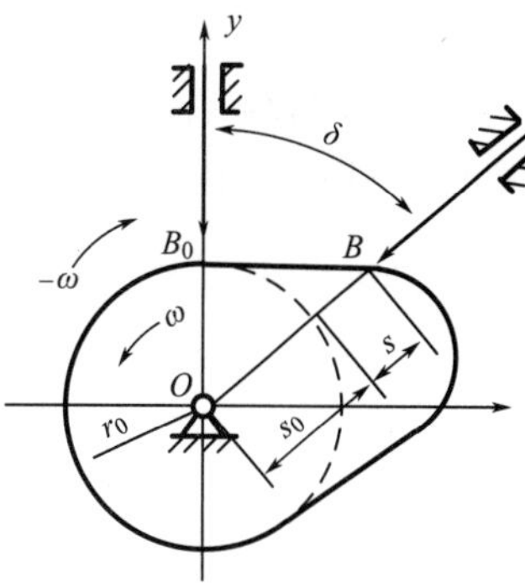

【思考题】

1. 凸轮的实际廓线与理论廓线之间的关系如何？若已知实际廓线，如何作出理论廓线？

2. 将滚子从动件改为尖底从动件，其他条件不变，从动件的运动规律会改变吗？为什么？

图 5-17　对心尖端直动
从动件盘形凸轮机构

5.4　凸轮机构基本尺寸的确定

5.4.1　凸轮轮廓压力角的确定

如图 5-18 所示尖底直动从动件凸轮机构的受力分析图。忽略摩擦的情况下，凸轮作用于从动件上的力 F_n 沿接触点的法线 nn 方向。定义 F_n 与从动件上力的作用点的速度方向之间的夹角为压力角 α。压力角是衡量凸轮机构传力性能好坏的一个重要参数。

法向力 F_n 可分解为沿从动件导路方向的分力 F_y 和垂直于导路方向的分力 F_x。F_y 是推动从动件运动的力，它除了克服作用于从动件上的工作阻力 F_Q 外，还需克服导路对从动件的摩擦阻力 F_f，而这个摩擦阻力是由 F_x 引起的。由图 5-18 可见，F_y 和 F_x 的大小分别为：

$$F_y = F_n\cos\alpha; \quad F_x = F_n\sin\alpha \qquad (5\text{-}3)$$

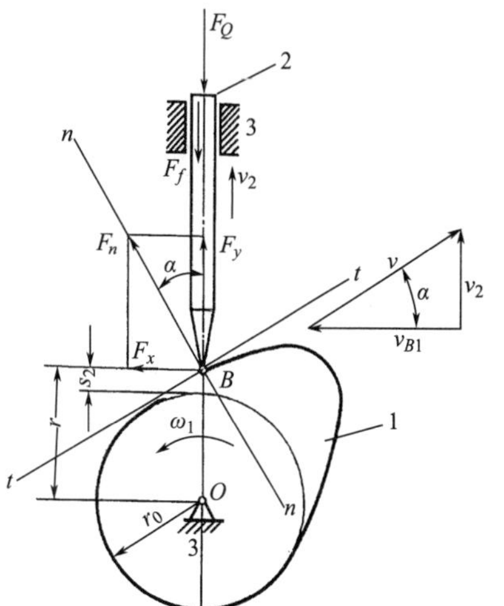

当 F_n 一定时，分力 F_x 及其在导路中所引起的摩擦力将随 α 角的增大而增大，而分力 F_y 则随 α 角的减小而减小。当 α 角增大到某一值时，有可能出现推动从动件运动的分力等于或小于摩擦力，此时即使 F_Q 为零，不论凸轮对从动件的作用力有多大，都无法推动从动件运动，即机构发生自锁现象。

在实际生产中，为了保证凸轮机构正常工作，改善其受力情况，提高工作效率，通常规定凸轮机构的最大压力角 α_{max} 应小于某一许用压力角 $[\alpha]$，即

图 5-18　凸轮机构受力分析

$\alpha_{max} \leqslant [\alpha]$。一般直动从动件推程时的许用压力角 $[\alpha] = 30°$，摆动从动件的推程许用压力角 $[\alpha] = 35° \sim 45°$。力封闭的凸轮机构，回程时使推杆运动的是封闭力，一般不存在自锁问题，可允许较大的压力角，通常取 $[\alpha] = 70° \sim 80°$。

5.4.2 凸轮基圆半径的确定

如图 5-19 所示偏置尖顶直动从动件盘型凸轮机构中，凸轮与从动件的相对瞬心在 P 点，故从动件的速度为：$v=v_P=\omega\overline{OP}$，$\overline{OP}=\dfrac{v}{\omega}=\mathrm{d}s/\mathrm{d}\delta$；由图中 $\triangle BCP$ 可得：

$$\tan\alpha=\frac{(\overline{OP}-e)}{(s_0+s)}=\frac{[(\mathrm{d}s/\mathrm{d}\delta)-e]}{[(r_0^2-e^2)^{1/2}+s]} \tag{5-4}$$

由此可知，在偏距一定、从动件的运动规律已知的条件下，增大基圆半径 r_0，可减小压力角 α，从而改善机构的传力性能，但此时机构的尺寸将会增大。故应在满足 $\alpha_{max}\leqslant[\alpha]$ 的条件下，合理地确定凸轮的基圆半径，使凸轮机构的尺寸不至过大。

对于直动从动件盘形凸轮机构，如果限定推程的压力角 $\alpha\leqslant[\alpha]$，则可由式（5-4）导出基圆半径的计算公式：

$$r_0\geqslant\sqrt{\left[\frac{(\mathrm{d}s/\mathrm{d}\delta-e)}{\tan[\alpha]}-s\right]^2+e^2} \tag{5-5}$$

在实际设计工作中，凸轮基圆半径的确定不仅要受到 $\alpha_{max}\leqslant[\alpha]$ 的限制，还要考虑凸轮的结构及强度要求等。根据 $\alpha_{max}\leqslant[\alpha]$ 的条件所确定的凸轮基圆半径 r_0 一般较小，所以在设计工作中，通常根据具体结构条件并可参照式（5-6）初步确定基圆半径。必要时再检查所设计的凸轮是否满足 $\alpha_{max}\leqslant[\alpha]$ 的要求。

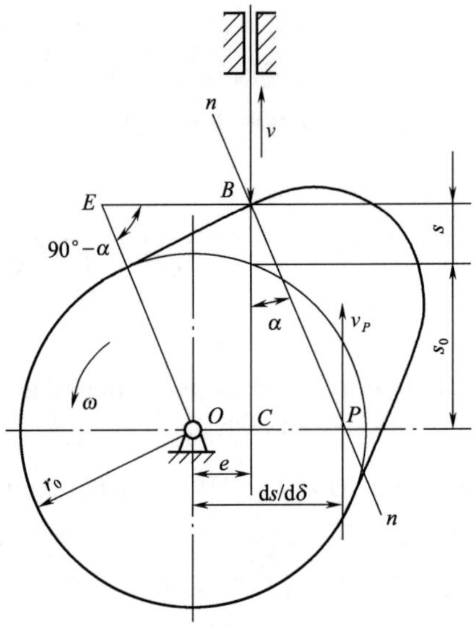

图 5-19 偏置尖顶从动件凸轮基圆半径的确定

$$r_0\geqslant r_s+r_k+(2\sim5)\,\mathrm{mm} \tag{5-6}$$

式中：r_s——凸轮与轴一体式为轴的半径，当凸轮安装在轴上时为凸轮轮毂半径，mm；

r_k——从动件滚子半径，mm。

实际工程中也常用诺模图（Nomogram）确定凸轮的最小基圆半径，具体可参考机械设计手册。

5.4.3 滚子推杆滚子圆半径的确定

如图 5-20 所示，ρ_{min} 为理论轮廓线外凸部分的最小曲率半径，r_r 为滚子半径，ρ' 为实际轮廓曲率半径。凸轮的外凸轮廓在引入滚子后，各轮廓点的曲率半径 ρ' 会减小，存在关系：$\rho'=\rho_{min}-r_r$。

（1）当出现 $\rho_{min}>r_r$ 时，凸轮实际廓线完整，如图 5-20（a）所示。

（2）当出现 $\rho_{min}=r_r$ 时，凸轮实际廓线产生易磨损的尖点，如图 5-20（b）所示。

（3）当出现 $\rho_{min}<r_r$ 时，发生实际廓线自交，如图 5-20（c）所示，即部分轮廓在加工

时被切去，造成从动件运动失真。

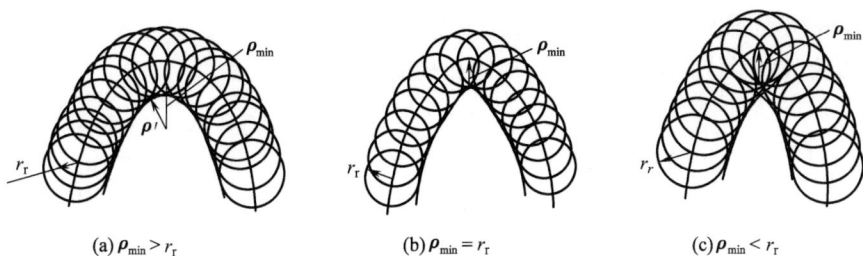

(a) $\rho_{\min} > r_r$　　　　(b) $\rho_{\min} = r_r$　　　　(c) $\rho_{\min} < r_r$

图 5-20　滚子半径对凸轮的影响

综上所述可知，设计滚子从动件凸轮机构时，所选滚子不能过大，滚子半径 r_r 必须小于理论轮廓曲线外凸部分的最小曲率半径 $\rho_{\min}$，否则凸轮机构会发生运动失真或易于磨损；但使用太小的滚子又会导致其难以安装、润滑，降低滚子的强度和寿命。一般选择滚子半径 r_r 应满足：$\rho_{\min} \leqslant [\rho]$，设计时建议取 $r_r \leqslant 0.8\rho_{\min}$。$\rho_{\min}$ 可通过计算获得。

【思考题】

1. 压力角过大时对凸轮机构的运动有何影响？如何改进？
2. 如何选择凸轮的基圆半径？
3. 滚子从动件的设计中出现运动失真，可采取哪些措施进行修正？

习题

5-1　一凸轮机构的运动规律如题图 5-1 所示，请说明该凸轮机构运动中何处有冲击，为何种冲击？并定性画出位移曲线和加速度曲线。

5-2　如题图 5-2 所示为一偏置直动从动件盘形凸轮机构。已知 AB 段为凸轮的推程廓线：

（1）试在图上标注推程运动角 δ_t。

（2）凸轮位于图示位置时，凸轮机构的压力角。

（3）凸轮从图示位置转过 45° 时，凸轮机构的压力角和从动件的位移。

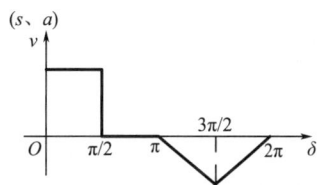

题图 5-1

5-3　如题图 5-3 所示凸轮机构中，已知该凸轮的理论廓线，试在此基础上做出凸轮的实际廓线，并画出基圆。

5-4　如题图 5-4 所示的凸轮机构中，凸轮为偏心轮，转向为顺时针。已知参数 $R = 30\text{mm}$，$L_{OA} = 10\text{mm}$，$e = 15\text{mm}$，$r_r = 5\text{mm}$。E、F 为凸轮与滚子的两个接触点。

（1）画出理论轮廓曲线和基圆。

（2）标出从 E 点接触到 F 点接触凸轮所转动过的角度。

（3）标出 F 点接触时凸轮机构的压力角。

（4）标出 E 点接触到 F 点接触从动件的位移。

5-5 如题图5-5所示为两个摆动从动件凸轮机构，试作图求：

（1）凸轮位于图示位置时，凸轮机构的压力角 α。

（2）凸轮从图示位置转过90°时，凸轮机构的压力角 α'。

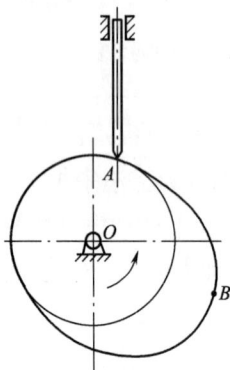 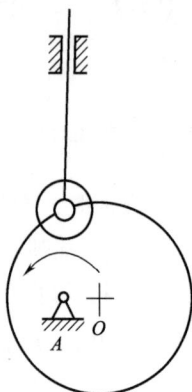 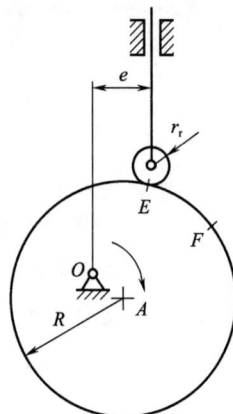

题图5-2   题图5-3   题图5-4

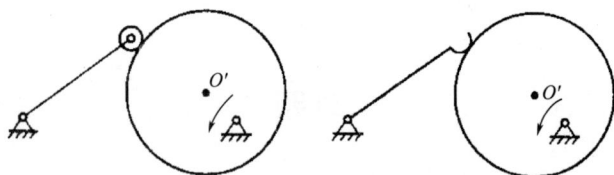

题图5-5

5-6 已知从动件升程 $h = 30\text{mm}$，$\delta_t = 150°$，$\delta_s = 30°$，$\delta_h = 120°$，$\delta_s' = 60°$，从动件在推程作余弦加速度运动，在回程做等加速等减速运动，试运用作图法或公式计算绘出其运动线图 $s—t$、$v—t$ 和 $a—t$。

5-7 设计如题图5-6所示为偏置直动滚子从动件盘形凸轮廓线。已知凸轮以等角速度沿顺时针方向回转，偏距 $e = 10\text{mm}$，凸轮基圆半径 $r_0 = 60\text{mm}$，滚子半径 $r_r = 10\text{mm}$，从动件的升程及运动规律为题5-9中所述，试设计凸轮的廓线并校核推程压力角（方法不限）。

5-8 如题图5-7所示自动车床控制刀架移动的滚子摆动从动件凸轮机构中，已知 $L_{OA} = 60\text{mm}$，$L_{AB} = 36\text{mm}$，$r_0 = 35\text{mm}$，$r_r = 8\text{mm}$。从动件的运动规律：当凸轮以等角速度 ω_1 逆时针方向回转150°时，从动件以简谐运动向上摆15°；当凸轮自150°转到180°时，从动件停止不动；当凸轮自180°转到300°时，从动件以余弦加速度运动摆回原处；当凸轮自300°转到360°时，从动件又停留不动。试绘制凸轮的廓线。

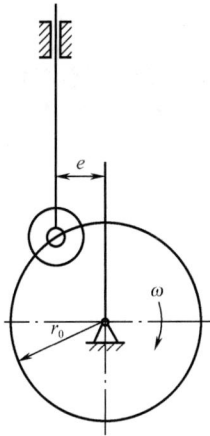

题图 5-6

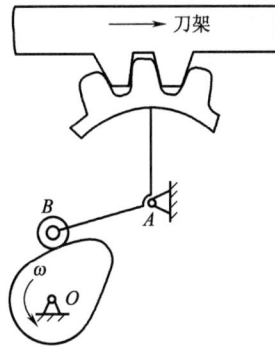

题图 5-7

5-9 设计细纱机卷绕成形凸轮机构。已知凸轮的基圆半径 $r_0 = 70$mm，$r_r = 20$mm，从动件的运动规律如下：当凸轮以等角速度 ω_1 逆时针方向转动 270°时，从动件以等加速上升 46mm；当凸轮自 270°转到 360°时，从动件以等减速降回原处。试绘制凸轮廓线。

第6章　齿轮传动及其设计

【知识要点】

1. 齿轮的齿廓啮合基本定律及渐开线齿廓的啮合特点。

2. 齿轮的基本参数及标准齿轮几何尺寸的计算。

3. 渐开线齿廓齿轮的啮合传动。

4. 齿轮的加工及变位齿轮。

5. 斜齿圆柱齿轮、直齿圆锥齿轮和蜗杆的传动。

6. 直齿圆柱齿轮的强度计算。

【知识探索】

1. 工程实际中的齿轮齿廓还有哪些曲线？圆弧齿齿轮传动相比渐开线齿轮传动适用于哪些场合？

2. 试分析指南车的传动机构及其工作原理。

3. 若想优化齿轮的设计结果，可采用哪些方法和措施？

齿轮机构可以用来传递空间任意两轴间的运动和动力。它是现代机械中应用最广泛的一种传动机构。

6.1　齿轮传动概述

常见的齿轮传动类型见表6-1。从传动的角度，齿轮传动为啮合传动原理。齿轮传动一般按运动，可分为空间与平面齿轮传动两大类；按传动比 $i=\omega_1/\omega_2$，可分为定传动比与变传动比齿轮传动，其中定传动比齿轮传动很常用；按啮合齿轮传动的轴线相对位置，可分为平行轴、相交轴和交错轴齿轮传动；按啮合位置，可分为内啮合与外啮合。

因具有良好的传动性能，齿轮传动被广泛应用于各个领域，具体表现为：传动准确、效率高、寿命长、结构紧凑、适用范围广（速度与功率）以及运行安全、平稳、可靠，能实现空间任意两轴间的传动。但齿轮传动也存在缺点，具体表现为：多适于近距离传动，齿廓要专用设备加工，齿轮必须高精度制造与安装，成本高。

齿轮传动的性能多取决于齿轮。按照齿轮齿廓的不同类型，齿轮可分为渐开线、摆线、圆弧及抛物线齿轮。定传动比齿轮基本为圆形，圆形齿轮按形状，可分为圆柱齿轮、圆锥齿轮、蜗杆蜗轮；按齿向，可分为直齿、斜齿、人字齿及曲齿。

工程中，变化齿轮的齿廓、齿向及结构尺寸能有效改善齿轮传动的性能。

表 6-1　常见齿轮传动的类型

平面齿轮传动	平行轴	 直齿圆柱齿轮传动	 斜齿圆柱齿轮传动	 人字齿圆柱齿轮传动
		 内啮合直齿轮传动	 齿轮齿条传动	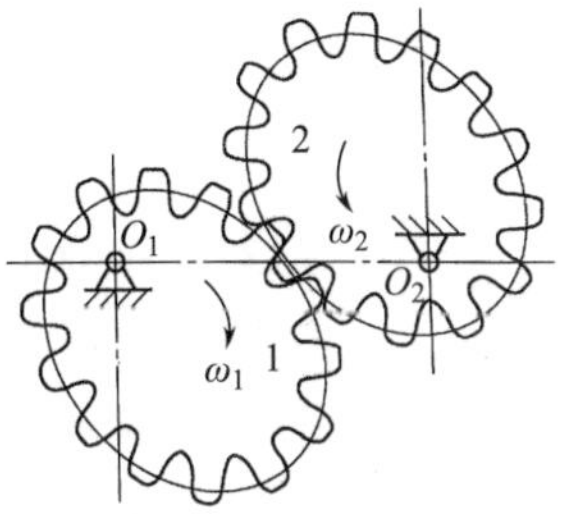 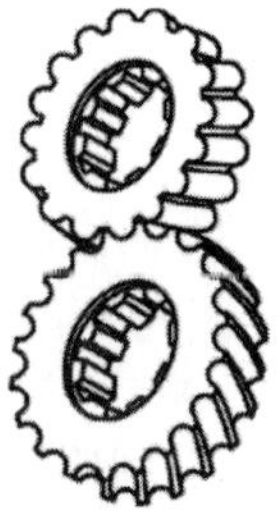 椭圆齿轮传动　　圆弧齿轮传动
空间齿轮传动	相交轴	 直齿圆锥齿轮传动	 斜齿圆锥齿轮传动	 曲齿圆锥齿轮传动(Σ=90°)
	交错轴	 蜗杆蜗轮传动(Σ=90°)	 外啮合斜齿圆柱齿轮传动	 交错轴锥蜗杆蜗轮传动

6.2　齿廓啮合基本定律及渐开线齿廓

齿轮传动是依靠主动轮的轮齿推动从动轮的轮齿实现传动。对齿轮传动的基本要求有：①实现预期的运动规律；②传动平稳性好。因此，齿轮的齿廓曲线须满足一定的条件。

6.2.1 齿廓啮合基本定律

如图 6-1 所示，齿轮 1 绕 O_1 轴以 ω_1 顺时针转动，齿轮 2 绕 O_2 轴以 ω_2 逆时针转动。

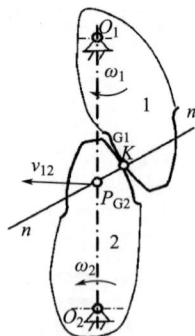

齿轮 1 的齿廓与齿轮 2 的齿廓在 K 点啮合，n—n 是过啮合点 K 的齿廓公法线，O_1O_2 为连心线。由三心定理知：连心线 O_1O_2 与公法线 n—n 的交点为齿轮 1 与齿轮 2 在该位置时的速度瞬心 P，则：

$$v_P = \overline{O_1P}\omega_1 = \overline{O_2P}\omega_1$$

传动比 i_{12} 为：

$$i_{12} = \frac{\omega_1}{\omega_2} = \frac{\overline{O_2P}}{\overline{O_1P}} \qquad (6-1)$$

式（6-1）表明，一对啮合齿廓的传动比等于其瞬心 P 所分连心线 O_1O_2 的两线段 O_1P、O_2P 的反比。这一规律称为齿廓啮合基本定律。

图 6-1 齿廓啮合 基本定律

当中心距 a 一定时，齿轮机构要实现定传动比，其节点 P 必为一定点。分别以 O_1P 和 O_2P 为半径，以 O_1、O_2 为圆心所作的两个相切的圆，分别称为齿轮 1 和齿轮 2 的节圆，用 r_1' 和 r_2' 表示其节圆半径，则 $i_{12} = r_2'/r_1' =$ 常数。能实现定传动比的传动的齿轮一般为圆形，故两齿轮的啮合传动可视为两个圆做纯滚动。

若要实现齿轮机构的传动比 i_{12} 按一定规律变化，其节点 P 在连心线 O_1O_2 上的位置必然也随之改变。表 6-1 中的椭圆齿轮传动，其节线为非圆曲线。

凡是符合齿廓啮合基本定律的一对相互啮合的齿廓，称为共轭齿廓，对应的廓线称为共轭曲线。理论上，共轭齿廓曲线有很多，如渐开线、摆线、圆弧和抛物线等，但综合考虑制造、安装等要求，在机械中常采用的齿廓曲线有渐开线和圆弧。本章主要讨论渐开线齿轮传动。

【思考题】

1. 齿轮用于传动应满足什么条件？
2. 如何选择更适合传动的齿轮齿廓？

6.2.2 渐开线的特性与方程

6.2.2.1 渐开线特性

如图 6-2 所示，定义以 O 为圆心、r_b 为半径的圆为基圆，与基圆 O 相切的直线 NK 为发生线。当 NK 绕基圆周纯滚动时，其上任意点 K 的轨迹便是基圆 O 的渐开线，其中 r_K 与 θ_K 分别表示 K 点的向径与展角。

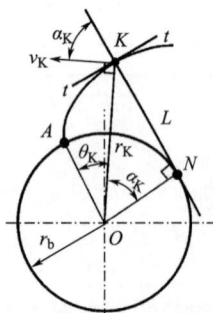

由渐开线的形成过程可知，渐开线的主要特性有：

（1）发生线在基圆上滚过的长度 $\overline{KN}$ 等于基圆上对应的弧长 $\overset{\frown}{AN}$，即 $\overline{KN} = \overset{\frown}{AN}$。

（2）渐开线上任一点 K 处的法线恒切于基圆，且切点 N 是渐开线在 K 点的曲率中心，线段 NK 为曲率半径。渐开线上各点的曲率半径不同，距离基圆越近，曲率半径越小。在基圆上曲率半径为 0。

图 6-2 渐开线的形成

（3）基圆大小决定渐开线的形状。如图 6-3 所示，当渐开线在 K 点的展角相同时，其基圆半径越大，渐开线的曲率半径也越大。当基圆半径为无穷大时，渐开线变成直线，即直线可看作为渐开线的特例。

（4）基圆内无渐开线。

了解渐开线的特性是研究渐开线齿轮啮合传动的基础。

6.2.2.2　渐开线方程

如图 6-2 中所示，r_K 为渐开线上任一 K 点的向径，此渐开线齿廓在 K 点啮合时，K 点所受的正压力方向与该点的速度方向所夹的锐角 α_K 即为该点的压力角。由几何关系可知：

$$\cos\alpha_K = r_b / r_K \tag{6-2}$$

又因

$$\tan\alpha_K = \frac{\overline{NK}}{r_b} = \frac{\overset{\frown}{AN}}{r_b} = \frac{r_b(\alpha_K + \theta_K)}{r_b} = \alpha_K + \theta_K \tag{6-3}$$

由式（6-3）可知，展角 θ_K 为压力角 α_K 的函数，称为渐开线函数，用 $inv\alpha_K$ 表示，即：

$$inv\alpha_K = \theta_K = \tan\alpha_K + \alpha_K \tag{6-4}$$

由式（6-2）和式（6-4）可得渐开线的极坐标方程为：

$$\begin{cases} r_K = \dfrac{r_b}{\cos\alpha_K} \\ \\ \theta_K = inv\alpha_K = \tan\alpha_K - \alpha_K \end{cases}$$

图 6-3　渐开线的形状变化

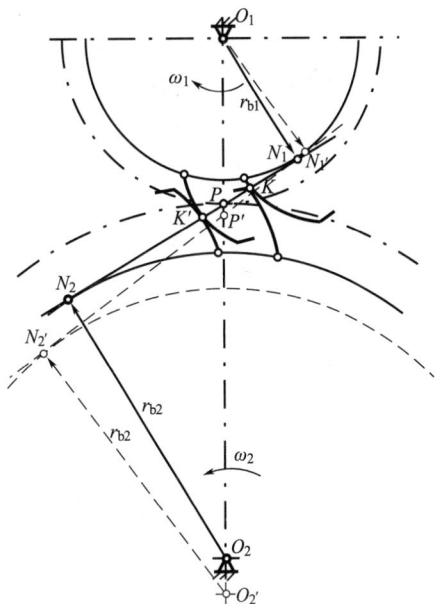

6.2.3　渐开线齿廓的啮合特性

图 6-4 所示为一对渐开线齿轮传动，齿轮 1 绕 O_1 顺时针转动；齿轮 2 绕 O_2 逆时针转动。K 为渐开线齿廓的任一啮合点，N_1N_2 为啮合点 K 的齿廓公法线，O_1O_2 为连心线，O_1O_2 与 N_1N_2 的交于点 P（P 为节点）。

6.2.3.1　啮合线为过节点的定直线

一对齿轮传动中，两齿轮的齿廓啮合点的轨迹称为啮合线。

由渐开线的性质可知，一对渐开线齿廓在任一啮合点的公法线必为两齿轮基圆的公切线，故一对渐开线齿廓从开始啮合到退出，所有的啮合点必在两基圆的内公切线上。如图 6-4 所示，N_1N_2 为两基圆的内公切线，也是一对齿轮齿廓的啮合线，同时也是啮合点的公法线。因两啮合齿廓的正压力方向为公法线方向，即啮合线方向，故其传力方向不变，有利于传动的平稳性。

6.2.3.2　传动比恒定不变

一对渐开线齿廓在啮合传动中，其啮合点的公

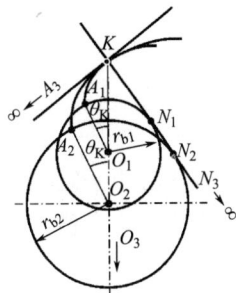

图 6-4　渐开线齿廓的啮合特性

法线为两齿轮基圆的内公切线，如图 6-4 所示，因 $\triangle O_1PN_1 \backsim \triangle O_2PN_2$，则传动比 i_{12} 可写为：

$$i_{12} = \frac{\omega_1}{\omega_2} = \frac{\overline{O_2P}}{\overline{O_1P}} = \frac{r_{b2}}{r_{b1}} \tag{6-5}$$

当中心距一定时，节点 P 为一定点，且对每一个齿轮来说，基圆半径为常数，两轮基圆半径之比为定值，由此渐开线齿轮能保证定传动比传动。

6.2.3.3 中心距可分

当两齿轮的实际安装中心距有变动时，图 6-4 中齿轮 2 的中心改变至 $O_{2'}$，这时啮合线为 $N_{1'}N_{2'}$，节点为 P'。由几何关系知，传动比 i_{12}' 仍等于两基圆半径之反比，故一对齿轮啮合传动的传动比仍然不变。渐开线齿轮传动的这一特性称为传动的可分性。这一特性对齿轮的装配和使用十分有利。

【思考题】
渐开线齿廓上各点的压力角是否相同？

6.3 渐开线直齿圆柱齿轮

6.3.1 渐开线直齿圆柱齿轮各部分的名称和符号

图 6-5 所示为一直齿圆柱外齿轮的一部分。齿轮各部分名称与符号如下。

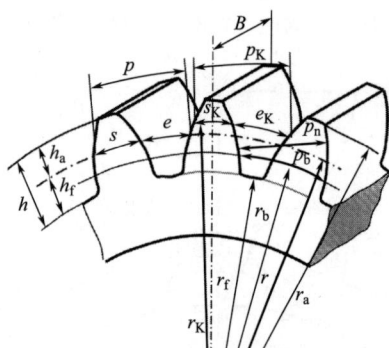

图 6-5 外齿轮各部分的名称和符号

6.3.1.1 齿顶圆

过轮齿顶端所作的圆称为齿顶圆，分别用 r_a 和 d_a 表示其半径与直径。

6.3.1.2 齿根圆

过齿槽底部所作的圆称为齿根圆，分别用 r_f 和 d_f 表示其半径与直径。

6.3.1.3 齿厚

在任意圆周上，一个轮齿两侧齿廓间的弧长称为该圆周上的齿厚，用 s_K 表示。

6.3.1.4 齿槽宽

在任意圆周上，齿槽两侧齿廓间的弧长称为该圆周上的齿槽宽，用 e_K 表示。

6.3.1.5 齿距

任意圆周上相邻两个轮齿同侧齿廓之间的弧长称为该圆周上的齿距，用 p_K 表示。在同一圆周上，齿距等于齿厚与齿槽宽之和，即：

$$p_K = s_K + e_K$$

相邻两齿同侧齿廓之间的法线长度称为法向齿距，用 p_n 表示。由渐开线性质可知，法

向齿距 p_n 等于基圆齿距 p_b。

6.3.1.6　分度圆

为便于齿轮的设计与制造而规定的一个参考圆，作为度量齿轮尺寸的基准，该圆称为分度圆，分别用 r 和 d 表示其半径与直径。分度圆上的齿厚、齿槽宽和齿距分别用 s、e 和 p 表示。

6.3.1.7　齿顶高

轮齿介于分度圆与齿顶圆之间的部分是齿顶，其径向高度为称为齿顶高，用 h_a 表示。

6.3.1.8　齿根高

轮齿介于分度圆与齿根圆之间的部分是齿根，其径向高度称为齿根高，用 h_f 表示。

6.3.1.9　全齿高

齿顶高与齿根高之和称为全齿高，用 h 表示，$h = h_a + h_f$。

6.3.2　渐开线齿轮的基本参数

6.3.2.1　齿数

齿轮沿圆周均匀分布的轮齿总数，用 z 表示。

6.3.2.2　模数

分度圆是计算各部分尺寸的基准，其周长为 $\pi d = zp$，则分度圆直径为：

$$d = \frac{p}{\pi} z$$

因 π 为无理数，对设计、制造和测量都不方便，为此，定义 p/π 为模数，用 m 表示，并将其取值标准化，即：

$$m = \frac{p}{\pi}$$

模数 m 是齿轮的重要参数，其单位为 mm，从而可得：

$$d = mz$$
$$p = \pi m$$

$$(6\text{-}6)$$

表 6-2 为国家标准 GB/T 1357—2008 规定的标准模数系列。

表 6-2　圆柱齿轮标准模数系列表

第一系列	1、1.25、1.5、2、2.5、3、4、5、6、8、10、12、16、20、25、32、40、50
第二系列	1.125、1.375、1.75、2.25、2.75、3.5、4.5、5.5、(6.5)、7、9、11、14、18、22、28、35、45

注　1. 优先选第一系列。

　　2. 尽可能避免选用括号内的值。

当齿轮的齿数 z 一定时，其分度圆尺寸 d 与模数 m 成正比，即模数 m 越大，齿轮尺寸也越大。当模数 m 一定时，齿轮轮齿的基本尺寸不随齿数 z 发生变化，如图 6-6 所示。

6.3.2.3　分度圆压力角 α

由式（6-2）可知，同一渐开线齿廓上各点的压力角不同。通常所说的压力角是指分度圆上的压力角，用 α 表示。压力角 α 是决定渐开线齿廓形状的主要参数。

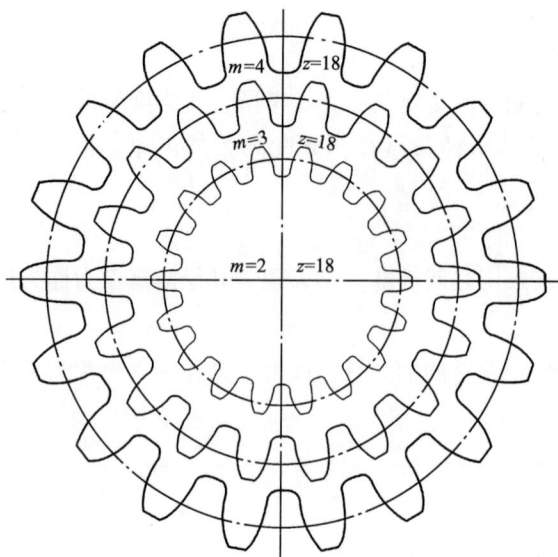

图6-6　不同模数齿轮的比较

　　国家标准（GB/T 1357—2008）中规定，分度圆压力角为标准值 $\alpha = 20°$。若齿轮用于特殊场合（如工程机械、航空机械等），α 另有规定。

6.3.2.4　齿顶高系数与顶隙系数

　　齿轮的齿顶高与其模数的比值称为齿顶高系数，用 h_a^* 表示。

　　一对啮合传动的齿轮，一个齿轮的齿顶圆与一个齿轮的齿根圆之间的径向距离称为顶隙。顶隙与模数的比值称为顶隙系数，用 c^* 表示。

　　齿顶高系数 h_a^* 和顶隙系数 c^* 已标准化，对于标准的正常齿，取 $h_a^* = 1$ 和 $c^* = 0.25$。

6.3.3　渐开线标准直齿圆柱齿轮的几何尺寸

　　渐开线标准齿轮的模数 m、压力角 α、齿顶高系数 h_a^* 和顶隙系数 c^* 均为标准值，且分度圆齿厚 s 等于分度圆齿槽宽 e。渐开线外啮合标准直齿圆柱齿轮传动的几何尺寸计算公式见表6-3。

表6-3　渐开线外啮合标准直齿圆柱齿轮传动的几何尺寸计算公式

名称	符号	小齿轮	大齿轮
分度圆直径	d	$d_1 = mz_1$	$d_2 = mz_2$
齿顶高	h_a	$h_a = h_a^* m$	
齿根高	h_f	$h_f = (h_a^* + c^*) m$	
齿顶圆直径	d_a	$d_{a1} = d_1 + 2h_a = (z_1 \pm 2h_a^*) m$	$d_{a2} = d_2 \pm 2h_a = (z_2 \pm 2h_a^*) m$
齿根圆直径	d_f	$d_{f1} = d_1 - 2h_f = [z_1 - 2 (h_a^* + c^*)] m$	$d_{f2} = d_2 - 2h_f = [z_2 - 2 (h_a^* + c^*)] m$
齿全高	h	$h = h_a + h_f = (2h_a^* + c^*) m$	
顶隙	c	$c = c^* m$	
齿厚	s、e	$s = \pi m/2$、$e = \pi m/2$	
齿槽宽	s、e	$s = \pi m/2$、$e = \pi m/2$	

名称	符号	小齿轮	大齿轮
齿距	p	$p=\pi m$	
基圆直径	d_b	$d_{b1}=d_1\cos\alpha$	
基圆齿距	p_b	$p_b=p\cos\alpha$	
法向齿距	p_n	$p_n=p\cos\alpha$	
标准中心距	a	$a=m\ (z_2\pm z_1)\ /2$	
传动比	i	$i=\omega_1/\omega_2=z_2/z_1=d_2/d_1=d_2'/d_1'=d_{b2}/d_{b1}$	
任意圆齿厚	s_k	$s_k=sr_k/r-2r_k\ (\mathrm{inv}\alpha_k-\mathrm{inv}\alpha)$　　　$(r_k、\alpha_k$ 为任意圆半径和压力角$)$	

6.3.4　渐开线标准内齿轮和齿条

6.3.4.1　内齿轮

如图 6-7 所示为部分渐开线直齿内齿轮，内齿轮与外齿轮相比具有以下不同点：

①内齿轮的轮齿相当于外齿轮的齿槽，内齿轮的齿槽相当于外齿轮的轮齿。

②内齿轮的齿根圆大于齿顶圆。

③为使内齿轮齿顶的齿廓全部为渐开线，其齿顶圆必须大于基圆。

6.3.4.2　齿条

当齿轮的齿数为无穷多时，齿轮的各个圆均变为直线，渐开线齿轮就变为渐开线齿条，如图 6-8 所示，齿条具有以下特点：

①齿条的同侧齿廓为平行的直线，齿廓上各点具有相同的压力角，并且压力角等于齿廓直线的齿形角 α。

②与齿顶线平行的任一直线上具有相同的齿距均为 $p=\pi m$。

③与齿顶线平行且齿厚 s 等于齿槽宽 e 的直线称为分度线，它是计算齿条尺寸的基准线。

齿条的齿高尺寸按外齿轮公式计算。

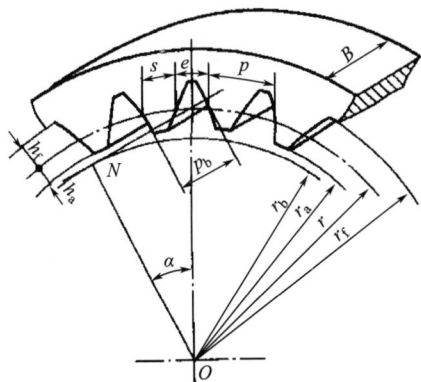

图 6-7　内齿轮

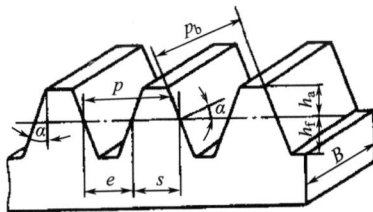

图 6-8　齿条

【思考题】

渐开线齿轮的齿根圆直径一定比基圆直径大吗？

6.3.5　渐开线直齿圆柱齿轮的啮合传动

6.3.5.1　正确啮合条件

渐开线齿廓能实现定传动比传动，但这不等于任意两个渐开线齿轮都能搭配起来正确啮合传动。一对渐开线齿轮传动时，其啮合点都应位于啮合线上，当处于啮合线上的各对轮齿都能同时进入啮合时，方能正确啮合传动。

以外啮合渐开线直齿圆柱齿轮传动为例，如图 6-9 所示，N_1N_2 为一对渐开线齿轮传动的啮合线，当一对齿廓在 K 点啮合，相邻的另一对渐开线齿廓若要能在 K' 点啮合，则几何上必须满足两齿轮的法向齿距相等，如图 6-9（a）所示。否则，在 K' 处的一对轮齿齿廓会发生干涉或者产生间隙，如图 6-9（b）和图 6-9（c）所示。即当 $p_{n1}=p_{n2}$ 时，两个齿轮能正确啮合。

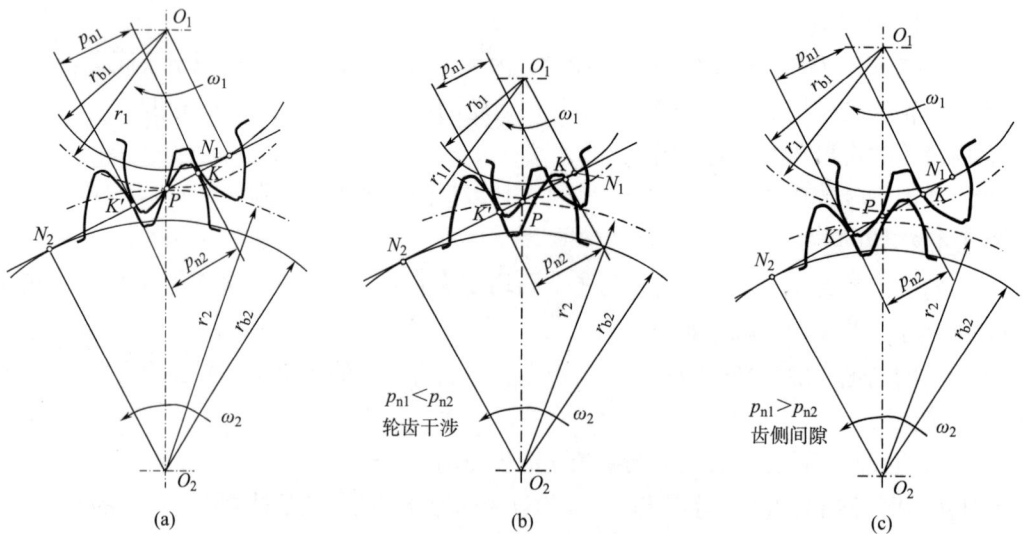

图 6-9　齿轮正确啮合条件

因法向齿距等于基圆齿距，即：$p_n=p_b=\pi m\cos\alpha$，考虑模数和压力角已标准化，应使：

$$m_1=m_2=m,\quad \alpha_1=\alpha_2=\alpha \tag{6-7}$$

故一对渐开线齿轮正确啮合的条件是两齿轮的模数和压力角分别相等。

6.3.5.2　齿轮传动的中心距和啮合角

齿轮传动中心距的变化虽不影响传动比，但会使齿侧间隙和顶隙改变，影响齿轮传动的平稳性和寿命。因此，齿轮安装时，要求相啮合的齿侧没有间隙。

由于标准齿轮的分度圆齿厚等于分度圆齿槽宽，故一对标准齿轮啮合时，只要使两个齿轮的分度圆相切，即可实现该对齿轮的无侧隙啮合传动。这时，两齿轮的中心距 a 为：

$$a=r_1+r_2=\frac{m(z_1+z_2)}{2} \tag{6-8}$$

该中心距称为标准中心距。当一对标准齿轮按标准中心距安装时，称为标准安装。

又因两齿轮传动的中心距恒等于两齿轮的节圆半径之和，即 $a=r'_1+r'_2$，所以标准齿轮标准安装时，齿轮的分度圆与节圆重合，即 $r_1=r'_1$、$r_2=r'_2$；并且顶隙正好为标准顶隙，

即 $c=c^* m=0.25m$。

一对齿轮啮合传动时，其节点 P 的圆周速度方向与啮合线 N_1N_2 之间所夹的锐角称为啮合角，用 α' 表示。当一对标准齿轮标准安装时，啮合角也等于分度圆压力角［图6-10（a）］。

若一对啮合的标准齿轮的安装中心距 a' 与标准中心距 a 不相同时，如将中心距增大［图6-10（b）］，这时两轮的分度圆相互分离，不再相切，两轮的节圆半径将大于各自的分度圆半径，其啮合角 α' 也将大于分度圆的压力角 α。此时，该对齿轮传动存在齿侧间隙，顶隙也大于标准顶隙，一般称为非标准安装。因 $r_b=r\cos\alpha=r'\cos\alpha'$，故有 $(r_{b1}+r_{b2})=(r_1+r_2)\cos\alpha=(r_1'+r_2')\cos\alpha'$，可得齿轮的中心距与啮合角的关系式：

$$a'\cos\alpha'=a\cos\alpha \tag{6-9}$$

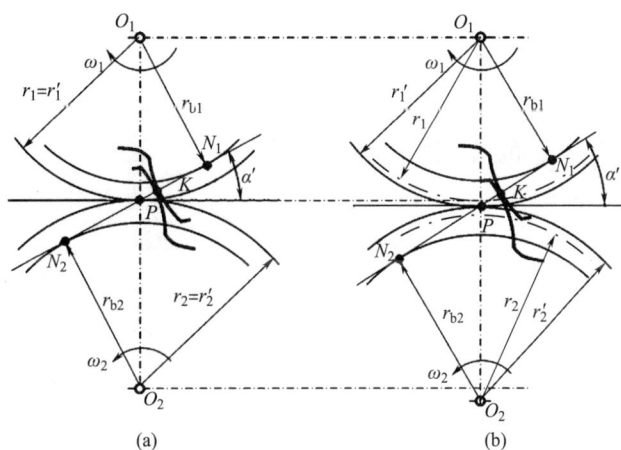

图6-10 齿轮传动的中心距

同理，对于标准内啮合齿轮传动，但安装中心距 a' 小于标准中心距 a 时，啮合角 α' 小于分度圆 α，顶隙增大，也存在齿侧间隙。

此外，对标准齿轮齿条无齿侧间隙传动，要求齿条节线与分度线重合。

6.3.5.3 连续传动条件

如图6-11所示，一对外啮合渐开线直齿圆柱齿轮传动，主动轮1绕 O_1 顺时针转动，从动轮2绕 O_2 逆时针转动，直线 N_1N_2 为其啮合线。当两轮的一对齿开始啮合时，必为主动轮的齿根部推动从动轮的齿顶。所以，从动齿轮2的齿顶圆 r_{a2} 与 N_1N_2 的交点 B_2 为进入啮合点，主动齿轮1的齿顶圆 r_{a1} 与 N_1N_2 的交点 B_1 为退出啮合点，即轮齿啮合只能在直线 N_1N_2 的 $\overline{B_1B_2}$ 之内进行，故称线段 $\overline{B_1B_2}$ 为齿轮传动的实际啮合线段。因为基圆内无渐开线，所以 $\overline{N_1N_2}$ 是理论上可能达到的最长啮合线段也称为理论啮合线，N_1、N_2 为极限啮合点。

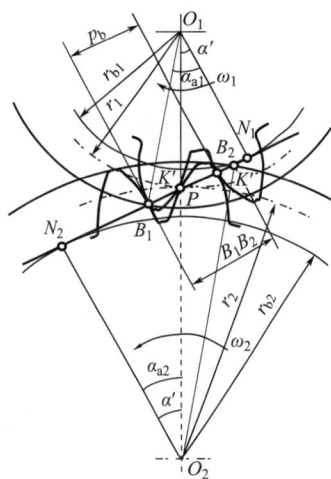

图6-11 齿轮连续传动条件

要实现齿轮的连续传动，当啮合点 K' 处的一对轮齿从 B_1 退出啮合时，啮合点 K 处的另一对轮齿至少已从 B_2 进入啮合，即应满足条件 $\overline{B_1B_2} \geqslant KK'$，$KK'$ 为法向齿距 p_n。

定义齿轮传动的重合度 ε_α 为实际啮合线长度 $\overline{B_1B_2}$ 与法向齿距 p_n 之比，则齿轮实现连续传动的条件为：

$$\varepsilon_\alpha = \frac{\overline{B_1B_2}}{p_n} \geqslant 1 \qquad (6\text{-}10)$$

根据渐开线性质和图 6-11 所示齿轮传动的几何关系可推导求得：

$$\varepsilon_\alpha = \frac{1}{2\pi}\left[z_1(\tan\alpha_{a1} - \tan\alpha') + z_2(\tan\alpha_{a2} - \tan\alpha')\right] \qquad (6\text{-}11)$$

式中：α_{a1}、α_{a2}——齿轮 1、2 的齿顶圆压力角；

α'——啮合角。

由式（6-11）可知，重合度 ε_α 与模数 m 无关，随齿数 z 的增多而增大，也会随啮合角 α' 的减小和齿顶圆压力角 α_a 的增大而增大。

重合度的大小表示同时参与啮合的平均齿对数。它是衡量齿轮传动性能的重要指标之一。重合度越大则表示同时参与啮合的轮齿对数越多，传动越平稳。工程中要保证齿轮传动平稳连续，要求 ε_α 值大于或等于许用值 $[\varepsilon_\alpha]$。$[\varepsilon_\alpha]$ 可由表 6-4 查取。

表 6-4　许用重合度 $[\varepsilon_\alpha]$ 常用值

使用场合	一般机械制造业	汽车拖拉机	金属切削机床
$[\varepsilon_\alpha]$	1.4	1.1~1.2	1.3

【思考题】

1. 齿轮传动中要求 $s_1 = e_2$，工程中如何避免因加工误差而导致的轮齿卡住现象？

2. 一对渐开线齿轮啮合传动，当中心距增大时，对重合度有何影响？

6.4　渐开线齿廓的范成法加工和变位齿轮

加工齿轮的方法有很多，如铸造、热轧、冲压、模锻和切削等，其中最常用的是切削法。切削加工也有多种方法，从加工原理可分为仿形法和范成法。其中，范成法是最常用的齿轮加工方法。因此，本节仅介绍用范成法加工齿轮，其他加工方法可参考机械设计手册。

6.4.1　范成法齿廓切削原理

范成法（也称包络法）是将刀具制成一个齿轮，通过与轮坯作给定的啮合运动（也称范成运动），以包络的方式加工所需齿廓。如图 6-12 所示，两个啮合齿轮中，其中一个齿轮为刀具，另一个齿轮为齿轮坯，刀具与齿轮坯间的传动比 $i = \omega_{刀}/\omega_{坯} = z_{坯}/z_{刀}$，与一对齿轮啮合传动完全相同。刀具齿廓会在齿轮坯上包络出被加工的齿廓。该加工齿廓的方法称为范成法（也称包络法）。按照使用的刀具不同，范成法可分为插齿加工和滚齿加工。要将该切齿原理用于加工，还必须考虑多个影响因素。

如图 6-13 所示的齿轮加工中，齿轮插刀是一个带切削刃的外齿轮，加工时齿轮插刀沿轮坯轴往复移动进行切削；同时与轮坯以定传动比作范成运动；要切出合适的齿高，插刀还需沿轮坯径向做进给运动；为避免插刀退回时擦伤已加工的齿面，轮坯必须沿径向做微量让刀运动。重复这一过程，刀具可在轮坯上切制出所需的渐开线齿廓。

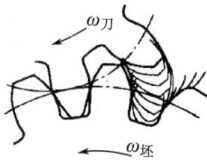

图 6-14 所示为齿条插刀加工齿轮。在切制渐开线齿廓时，其范成运动为轮坯以角速度 ω 转动，齿条插刀需以速度 $v = r\omega = mz\omega/2$ 移动。

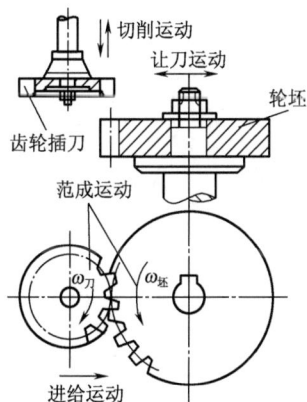

图 6-12　范成运动

图 6-13　齿轮插刀具加工齿轮

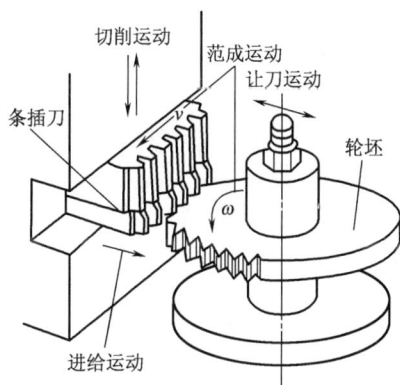

图 6-14　齿条插刀加工齿轮

为加工出齿轮的齿根圆角部分，刀具的齿顶高比标准齿条（或齿轮）的齿顶高增加了 c^*m。刀具的分度线（或分度圆）也称为中线，中线齿厚 s 与中线齿槽宽 e 相等。

无论用齿轮刀具或齿条刀具加工齿轮时，其加工过程是不连续。为优化工艺和提高效率，生产中多用齿轮滚刀加工齿轮，如图 6-15 所示。齿轮滚刀具有升角为 γ 的螺旋状切削齿。加工时，滚刀的螺旋方向应与被加工轮齿的方向一致。滚刀在轮坯端面的投影形状可看作齿条，滚刀旋转相当于直线齿廓沿其轴线方向连续不断地前进，所以生产率高。滚齿加工还能方便的加工斜齿轮。

用范成法加工齿轮时，只要刀具的模数、压力角与被加工齿轮的模数、压力角相同，则无论被加工齿轮的齿数是多少，都可以用同一把刀具来加工。

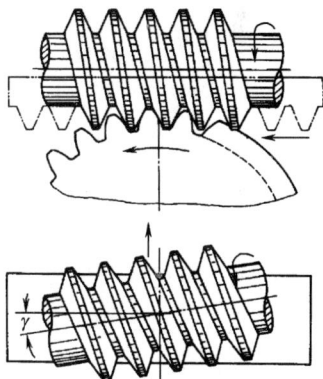

图 6-15　滚刀加工齿轮

6.4.2　根切现象及不产生根切的最少齿数

用范成法加工标准齿轮时，所用标准齿条刀具的分度线必须与被加工齿轮的分度圆相切。由于标准齿条刀具上的分度圆齿厚与齿槽宽相等，故被加工齿轮的分度圆齿槽宽与齿厚相等。

如图 6-16 所示为用标准齿条刀具加工标准齿轮。图中刀具中线与被加工齿轮的分度圆相切，P 为切点（节点），NN 为啮合线，N_1、N_2、N_3 分别为不同的基圆半径 r_{b1}、r_{b2}、r_{b3} 时的啮合极限点。当模数 m 一定时，刀具齿顶高 $h_a^* m$ 一定，刀具齿顶线与啮合线的交点 B_2 点位置唯一确定。根据渐开线特性和齿廓啮合特性可知，齿条刀具在啮合极限点之外加工出的齿廓不是渐开线。当被加工齿轮与齿条刀具的啮合极限点为 N_3 时，显然 N_2 在极限啮合点 N_3 之内，被加工齿轮的齿廓能正常加工；当被加工齿轮与刀具的啮合极限点为 N_2 时，刀具顶线与啮合线的交点 B_2 与 N_2 重合，齿廓正好正常；当被加工齿轮与刀具的啮合极限点为 N_1 时，刀具顶线与啮合线的交点 N_2 在 N_1 之外，则会发生图 6-17 所示的刀具顶部过多切入齿轮根部的现象。这种轮齿齿廓根部被切去一部分的现象称为轮齿的根切。齿轮根切会导致轮齿的抗弯强度降低，并对传动不利，因此应避免根切发生。

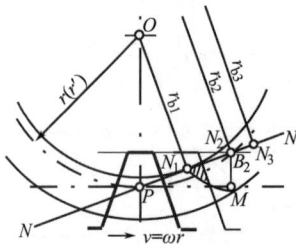

图 6-16 齿条范成加工齿轮　　　图 6-17 齿轮的根切现象

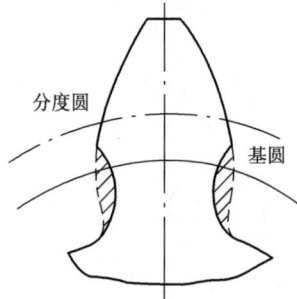

由上述可知，为避免发生根切现象，啮合极限点 N_i 必须位于刀具齿顶线之上，即 $\overline{PN_i}\sin\alpha \geq h_a^* m$，由此可求得被加工齿轮不发生根切的最少齿数为：

$$z_{min} = 2h_a^* m / \sin^2\alpha \qquad (6-12)$$

当 $h_a^* = 1$、$\alpha = 20°$ 时，$z_{min} = 17$。

齿轮加工中，避免被加工齿轮发生根切的常用方法有：

①控制被加工齿轮的齿数 z，使 $z \geq z_{min}$。

②刀具相对轮坯中心沿径向外移，也称径向变位法。

6.4.3　渐开线变位齿轮

标准齿轮设计简单、互换性好，但要求齿轮齿数 $z \geq z_{min}$，否则会产生根切现象；并且标准齿轮不适用于中心距不为标准中心距的场合。为改善其不足，有必要对齿轮进行必要的修正。现在广泛使用的是变位修正法。

6.4.3.1　渐开线齿轮的变位加工

加工标准齿轮时，刀具中线与被加工齿轮轮坯分度圆应相切，如图 6-18 中虚线所示，齿条刀具中线至轮坯中心 O 的距离 OP 等于分度圆半径。

若需要制造齿数少于 17，而又不发生根切现象的齿轮，有效的解决方法是在加工齿轮时，将齿条刀具由标准位置相对于轮坯中心向外移动一段距离 xm（由图 6-18 中虚线位置移至实线位置），从而使刀具的齿顶线不超过啮合极限点 N，便不会发生根切现象。这种用改变刀具与轮坯的相对位置进行切制齿轮的方法，称为变位修正。这时刀具中线与被加工齿轮的分度圆不再相切，加工的齿轮由于 $s \neq e$ 已不再是标准齿轮，称为变位齿轮。齿条刀具移动的距离 xm 称为径向变位距离，其中 m 为模数，x 称为径向变位系数（简称变位系数）。当刀具相对齿轮轮坯中心移远时，x 取正值，称为正变位，被加工的齿轮称为正变位齿轮；当刀具相对齿轮轮坯中心移近时，x 取负值，称为负变位，被加工的齿轮称为负变位齿轮。

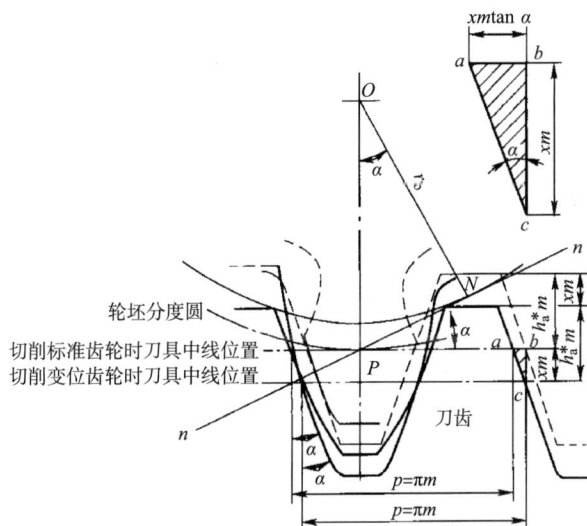

图 6-18　齿条插刀变位加工齿轮

6.4.3.2　变位齿轮的特点

标准齿条刀具各处具有相同的齿距和压力角，所以用范成法加工出的变位齿轮与标准齿轮具有相同的齿距、模数、压力角。

如图 6-18 所示，对于正变位齿轮，由于与被加工齿轮分度圆相切的已不是刀具的中线，而是刀具节线。刀具的节线齿槽宽较分度圆齿槽宽增大了 $2\overline{ab}$（$\overline{ab} = xm\tan\alpha$），故被加工齿轮的分度圆齿厚相应增大 $2\overline{ab}$，即正变位齿轮的分度圆齿厚为：

$$s = (\pi/2 + 2x\tan\alpha)m \qquad (6-13)$$

又由于齿条刀具的齿距恒等于 πm，故正变位齿轮的齿槽宽为：

$$s = (\pi/2 - 2x\tan\alpha)m \qquad (6-14)$$

范成法加工齿轮中，一般要求全齿高不变，则正变位后被加工齿轮的齿顶高和齿根高分别为：

$$h_a = (h_a^* + x)m$$
$$h_f = (h_a^* + c^* - x)m \qquad (6-15)$$

相应地，齿顶圆直径和齿根圆直径分别为：

$$d_a = (z + 2h_a^* + 2x)m$$

$$d_f = (z - 2h_a^* - c^* - 2x)m \qquad (6-16)$$

对于负变位齿轮，上述公式仍然适用，只需将其变位系数 x 取负值即可。

图 6-19 所示为相同模数、压力角及齿数的变位齿轮与标准齿轮的尺寸比较。可以看出，同标准齿轮相比，正变位齿轮的齿顶变尖、齿根变厚，分度圆齿厚增大，轮齿的承载能力增强。负变位齿轮反之。

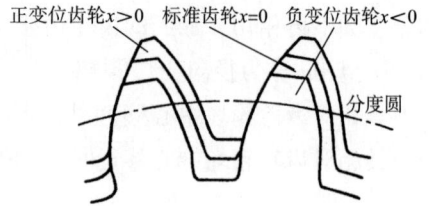

图 6-19　标准与变位齿形比较

6.4.3.3　变位齿轮传动

变位齿轮应用在齿轮传动中即为变位齿轮传动。变位齿轮传动与标准齿轮传动相比，安装中心距 a'、啮合角 α'、中心距变动系数 y 和齿顶高降低系数 Δy 等部分传动参数会发生改变，变化见表 6-5，具体内容详见《机械设计手册》。

变位齿轮传动按啮合两齿轮的变位系数之和分为：

①标准齿轮传动（$x_1 + x_2 = 0$ 且 $x_1 = x_2 = 0$）。

②等变位齿轮传动（$x_1 + x_2 = 0$ 且 $x_1 = -x_2 \neq 0$）。

③不等变位齿轮传动（$x_1 + x_2 \neq 0$）。

若 $x_1 + x_2 > 0$ 则称为正传动，若 $x_1 + x_2 < 0$ 则称为负传动。

表 6-5　变位齿轮传动的参数变化

分类		传动参数变化
标准齿轮传动		$a' = a$、$\alpha' = \alpha$、$y = 0$、$\Delta y = 0$
等变位齿轮传动		$a' = a$、$\alpha' = \alpha$（啮合角不变）、$y = 0$（中心距不变）、$\Delta y = 0$（齿顶高不变）
不等变位齿轮传动	正传动	$a' > a$、$\alpha' > \alpha$（啮合角变大）、$y > 0$（中心距变大）、$\Delta y < 0$（齿顶高变小）
	负传动	$a' < a$、$\alpha' < \alpha$（啮合角变小）、$y < 0$（中心距变小）、$\Delta y < 0$（齿顶高变小）

【思考题】

1. 齿条刀具加工标准齿轮时，若已知轮坯的角速度，如何求得齿条刀具的移动速度？

2. 用范成法加工齿轮时，负变位加工一定会发生根切现象吗？

6.5　渐开线斜齿圆柱齿轮

6.5.1　渐开线斜齿圆柱齿轮的基本参数

图 6-20（a）所示为斜齿圆柱齿轮的一部分。斜齿轮的齿廓曲面与其分度圆柱面相交的螺旋线的切线与齿轮轴线之间所夹的锐角（用 β 表示）称为斜齿轮分度圆柱上的螺旋角。相比直齿轮啮合传动中的整个齿宽同时进入或退出啮合 ［图 6-20（b）］而致冲击和噪声较大，斜齿圆柱齿轮由于螺旋角的存在，啮合传动中接触线先由短变长，再由长变短，进入

或退出啮合时平稳，承载能力更强。

由于斜齿轮螺旋的旋向有左、右之分，故螺旋角 β 也有正负之分（一般取右旋为正），如图 6-21 所示。

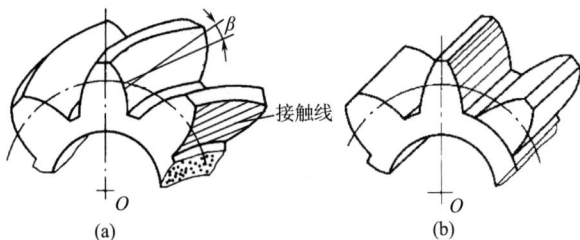

图 6-20　斜齿圆柱齿轮（部分）　　图 6-21　斜齿轮旋向

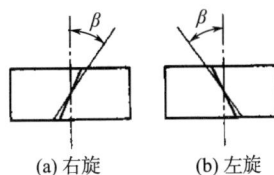

斜齿圆柱齿轮的齿廓曲面为渐开螺旋面。它的参数可在端面（垂直于齿轮轴，下角标为 t）和法面（垂直于螺旋齿廓，下角标为 n）内进行描述。由于用仿形法加工斜齿圆柱齿轮时，法面垂直于刀具进给方向，应按法面齿廓选择刀具；且传动是齿廓在法面受力，强度设计也应在法面。所以定义斜齿轮的法面参数为标准值。但斜齿轮的多数几何尺寸易于在端面进行测量、计算，因此需要将法面参数通过一定的几何关系换算为端面参数。

（1）螺旋角。

如图 6-21 所示，螺旋角 β 可表示轮齿的倾斜程度，一般取 $8°\sim20°$。

（2）模数。

如图 6-22 所示为一斜齿条沿其分度线的剖开图，阴影部分为轮齿，空白部分为齿槽。由图可知：$p_n = \pi m_n = p_t\cos\beta = \pi m_t\cos\beta$，故得：

$$m_n = m_t\cos\beta \tag{6-17}$$

式中：m_n、m_t——法面模数和端面模数；

$\quad\quad\ p_n$、p_t——法面齿距和端面齿距。

（3）压力角。

如图 6-23 所示为斜齿条的一个轮齿，由斜齿条端面与法面的几何关系，可得法面压力角与端面压力角之间存在关系为：

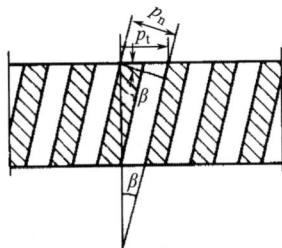

图 6-22　端面齿距与法向齿距　　图 6-23　端面参数与法面参数的关系

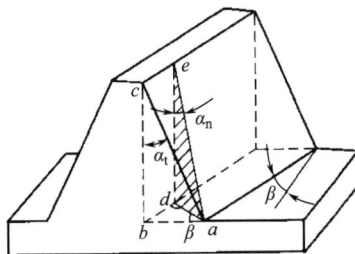

$$\tan\alpha_n = \tan\alpha_t \cos\beta \qquad\qquad (6-18)$$

式中：α_n、α_t——法面压力角和端面压力角，其中 α_n 取标准值。

（4）齿顶高系数与顶隙系数。

如图 6-23 所示，斜齿条在端面和法面具有相同的齿高与顶隙，故齿顶高 $h_a = h_{an}^* m_n = h_{at}$，顶隙 $c = c_n^* m_n = c_t$，将关系 $m_n = m_t \cos\beta$ 代入并化简得：

$$h_{at}^* = h_{an}^* \cos\beta$$

$$c_t^* = c_n^* \cos\beta \qquad\qquad (6-19)$$

式中：h_{an}^*、c_n^*——法面齿顶高系数和顶隙系数，取标准值；

h_{at}^*、c_t^*——端面齿顶高系数和顶隙系数。

6.5.2　渐开线斜齿圆柱齿轮的当量齿数

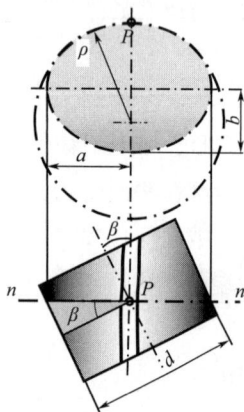

图 6-24　斜齿轮的
当量齿轮

为便于研究斜齿圆柱齿轮的啮合传动，常通过空间几何关系变换，将齿数为 z 的斜齿圆柱齿轮齿廓近似为齿数为 z_v 的直齿圆柱齿轮齿廓。如图 6-24 所示，过斜齿轮分度圆柱面上的一点 P，作轮齿的法面 nn，可将分度圆柱面截为椭圆。以椭圆上 P 点的曲率半径 ρ 为分度圆半径，构造一假想的直齿圆柱轮，该直齿圆柱齿轮称为斜齿圆柱齿轮的当量齿轮。相应的齿数 z_v 称为当量齿数。由图 6-24 中的几何关系，可得当量齿轮的当量齿数 z_v 为：

$$z_v = \frac{z}{\cos^3\beta} \qquad\qquad (6-20)$$

由式（6-13）可求得渐开线标准斜齿圆柱齿轮的最小无根切齿数为：

$$z_{min} = z_{vmin}\cos^3\beta \qquad\qquad (6-21)$$

6.5.3　平行轴斜齿轮的啮合传动与几何尺寸计算

6.5.3.1　正确啮合条件

斜齿轮的轮齿方向相对轴线倾斜了螺旋角 β，所以一对平行轴外啮合斜齿圆柱齿轮传动（图 6-25）正确啮合的条件除满足模数和压力角分别相等（$m_{n1} = m_{n2}$、$\alpha_{n1} = \alpha_{n2}$）外，它们的螺旋角还必须满足以下条件：

$$外啮合\ \beta_1 = -\beta_2$$
$$内啮合\ \beta_1 = +\beta_2$$

6.5.3.2　连续传动

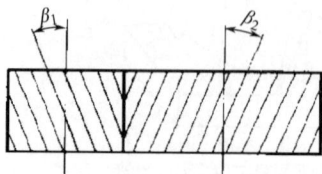

图 6-25　斜齿圆柱齿轮传动

图 6-26 所示为斜齿轮的啮合情况。由于齿轮宽度 B 和螺旋角 β 的影响，斜齿轮传动从前端面开始进入啮合到后端面退出啮合，啮合区的总长度为（$L + \Delta L$）。按重合度定义，则斜齿轮传动的重合度为：

$$\varepsilon_\gamma = (L + \Delta L)/p_{bt} = \varepsilon_\alpha + \varepsilon_\beta \qquad (6\text{-}22)$$

式中：ε_α——端面重合度，$\varepsilon_\alpha = L/p_{bt}$，可按直齿轮重合度公式计算；

ε_β——轴向重合度，$\varepsilon_\beta = \Delta L/p_{bt} = B\sin\beta/(\pi m_n)$。

6.5.3.3　平行轴斜齿轮传动的几何尺寸计算

用端面参数，斜齿轮的分度圆直径为：

$$d = m_t z = \frac{m_n}{\cos\beta} z \qquad (6\text{-}23)$$

对于平行轴外啮合斜齿轮传动，其标准中心距为：

$$a = \frac{1}{2} m_t (z_1 + z_2) = \frac{m_n}{2\cos\beta}(z_1 + z_2) \qquad (6\text{-}24)$$

当 z_1、z_2 和 m_n 一定时，用螺旋角 β 可在一定范围内调整中心距 a。外啮合平行轴斜齿圆柱齿轮传动的几何尺寸计算公式见表 6-6。

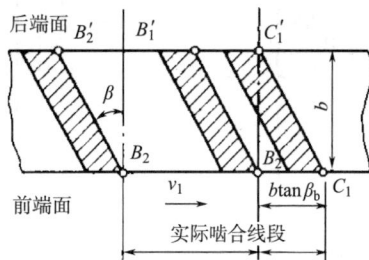

图 6-26　斜齿轮啮合区

表 6-6　外啮合平行轴斜齿圆柱齿轮传动的几何尺寸计算公式

名称	符号	计算公式	
螺旋角	β	一般 $\beta = 8° \sim 20°$	
基圆柱螺旋角	β_b	$\beta_b = \tan\beta\cos\alpha_t$	
齿顶高、齿根高	h_a、h_f	$h_a = h_{an}^* m_n$，$h_f = (h_{an}^* + c_n^*) m_n$	
标准中心距	a	$a = (d_1 + d_2)/2 = m_n (z_1 + z_2)/(2\cos\beta)$	
重合度	ε_γ	$\varepsilon_\gamma = [z_1(\tan\alpha_{at1} - \tan\alpha_t) + z_2(\tan\alpha_{at2} - \tan\alpha_t)]/(2\pi) + b\sin\beta/(\pi m_n)$	
名称	符号	法面	端面
模数	m_n、m_t	m_n 取标准值	$m_t = m_n/\cos\beta$
压力角	α_n、α_t	$\alpha_n = 20°$	$\tan\alpha_t = \tan\alpha_n/\cos\beta$
齿顶高系数	h_{an}^*、h_{at}^*	h_{an}^* 取 1 或 0.8	$h_{at}^* = h_{an}^* \cos\beta$
顶隙系数	c_n^*、c_t^*	c_n^* 取 0.25 或 0.3	$c_t^* = c_n^* \cos\beta$
变位系数	x_n、x_t	按当量齿数选取	$x_t = x_n\cos\beta$
齿距	p_n、p_t	$p_n = \pi m_n$	$p_t = \pi m_t = p_n/\cos\beta$
名称	符号	小齿轮	大齿轮
分度圆直径	d	$d_1 = m_t z_1 = m_n z_1/\cos\beta$	$d_2 = m_t z_2 = m_n z_2/\cos\beta$
齿顶圆直径	d_a	$d_{a1} = d_1 + 2h_a$	$d_{a2} = d_2 + 2h_a$
齿根圆直径	d_f	$d_{f1} = d_1 - 2h_f$	$d_{f2} = d_2 - 2h_f$
基圆直径	d_b	$d_{b1} = d_1\cos\alpha_t$	$d_{b2} = d_2\cos\alpha_t$
当量齿数	z_v	$z_{v1} = z_1/\cos^3\beta$	$z_{v2} = z_2/\cos^3\beta$
端面齿顶圆压力角	α_{at}	$\alpha_{at1} = \arcos(d_{b1}/d_{a1})$	$\alpha_{at2} = \arcos(d_{b2}/d_{a2})$

6.5.3.4　平行轴斜齿轮传动的特点

平行轴斜齿圆柱齿轮传动的特点有：①啮合性能好，传动平稳，噪声低；②重合度大，承载能力强；③不发生根切的最小齿数小，结构紧凑；④可通过螺旋角 β 配凑中心距，装配方便；⑤运转时会产生轴向力。

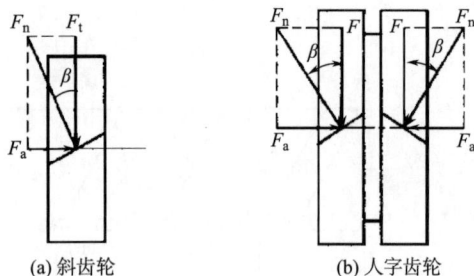

图 6-27　斜齿轮和人字齿轮的轴向分力

由图 6-27（a）可知，斜齿轮传动时产生的轴向力随螺旋角 β 的增大而增大。用图 6-27（b）所示人字齿轮，能有效平衡斜齿啮合时所产生的轴向力，但考虑人字齿轮制造较麻烦，一般只用于高速重载传动。

【思考题】

1. 其他参数相同的条件下，为何斜齿轮平稳性更好，承载能力更大？
2. 斜齿轮的螺旋角取值过小或过大时对斜齿轮传动有何影响？

6.6　蜗杆蜗轮

6.6.1　蜗杆蜗轮传动概述

如图 6-28 所示，蜗杆蜗轮传动是用于传递空间交错轴间运动和动力。其中，蜗杆类似于螺杆，也可看作分度圆直径较小、宽度较大的斜齿轮，故其轮齿可绕分度圆柱面缠绕数周，齿数 z_1 较少；蜗轮类似于斜齿轮，齿数 z_2 较多。蜗杆蜗轮传动常用交错角 $\Sigma = 90°$，且多以蜗杆为主动件。

蜗杆蜗轮传动的主要特点：

①由于蜗杆的轮齿是连续不断的螺旋齿，啮合过程为逐渐进入与退出，所以传动平稳、承载力强及冲击、振动与噪声低。

②由于蜗杆的齿数（头数）很少，所以单级传动比很大（可达 1000），且结构紧凑。一般作减速动力传动时，传动比范围 $i_{12} = 10 \sim 70$。

③因蜗杆与蜗轮啮合齿廓间的相对滑动速度大，摩擦磨损大，传动效率较低（一般 $\eta = 0.7 \sim 0.85$）、易发热。

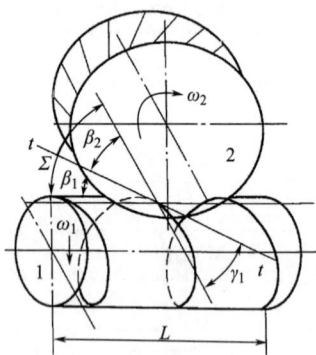

图 6-28　蜗杆蜗轮传动

④当蜗杆导程角 γ_1 小于啮合齿廓间的当量摩擦角 φ_v 时，机构反行程会发生自锁。这种情况下只能蜗杆推动蜗轮（此时效率小于 50%），而不能由蜗轮推动蜗杆。

如表 6-7 所示，按蜗杆形状，蜗杆蜗轮传动可分为圆柱蜗杆传动、环面蜗杆传动和锥蜗杆传动三类。按蜗杆的廓线分，有阿基米德蜗杆传动、法向直廓蜗杆传动和渐开线蜗杆传动等。其中阿基米德蜗杆传动是最基本的，下面仅就这种蜗杆蜗轮传动简略介绍。

表 6-7　蜗杆蜗轮的传动类型

分类	圆柱蜗杆传动	环面蜗杆传动	锥蜗杆传动
简图			

6.6.2　蜗杆蜗轮的啮合传动和主要参数

6.6.2.1　蜗杆蜗轮的啮合传动

（1）正确啮合条件。

图 6-29（a）所示为阿基米德圆柱蜗杆蜗轮传动的啮合情况。过蜗杆轴线与蜗轮轴线垂直的平面称为中间平面。中间平面对蜗杆是轴面，对蜗轮是端面。在中间平面内，蜗杆蜗轮传动相当于齿条与齿轮传动，因此蜗轮蜗杆的正确啮合条件为蜗杆的轴面模数 m_{x1} 和压力角 α_{x1} 分别等于蜗轮的端面模数 m_{t2} 和压力角 α_{t2}，即：

$$m_{x1}=m_{t2}=m\alpha_{x1}=\alpha_{t2}=\alpha$$

当交错角 $\Sigma=90°$ 时，还需保证蜗杆的导程角 γ_1 等于蜗轮螺旋角 β_2，且两者的螺旋线旋向相同。

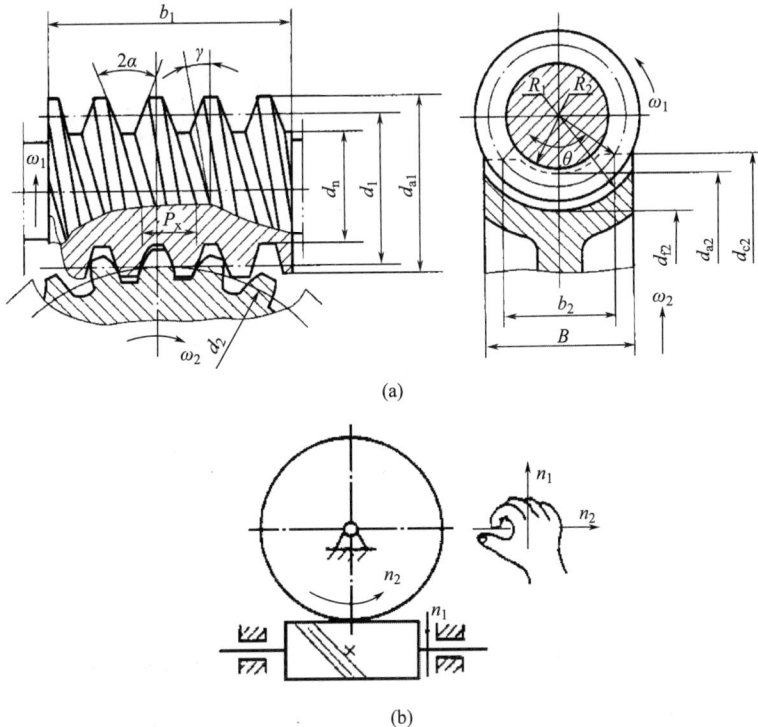

(a)

(b)

图 6-29　圆柱蜗杆蜗轮传动

（2）传动比。

蜗杆蜗轮传动的传动比为：

$$i_{12}=\frac{\omega_1}{\omega_2}=\frac{z_2}{z_1}=\frac{d_2\cos\beta_2}{d_1\cos\beta_1}=\frac{d_2}{d_1\tan\gamma_1} \tag{6-25}$$

工程中常按蜗杆的旋向选择左右手，四指沿蜗杆转向握其轴，拇指的反向即为蜗轮的圆周速度方向，从而确定出蜗轮转向，如图 6-29（b）所示。

6.6.2.2 蜗杆蜗轮传动的主要参数

（1）压力角和模数。

国标 GB/T 10087—2018 规定，阿基米德蜗杆的压力角 $\alpha=20°$，动力传动推荐 $\alpha=25°$，分度传动推荐 $\alpha=12°$ 或 $15°$。根据国标 GB/T 10088—2018，蜗杆模数系列可由表 6-8 查取。

（2）蜗杆头数和蜗轮齿数。

蜗杆的齿数也称为头数，一般取 $z_1=1$、2、4、6，多头荐用偶数。要求大传动比或反行程自锁时，z_1 取小值；要求效率高时，z_1 取大值。蜗轮齿数由 $z_2=i_{12}z_1$ 确定，动力传动荐用 $z_2=29\sim70$。

表 6-8　蜗杆分度圆直径与模数的标准匹配系列（摘自 GB/T 10088—2018）

m	1	1.25	1.6	2	2.5	3.15	4	5	6.3	8	10
d_1	18	20 22.4	20 28	（18） 22.4 （28） 35.5	（22.4） 28 （35.5） 45	（28） 35.5 （45） 56	（31.5） 40 （50） 71	（40） 50 （63） 90	（50） 63 （80） 112	（63） 80 （100） 140	（71） 90 （112） 160

注　尽可能避免选用括号内的值。

（3）蜗杆直径。

蜗轮多用于蜗杆尺寸、形状相当的滚刀加工，而对同一模数 m 蜗杆可以有不同的直径 d_1。为减少蜗轮滚刀数目，以及便于滚刀的标准化。国标规定：每个标准模数 m 仅能选择几个标准分度圆直径 d_1。表 6-8 为其常用取值。

定义蜗杆的分度圆直径与其模数的比值为直径系数，用 q 表示，即：

$$d_1=mq \tag{6-26}$$

当模数 m 一定时，增大 q，则蜗杆 d_1 增大，可以提高蜗杆轴的强度和刚度。

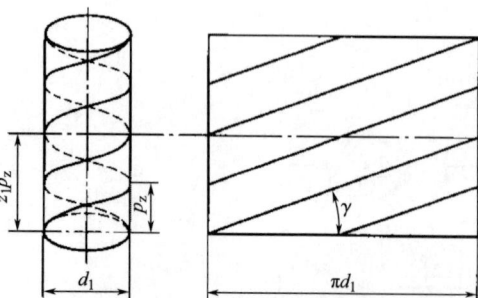

图 6-30　蜗杆分度面展开图

（4）导程角。

如图 6-30 所示，蜗杆的分度圆柱面与齿廓相交是一条螺旋线。将分度圆柱面展开，螺旋线变为一条斜直线。蜗杆的导程角 γ_1 应满足关系：

$$\tan\gamma_1=\frac{z_1 p_z}{\pi d_1}=\frac{z_1 m}{d_1}=\frac{z_1}{q} \tag{6-27}$$

式中：d_1——蜗杆的分度圆直径；

z_1——蜗杆的头数；

p_z——蜗杆的轴向齿距。

蜗杆蜗轮传动中，增大导程角 γ_1，传动效率 η 提高。

（5）标准中心距。

由图 6-29（a）和式（6-26）可知，蜗杆蜗轮传动的标准中心距为：

$$a = (d_1+d_2)/2 = m(q+z_2)/2 \qquad (6-28)$$

若要配凑中心距、提高承载能力或传动效率，蜗杆蜗轮传动也可变位。由于蜗杆已标准化，一般仅对蜗轮进行变位。

蜗杆蜗轮传动在中间平面内定义标准参数，其齿顶高系数 $h_a{}^* = 1$，顶隙系数 $c^* = 0.2$。各部分的几何尺寸可参照直齿轮进行计算，具体公式见表 6-9。

表 6-9 标准阿基米德蜗杆蜗轮传动的几何尺寸计算公式

名称	符号	蜗杆	蜗轮
分度圆直径	d	$d_1 = mq$	$d_2 = mz_2$
齿顶圆直径	d_a	$d_{a1} = d_1 + 2h_a$	$d_{a2} = d_2 + 2h_a$
齿根圆直径	d_f	$d_{f1} = d_1 - 2h_f$	$d_{f2} = d_2 - 2h_f$
螺旋角	β	$\beta_1 = 90° - \gamma_1$（蜗杆导程角）	$\beta_2 = \gamma_1 = \arctan(z_1/q)$
中心距	a	$a = m(q+z_2)/2$	
齿高	h_a、h_f	齿顶高 $h_a = h_a{}^* m$；齿根高 $h_f = (h_a{}^* + c^*)m$；径向间隙 $c = c^* m$	
齿距	p_x	蜗杆轴向齿距 $p_{a1} =$ 蜗轮端面齿距 $p_{t2} = p_x = \pi m$	

【思考题】

1. 蜗杆传动中，蜗杆头数和导程角取值对效率有何影响？

2. 一单头蜗杆传动，若要提高效率，可否将蜗杆头数变为 2（其他条件不变）？

6.7　直齿锥齿轮

6.7.1　锥齿轮传动概述

锥齿轮机构常用于空间两相交轴间的传动，其两轴间的轴交角 Σ 多采用 $\Sigma = 90°$。图 6-31（a）所示为直齿圆锥齿轮传动。锥齿轮的轮齿均匀分布在圆锥面上，齿形从大端向小端收缩，形成一系列的圆锥面，如齿顶圆锥、分度圆锥、齿根圆锥、基圆锥和节圆锥，如图 6-31（b）所示。为便于计算和测量，一般取大端参数为标准值。

锥齿轮的齿廓有直齿、斜齿和曲齿等多种类型。在汽车等高速重载机械中多用曲齿圆锥齿轮。直齿锥齿轮由于设计、制造和安装简单，广泛用于一般机械中。本节只讨论直齿圆锥齿轮传动。

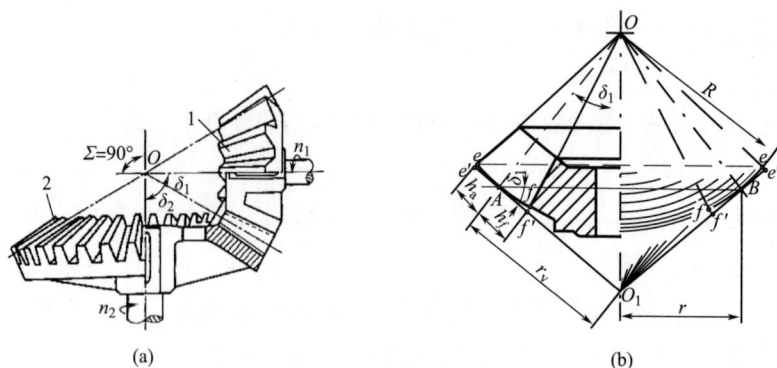

图 6-31 直齿圆锥齿轮传动

6.7.2 直齿锥齿轮的当量齿数

直齿锥齿轮的齿廓形状为球面渐开线，不利于锥齿轮的设计计算，通常用一种代替球面渐开线的近似计算方法。如图 6-31（b）所示，$\triangle OAB$ 代表大端齿廓的分度圆锥，线段 $\overline{OA}$ 称为锥距，用 R 表示。作与大端齿廓所在球面（球心为 O、半径为 R）相切的圆锥 O_1AB，该圆锥称为锥齿轮的背锥。将大端齿廓 ef 向背锥面上投影为齿廓 $e'f'$，两齿廓形状相当，所以可以用背锥面上的齿廓代替球面齿廓。该背锥展开成平面可得到一扇形齿轮，将其补全成为一圆形圆柱齿轮，其模数 m、压力角 α 等参数与锥齿轮的大端参数相同。该圆柱齿轮称为锥齿轮的当量齿轮，其齿数称为当量齿数，用 z_v 表示。不难求得 z_v 为：

$$z_v = z/\cos\delta \tag{6-29}$$

6.7.3 直齿锥齿轮的啮合传动

锥齿轮的当量齿轮不仅可用来描述轮齿的齿形，还能用来近似研究齿轮的啮合传动。

（1）正确啮合条件。

一对锥齿轮传动中，两轮绕各自的轴线回转，显然，只有与锥顶 O 等距的对应点才能正确啮合，如图 6-31（a）所示。所以一对锥齿轮正确啮合的条件是：两锥齿轮大端的模数和压力角分别相等，且锥距相等。

（2）连续传动条件。

按当量齿数 z_{v1}、z_{v2} 计算的重合度必须满足 $\varepsilon \geqslant 1$。实际工程中还要求重合度 ε 大于或等于许用值 $[\varepsilon]$。

（3）传动比。

锥齿轮的大端参数为标准值，由图 6-31（b）所示，两锥齿轮的分度圆直径分别为：

$$d_1 = 2R\sin\delta_1, \quad d_2 = 2R\sin\delta_2$$

式中：R——锥距；

δ_1、δ_2——两锥齿轮的锥角。

可知直齿锥齿轮传动的传动比为：$i_{12} = \omega_1/\omega_2 = z_2/z_1 = r_2/r_1 = \sin\delta_2/\sin\delta_1$。

当轴交角 $\Sigma = \delta_1 + \delta_2 = 90°$ 时，有：

$$i_{12} = \cot\delta_1 = \tan\delta_2 \qquad (6-30)$$

6.7.4　直齿锥齿轮传动的几何尺寸计算

（1）标准参数。

直齿锥齿轮取大端参数为标准值，其模数 m 可按表 6-10 选择。对 $m \geq 1\text{mm}$ 的正常齿，其压力角 $\alpha = 20°$、齿顶高系数 $h_a^* = 1$、顶隙系数 $c^* = 0.2$。

表 6-10　锥齿轮标准模数系列（摘自 GB/T 12368—1990）

…、0.9、1、1.125、1.25、1.375、1.5、1.75、2、2.25、2.5、2.75、3、3.25、3.5、3.75、4、4.5、5、5.5、6、
6.5、7、8、9、10、11、12、14、16、18、20、22、25、28、30、32、…

（2）几何尺寸计算。

图 6-32 所示为轴交角 $\Sigma = 90°$ 一对直齿锥齿轮。按啮合传动时对顶隙的要求，锥齿轮传动有等顶隙传动和不等顶隙传动。工程中通常采用等顶隙收缩齿，即锥齿轮啮合时自大端至小端的顶隙取标准值，仅齿根圆锥与分度圆锥的锥顶为 O。锥齿轮传动也可以采用不等顶隙收缩齿。为提高承载能力，锥齿轮也可以变位。

根据锥齿轮的啮合特点，参考图 6-32 可得出直齿锥齿轮的几何尺寸，其计算公式见表 6-11。

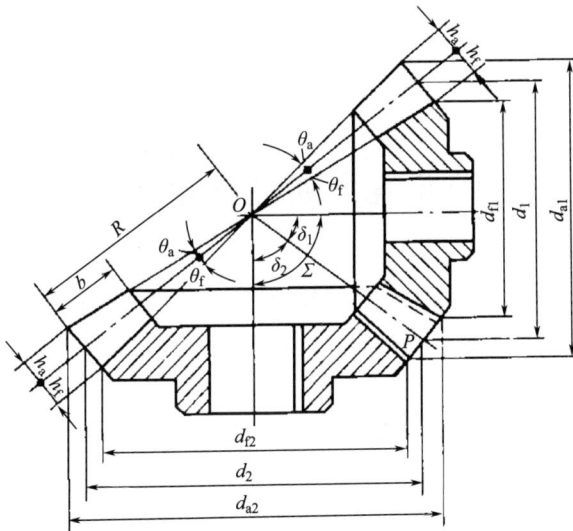

图 6-32　直齿锥齿轮传动

表 6-11　标准直齿锥齿轮传动（$\Sigma = \pi/2$）的几何尺寸计算公式

名称	符号	小齿轮	大齿轮
分度圆锥角	δ	$\delta_1 = \arctan\,(z_1/z_2)$	$\delta_2 = 90° - \delta_1$
顶锥角	δ_a（收缩顶隙）	$\delta_{a1} = \delta_1 + \theta_a$	$\delta_{a2} = \delta_2 + \theta_a$
	δ_a（等顶隙）	$\delta_{a1} = \delta_1 + \theta_f$	$\delta_{a2} = \delta_2 + \theta_f$

名称	符号	小齿轮	大齿轮
根锥角	δ_f	$\delta_{f1}=\delta_1-\theta_f$	$\delta_{f2}=\delta_2-\theta_f$
分度圆直径	d	$d_1=mz_1$	$d_2=mz_2$
齿顶圆直径	d_a	$d_{a1}=d_1+2h_a\cos\delta_1$	$d_{a2}=d_2+2h_a\cos\delta_2$
齿根圆直径	d_f	$d_{f1}=d_1-2h_f\cos\delta_1$	$d_{f2}=d_2-2h_f\cos\delta_2$
当量齿数	z_v	$z_{v1}=z_1/\cos\delta_1$	$z_{v2}=z_2/\cos\delta_2$
当量分度圆直径	d_v	$d_{v1}=d_1/\cos\delta_1$	$d_{v2}=d_2/\cos\delta_2$
当量齿顶圆直径	d_{va}	$d_{va1}=d_{v1}+2h_a$	$d_{va2}=d_{v2}+2h_a$
当量齿顶压力角	α_{va}	$\alpha_{va1}=\arccos\,(d_{v1}\cos\alpha/d_{va1})$	$\alpha_{va2}=\arccos\,(d_{v2}\cos\alpha/d_{va2})$
重合度	ε_α	$\varepsilon_\alpha=[z_{v1}(\tan\alpha_{va1}-\tan\alpha)+z_{v2}(\tan\alpha_{va2}-\tan\alpha)]/(2\pi)$	
锥距	R	$R=m\,(z_1^2+z_2^2)^{0.5}/2$	
齿宽	b	$b\leqslant R/3$（取整数）	
齿顶高、齿根高	h_a、h_f	$h_a=h_a^*m$、$h_f=(h_a^*+c^*)m$	
齿顶角	θ_a（收缩顶隙）	$\tan\theta_a=h_a/R$	
齿根角	θ_f	$\tan\theta_f=h_f/R$	
顶隙	c	$c=c^*m$（当 $m\leqslant1$mm 时 $c^*=0.25$；当 $m>1$mm 时 $c^*=0.2$）	
分度圆齿厚	s	$s=\pi m/2$	

【思考题】
若已知一对锥齿轮传动的传动比，如何求得两轮的锥角？

6.8 渐开线标准直齿圆柱齿轮传动的强度设计

齿轮传动的强度设计是要求其安全、可靠地运行，避免在预期的寿命内发生失效。由于诸多因素的影响，齿轮传动有多种失效形式，不同传动类型其易发生的失效形式不同，故强度设计应按其主要失效形式进行。

此处以外啮合标准直齿圆柱齿轮传动为例，说明齿轮传动的强度设计思维和方法。其他各类齿轮传动的强度设计，可结合其与直齿轮传动的主要不同，引入一些修正系数，将其当量为对应的圆柱齿轮传动的强度设计，设计流程也与直齿轮传动相似。具体可参阅《机械设计手册》。

6.8.1 齿轮传动的分类及失效形式

6.8.1.1 齿轮传动的分类

一般齿轮传动按防护装置可分为开式（暴露在外界环境中）和闭式（封闭在箱体内）。由于开式传动的润滑差、易落入硬质异物发生轮齿磨损，所以仅适于低速。而闭式传动则因润滑与防护良好而被广泛应用。

在闭式传动中，齿轮按齿面硬度又可分为软齿面（齿面硬度≤350HBS）和硬齿面（齿面硬度>350HBS）。

6.8.1.2　齿轮传动的失效形式

齿轮传动失效可能有轮体失效和轮齿失效。实践表明：齿轮失效多为轮齿失效；轮体在使用中很少发生失效，一般可查《机械设计手册》按经验公式完成设计。

常见的轮齿失效形式有轮齿折断、齿面疲劳磨损（点蚀）、齿面胶合、齿面磨损和齿面塑性变形，详见表6-12。

表 6-12　常见的齿轮失效形式

失效形式	图	原因	措施
轮齿折断	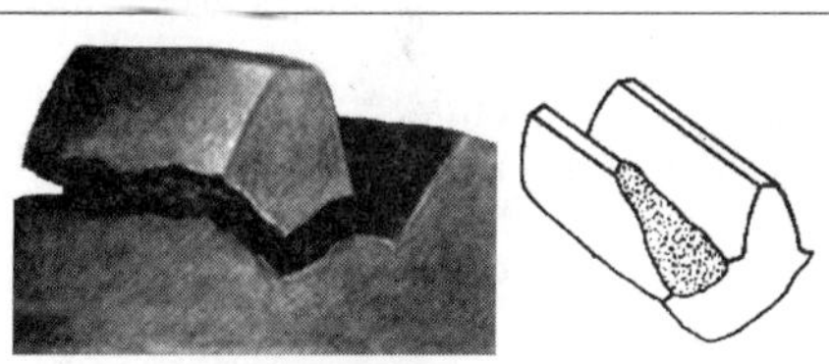	承载轮齿根部的弯曲应力大且存在应力集中。由于受载性质不同，可分为疲劳断与过载断。断形式有齿根整体折断和轮齿局部折断	强化齿根表面，减轻齿根应力集中、均匀载荷、增大支承刚度等
齿面疲劳磨损（点蚀）	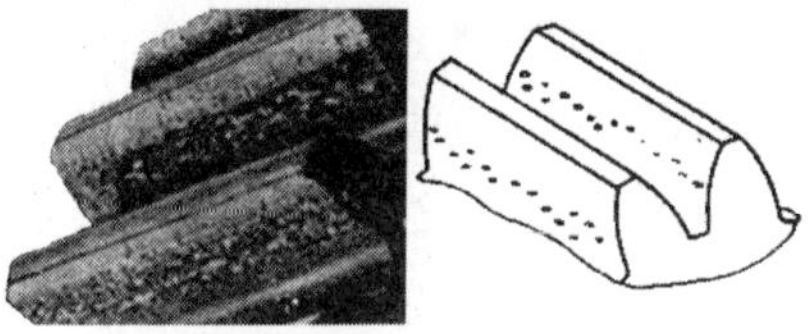	闭式传动润滑良好，齿面受接触变应力的作用，由于疲劳会产生麻点状损伤即为点蚀。一般点蚀首先在节点附近产生	提高齿面硬度、改善润滑和增大润滑剂黏度等
齿面胶合	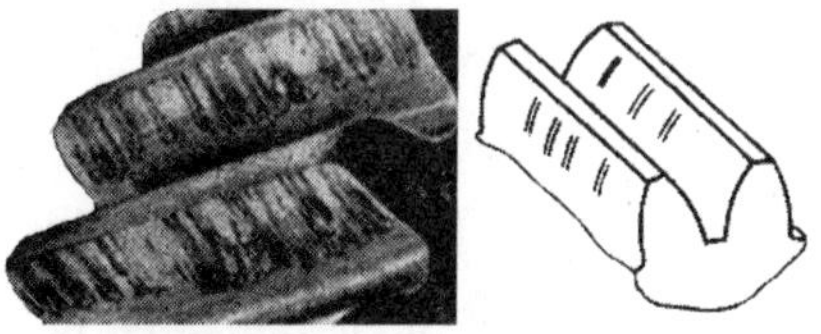	高速重载传动中，润滑油膜破裂会导致齿面受较大压力的作用发生黏结，简称胶合，沿相对速度方向会形成沟槽状撕裂伤痕（多发生在较软齿面）。高速时易热胶合，低速时易冷胶合	加强润滑、使用抗胶合润滑剂等
齿面磨粒磨损	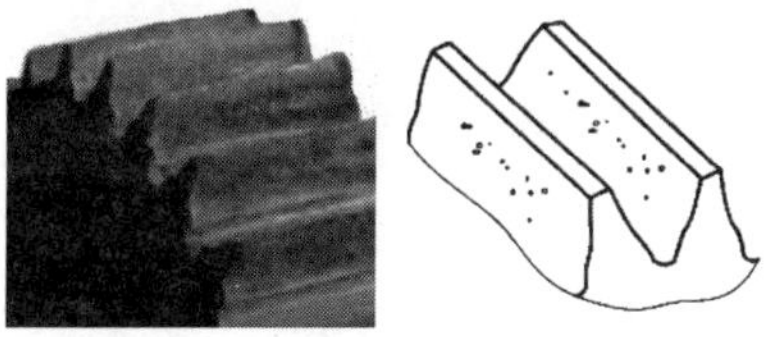	由于硬质磨粒（如灰尘、铁屑）落入啮合齿面，导致磨损，齿廓变形，传动噪声与振动增大。多发生在开式传动中	增大齿面硬度、改善工作环境等
齿面塑性变形	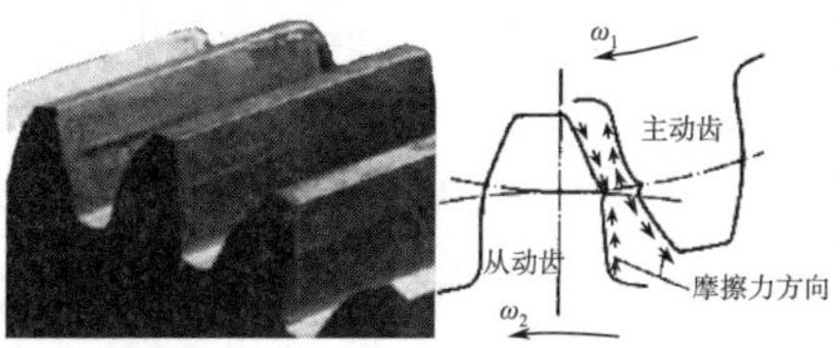	齿面在过大应力下发生屈服，产生塑性流动，并导致永久变形，简称塑性变形。齿面在摩擦力作用下可形成图示滚压塑变。齿面在过大冲击下会形成锤击塑变，产生沿接触方向的浅沟槽	提高齿面硬度、使用抗极压润滑剂等

一般工况下，齿轮传动主要发生的失效形式为轮齿折断与齿面疲劳磨损。对于开式或半开式齿轮传动，其主要失效形式为：齿面磨损使轮齿变薄而导致的轮齿折断，工程中常按轮齿折断处理，用增大轮齿尺寸（10%~20%）来考虑齿面磨损对其强度的影响。对于闭式齿

轮传动，硬齿面齿轮传动易发生轮齿折断，而软齿面齿轮传动则易发生齿面点蚀。

6.8.2　齿轮强度的设计准则

在给定的工作条件下，齿轮传动应防止各种形式的失效。一般将防止齿轮传动在使用期内发生失效应满足的条件称为设计准则。齿轮的失效形式多则对应的设计准则也多。但是对于齿面磨损、塑性变形等，尚未建立在工程实际使用中应用广泛且行之有效的计算方法和设计数据，所以目前设计一般使用的齿轮传动时，通常只按保证齿根弯曲疲劳强度及保证齿面接触疲劳强度两准则进行设计。其他失效可在设计的基础上，通过调整参数或采取措施，增强齿轮抵抗这些失效的能力。

对于一般齿轮传动，要保证其在使用期内不发生齿面点蚀和轮齿折断，必须满足的强度条件（也称强度准则）为：

$$齿面接触疲劳强度 \quad \sigma_H \leqslant [\sigma_H]$$
$$齿面弯曲疲劳强度 \quad \sigma_F \leqslant [\sigma_F]$$

$$(6-31)$$

式中：σ_H、$[\sigma_H]$——齿面最大接触应力和许用接触应力；

σ_F、$[\sigma_F]$——轮齿最大弯曲应力和许用弯曲应力。

强度准则是齿轮强度设计与校核的基础。具体设计时，应认真考虑应用要求。对于简单设计，可仅按最易发生的失效设计；对于一般设计，可先按最易发生的失效设计，再校核可能发生的失效；对于优化设计，则须先按多个可能发生的失效并行设计，再按应用要求优化传动参数。

6.8.3　标准直齿圆柱齿轮传动强度计算

为了计算齿轮强度，需要知道轮齿上受到的力，即强度计算必须在建立在轮齿的力学模型基础上，包括轮齿的受力分析、确定危险位置和计算最大应力，并合理设定各项参数，导出适用的齿轮设计公式及校核公式。这里只介绍对齿数比 $u \leqslant 5$ 的标准直齿圆柱齿轮传动的强度设计。

齿轮强度的相关计算内容见表 6-13。

表 6-13　标准直齿圆柱齿轮的强度设计与校核

设计计算类型	齿根弯曲疲劳强度	齿面接触疲劳强度
受力分析	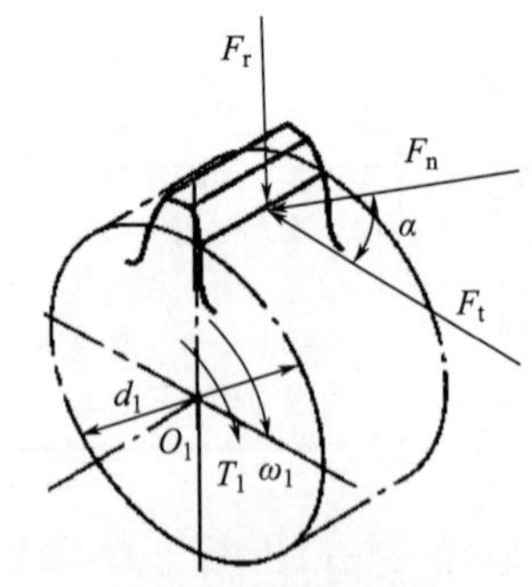 $T_1 = 9.55 \times 10^6 P/n_1$	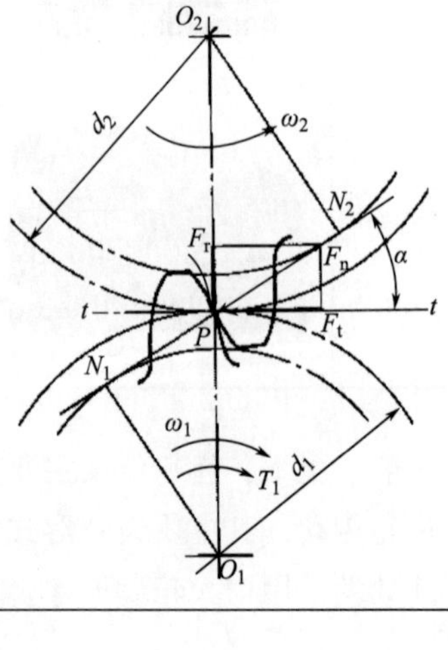

设计计算类型	齿根弯曲疲劳强度	齿面接触疲劳强度
力学模型	 悬臂梁	 挤压圆柱体
最大应力位置	齿根部（用 30°切线法定位）	节线附近向齿根一侧
应力计算公式	$\sigma_F = \dfrac{M}{W}$	$\sigma_H = Z_E \sqrt{\dfrac{F_n}{\rho_\Sigma L}}$（赫兹公式）
校核准则	$\sigma_F = \dfrac{2K_F T_1 Y_{Fa} Y_{Sa}}{\varphi_d m^3 z_1^2} \leqslant [\sigma_F]$	$\sigma_H = 2.5 Z_E \sqrt{\dfrac{2K_H T_1 (u \pm 1)}{bd_1^2 u}} \leqslant [\sigma_H]$
设计准则	$m \geqslant \sqrt[3]{\dfrac{2K_F T_1}{\varphi_d z_1^2} \cdot \dfrac{Y_{Fa} Y_{Sa}}{[\sigma_F]}}$	$d_1 \geqslant \sqrt[3]{\dfrac{2K_H T_1 (u \pm 1)}{\varphi_d u} \cdot \left(\dfrac{Z_H Z_E}{[\sigma_H]}\right)^2}$
	$u = z_2/z_1$ 为齿数比；$\varphi_d = b/d_1$ 为齿宽系数；b 为齿宽	
相关参数	K_F 为弯曲疲劳计算用载荷系数 Y_{Fa} 为齿形系数（与模数 m 无关），Y_{Sa} 为应力修正系数，Y_{Fa}、Y_{Sa} 可按齿轮齿数 z 从表 6-14 中查取 σ_F 为齿根弯曲应力，$[\sigma_F]$ 为许用弯曲应力	K_H 为接触疲劳计算用载荷系数 Z_H 为区域系数 Z_E 为弹性影响系数（与材料相关，具体可查《机械设计手册》） σ_H 为齿面接触应力，$[\sigma_H]$ 为许用接触应力

标准直齿圆柱齿轮标准直齿圆柱外齿轮的齿形系数 Y_{Fa} 与应力修正系数 Y_{Sa} 取值见表 6-14。

表 6-14 标准直齿圆柱外齿轮的齿形系数 Y_{Fa} 与应力修正系数 Y_{Sa}

z	17	18	19	20	21	22	23	24	25	26	27	28
Y_{Fa}	2.97	2.91	2.85	2.80	2.76	2.72	2.69	2.65	2.62	2.60	2.57	2.55
Y_{Sa}	1.52	1.53	1.54	1.55	1.56	1.57	1.575	1.58	1.59	1.595	1.60	1.61
z	29	30	40	50	60	70	80	90	100	150	200	∞
Y_{Fa}	2.53	2.52	2.40	2.32	2.28	2.24	2.22	2.20	2.18	2.14	2.12	2.06
Y_{Sa}	1.62	1.625	1.67	1.70	1.73	1.75	1.77	1.78	1.79	1.83	1.865	1.97

6.8.4 齿轮材料及其选择

为齿轮选择合适的材料是齿轮传动设计的一项基本任务。一般齿轮传动均要求其材料满足以下条件：齿芯韧，能抗轮齿的弯曲折断；齿面硬且耐磨，能抗齿面的点蚀、磨损、胶合及塑性变形。

齿轮能用的材料有很多，可分为金属和非金属两类。非金属材料常用于高速、轻载、难润滑以及要求运行平稳的齿轮传动。在金属材料中，最常用的为钢材，它韧性好、耐冲击，并能经热处理提高硬度和改善性能。在工作平稳、低速轻载及开式等非重要场合，也可以采用铸铁，它易铸造，抗胶合与点蚀的能力强，但强度低，抗冲击和耐磨性差。

齿轮用钢也有很多，按制造方法可分为锻钢和铸钢。工程中，齿轮多用锻钢制造。铸钢常用于齿轮形状难以锻造或结构尺寸 d 很大（400～600mm）的场合，它能进行正火处理（必要时可调质），适于冲击轻、载荷平稳的齿轮传动。

钢还可分为碳素钢与合金钢。一般场合优先选择碳素钢。合金钢常用于高速、重载和冲击较大的场合，或者要求结构尺寸小、可靠性高的场合。

当锻钢齿轮用于高速、重载、高精度以及重要传动时，需选用高性能材料（如合金钢）并硬化齿面。齿面硬化的常用热处理方法有渗碳、氮化、氰化和表面淬火。齿轮齿面经硬化处理成为硬齿面，具有很强的抗点蚀能力和耐磨性。工艺流程一般为：先切齿，再表面硬化，最终精加工（如磨削、抛光）。虽然精度可达4～5级，但费用也高。当锻钢齿轮用于一般传动时，通常先调质或正火处理，再切制，齿轮的齿芯具备良好的韧性，成品为7～8级精度的软齿面（≤350HBS）齿轮。

若配对齿轮均为软齿面，考虑齿根厚和啮合次数的影响，小齿轮的齿面硬度应比大齿轮高30～50HBS，并且随齿面硬度差的增大，小齿轮对大齿轮的冷作硬化效应被强化，大齿轮的接触疲劳强度可提高20%。

常用齿轮材料见表6-15，设计时可按工作要求合理选择。

表6-15 齿轮常用锻钢材料

分类	牌号	热处理	硬度
碳素钢	45	正火	162～217 HBS
		调质	217～255 HBS
		调质、淬火	40～50 HRC
合金钢	40Cr	调质	241～286 HBS
		调质、淬火	48～55 HRC
	35SiMn、38SiMnMo	调质	217～269 HBS
	30CrMnSi	调质	310～360 HBS
	20Cr、20CrMnTi、20Cr2Ni4	渗碳、淬火	58～62 HRC

6.8.5 齿轮传动相关参数的选择

6.8.5.1 合理选择齿轮传动的精度

渐开线圆柱齿轮传动的精度分为13级，其中0级最高、12级最低。每个精度等级又分为三个公差组，第Ⅰ公差组用于保证运动准确，第Ⅱ公差组用于保证运行平稳，第Ⅲ公差组用于保证承载均匀。

传动精度可按应用的圆周速度、载荷、重要性及成本要求，从表6-16中合理选取，也可类比常用机器中的齿轮传动从表6-17中选取。

表6-16 直齿圆柱齿轮传动的常用精度选择

精度等级	6	7	8	9
圆周速度	≤15m/s	≤10m/s	≤5m/s	≤3m/s
应用场合	高速、重载	中速、中载		低速、轻载

表6-17 常用机器中齿轮传动的精度范围

机器类型	精度等级	机器类型	精度等级	机器类型	精度等级
汽轮机	3~6	轻型汽车	5~8	锻压机床	6~9
金属切削机床	3~8	载重汽车	7~9	起重机	7~10
航空发动机	4~8	拖拉机、减速器	6~8	农用机器	8~11

6.8.5.2 合理选取小齿轮齿数 z_1 和模数 m

齿数选取应考虑以下因素：①传动平稳性齿轮的齿数与齿轮传动的重合度密切相关，增大齿数则传动更平稳，但结构尺寸会变大。②轮齿均匀磨损啮合齿轮的齿数互质，可使轮齿磨损均匀。

模数选取应注意，模数已标准化应取标准值；模数 m 决定轮齿的尺寸和抗弯疲劳强度。模数 m 小则轮齿小，加工轮齿的切削量少，啮合传动时齿面的相对滑动速度低，能降低生产成本以及减少齿面磨损与胶合的发生，但轮齿的抗弯强度弱（易折断）。

一般应按齿轮的抗折断能力计算模数 m，按齿轮的抗点蚀能力计算分度圆直径 d_1，按关系 $d_1 = mz_1$ 调整小齿轮齿数 z_1；但设计时要先为小齿轮选取合理的齿数 z_1。对开式齿轮传动，小齿轮齿数 z_1 取17~20；对闭式齿轮传动，小齿轮齿数 z_1 取20~40，并且 z_1 随齿面硬度增大而取小。

6.8.5.3 合理选取齿宽系数 φ_d

直齿圆柱齿轮齿宽 b 与分度圆直径 d_1 的比值称为齿宽系数，用 φ_d 表示，即：

$$\varphi_d = b/d_1 \tag{6-32}$$

φ_d 越大则齿轮承载能力越强（抗折断与抗点蚀能力强），但沿齿宽易发生载荷分布不均。设计时，应考虑齿面硬度与齿轮在轴上的布局从表6-18中合理选择。

表6-18 圆柱齿轮的齿宽系数 φ_d

轴上齿轮相对于轴承的位置	软齿面（齿面硬度均≤350HB）	硬齿面（齿面硬度均>350HB）
对称布置	0.8~1.4	0.4~0.9
非对称布置	0.6~1.2	0.3~0.7
悬臂布置	0.3~0.4	0.2~0.3

由式（6-32）可求得齿宽 $b = \phi_d d_1$，结果应取整。计算得到的齿宽应为大齿轮的齿宽 b_2。为保证两齿轮实际啮合宽度不小于计算宽度 b，一般小齿轮齿宽 b_1 应大于大齿轮齿宽 b_2，即 $b_1 = b_2 + (5 \sim 10)$ mm。

6.8.5.4 合理选取载荷系数 K

齿轮在传动过程中，受诸多因素影响，存在一定的载荷波动，设计时，必须引入载荷系数 K 来修正计算载荷。

一般导致齿轮传动载荷波动的主要因素有：①原动机和工作机的运行状况；②齿轮传动的加工与装配误差；③多对齿啮合时的齿间载荷分配不均；④齿面啮合沿齿宽方向的载荷分配不均。

对于简化齿轮传动设计，可按原动机与工作机的状况，综合考虑载荷波动，从表6-19中选取载荷系数 K。若要精准求取载荷系数 K，可查阅相关技术资料。

表6-19　载荷系数 K

工作机	工作机载荷特性			说明
	轻冲击	中冲击	大冲击	圆周速度大取大值；硬齿、大齿宽取大值；斜齿、精度高取小值；对称布置取小值
电动机	1.0~1.2	1.2~1.6	1.6~1.8	
多缸内燃机	1.2~1.6	1.6~1.8	1.9~2.1	
单缸内燃机	1.6~1.8	1.8~2.0	2.2~2.4	

6.8.5.5 齿轮许用应力

在一般齿轮传动中，因为齿轮的绝对尺寸、齿面粗糙度、圆周速度以及润滑对其疲劳极限应力的影响有限，所以在计算齿轮许用应力 $[\sigma]$ 时，仅考虑安全与寿命方面的影响，齿轮许用应力为：

$$[\sigma] = K_N \sigma_{\lim} / S \tag{6-33}$$

式中：$\sigma_{\lim}$——齿轮的疲劳极限（对称循环应力时取70%）；

S——安全系数，可从表6-20中查取，下标F、H分别指弯曲与接触疲劳强度；

K_N——寿命系数，可按工作应力循环次数 N 从图6-33或图6-34中查取。

工作应力循环次数 $N = 60njL_h$，其中 n 为齿轮转速，j 为齿面每转的啮合次数，L_h 为齿轮工作寿命时数。

表6-20　安全系数 S_F 和 S_H

安全系数	软齿面	硬齿面	重要传动、渗碳淬火齿轮或铸造齿轮
S_F	1.3~1.4	1.4~1.6	1.6~2.2
S_H	1.0~1.1	1.1~1.2	1.3

一般齿轮的疲劳极限 $\sigma_{\lim}$ 与材料的品质、热处理硬度、所受应力类型及应力特征密切相关，中等品质的常用齿轮材料的疲劳极限值可从表6-21中按齿轮硬度插值求取其对应的 $\sigma_{\lim}$，更多及更详尽的齿轮材料疲劳极限应力可查《机械设计手册》。

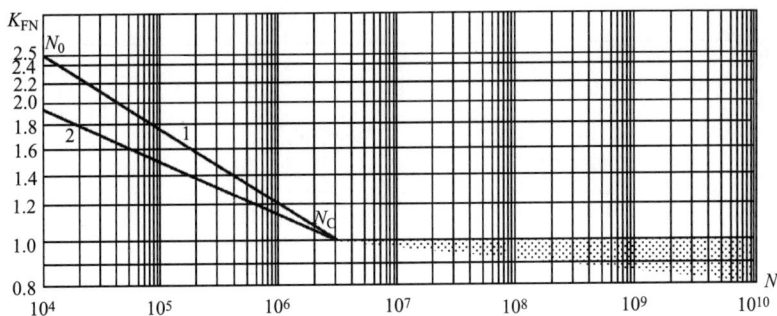

图 6-33 弯曲疲劳寿命系数 K_{FN}

1—调质钢 2—淬火渗碳钢，$N>N_C$ 时在点状区按经验取值

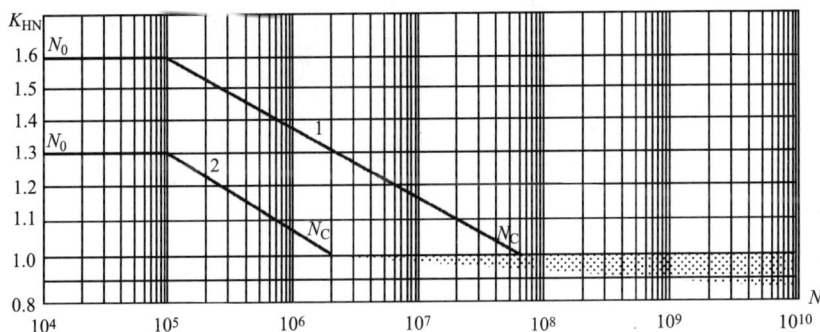

图 6-34 接触疲劳寿命系数 K_{HN}

1—调质钢、淬火钢 2—调质钢、渗碳钢，$N>N_C$ 时在点状区按经验取值

表 6-21 中等品质齿轮材料的接触疲劳极限 σ_{Hlim} 和弯曲疲劳极限 σ_{Flim}

热处理方式	锻造齿轮材料	轮齿硬度	σ_{Hlim}/MPa	σ_{Flim}/MPa
调质	碳素钢	150~250HBS	500~600	400~440
	合金钢	200~350HBS	640~840	550~670
渗碳、淬火	碳素与合金钢	55~65HRC	1500	920

6.8.6 圆柱齿轮的结构

强度设计确定齿轮传动的基本尺寸，结构设计确定齿轮的结构形式与尺寸。

影响齿轮结构设计的因素有很多，一般先按齿轮直径选合适的结构形式，常见齿轮结构有齿轮轴、实心式、腹板式及轮辐式（表 6-22）；再用经验公式与相关数据确定结构尺寸（表 6-23）。更多的齿轮结构设计可参阅《机械设计手册》。

表 6-22 直齿圆柱齿轮的常见结构形式

结构形式	图形	适用条件
齿轮轴（齿轮与轴制成一体）		齿轮的齿根圆直径与轴径接近

结构形式	图形	适用条件
实心式	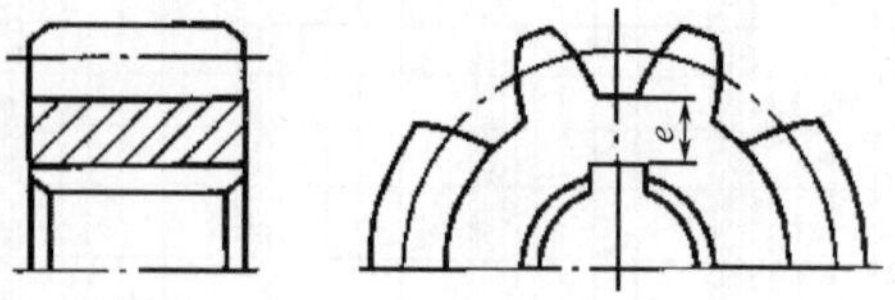	齿顶圆直径 $d_a \leqslant 160$mm
腹板式	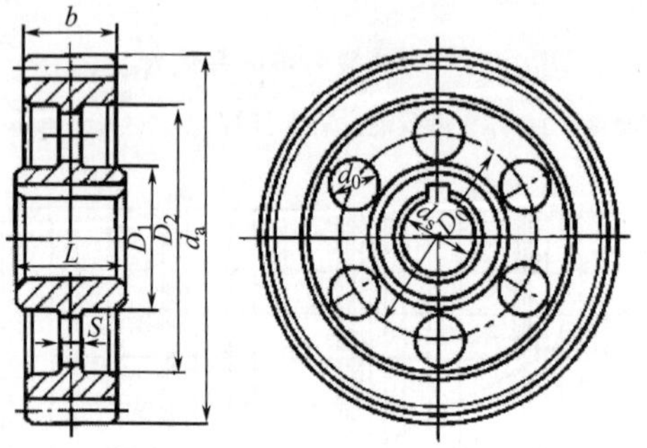	齿顶圆直径 $d_a < 500$mm（锻造）
轮辐式（十字形）	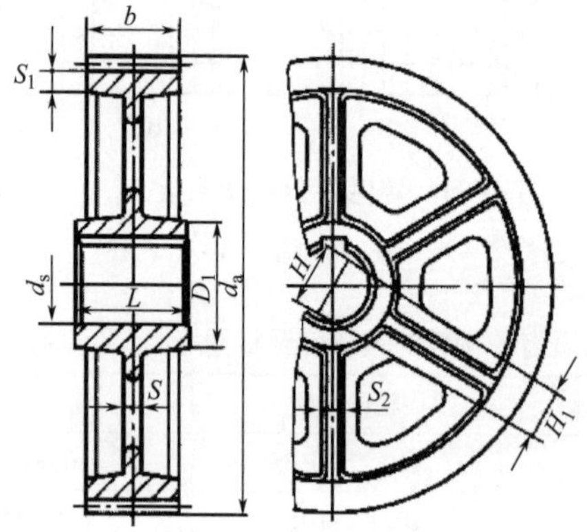	齿顶圆直径 $d_a > 400$mm（铸造）

表 6-23　腹板式与轮辐式直齿圆柱钢齿轮的结构尺寸

结构形式	图形	结构尺寸
腹板式	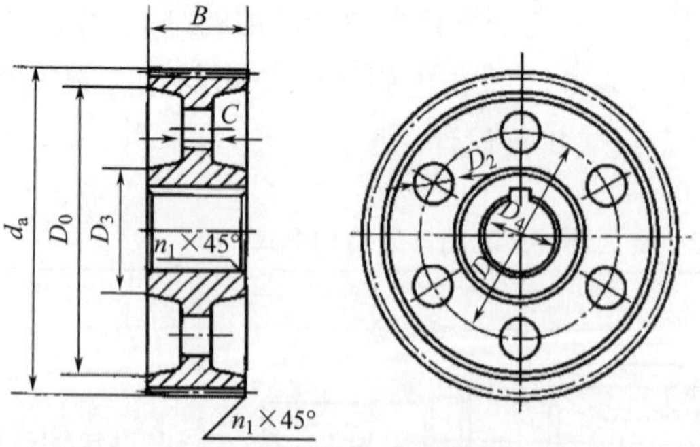	$C = (0.2 \sim 0.3)\ B \geqslant 10$mm $n_1 = 0.5m_n$ $D_0 = d_a - (10 \sim 14)\ m_n$ $D_1 \approx (D_0 + D_3)\ /2$ $D_2 \approx (0.25 \sim 0.35)(D_0 - D_3)$ $D_3 \approx 1.6D_4$ D_4 由轴的结构定 轴毂宽 $l = (1.0 \sim 1.2)\ D_4$

结构形式	图形	结构尺寸
轮辐式	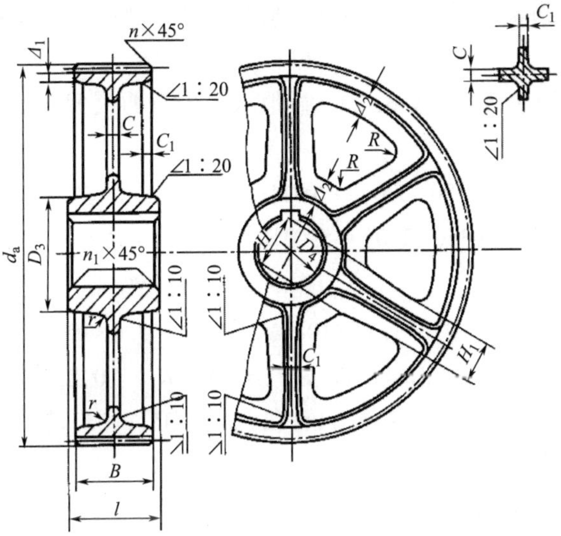	$B<240\text{mm}$ $D_3 \approx 1.6D_4$ $\Delta_1 \approx (3-4)\ m_n \geqslant 8\text{mm}$ $\Delta_2 \approx (1-1.2)\ \Delta_1$ $H \approx 0.8D_4$ $H_1 \approx 0.8H$ $C \approx H/5$、$C_1 \approx H/6$ $r = 5\text{mm}$ $R \approx 0.5H$ $1.5D_4 > l \geqslant B$ 轮辐数常取 6

6.8.7　圆柱齿轮的传动润滑

润滑能有效减小摩擦磨损，增强传动的散热和防锈能力，所以齿轮传动必须合理润滑。一般开式、半开式或低速闭式齿轮传动常用人工定期润滑方式，对于中高速闭式齿轮传动，可从表 6-24 中按齿轮圆周速度选取合适的润滑方式。

表 6-24　齿轮传动常用油润滑方式

齿轮圆周速度	$v<12\text{m/s}$		$v>12\text{m/s}$
油润滑方式	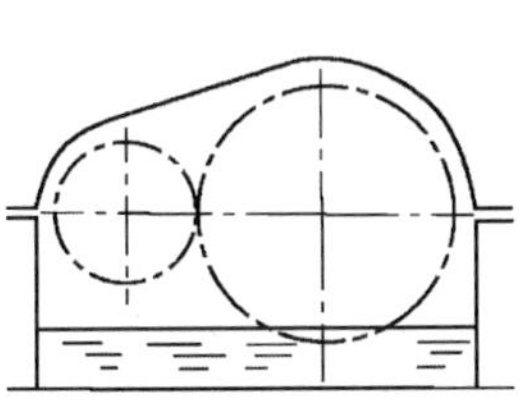 浸油润滑	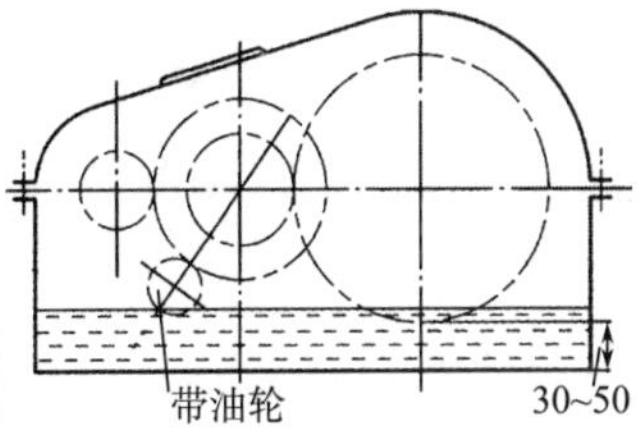 带油轮 带油润滑	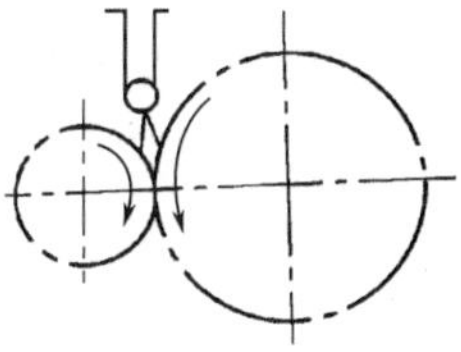 喷油润滑

例 6-1　一级直齿圆柱齿轮减速器，由电动机驱动，工作寿命 10 年，每年工作 250 天，单向、单班传动，载荷平稳；其输入转速 $n=960\text{r/min}$，传动比 $i=3.2$，传递功率 $P=10\text{kW}$，试确定这对齿轮传动的主要尺寸。

解：（1）选择齿轮的齿数与精度等级。

按中速、中载查表 6-17，齿轮选 8 级精度。

初选小齿轮齿数 $z_1=24$，则大齿轮齿数 $z_2=iz_1=uz_1=3.2\times24=76.8$，可取 $z_2=77$。

（2）选择齿轮材料并计算许用应力。

小齿轮选 40Cr 钢；经调质处理，其齿面硬度为 250HBS。大齿轮选 45 钢；经调质处理，齿面硬度 220HBS。该减速器为软齿面传动（易点蚀），采取先按接触疲劳强度设计，再按弯曲疲劳强度校核。

由齿轮的材料、热处理方法及硬度，查表 6-20，插值求齿根弯曲疲劳极限和齿面接触疲劳极限。有：

$$\sigma_{Hlim1} = 640 + (250-200)(840-640)/(350-200) \approx 707MPa$$

$$\sigma_{Flim1} = 550 + (250-200)(670-550)/(350-200) \approx 590MPa$$

同理：$\sigma_{Hlim2} = 570MPa$，$\sigma_{Flim2} = 428MPa$

$$N_1 = 60n_1 j L_h = 60 \times 960 \times 1 \times (1 \times 8 \times 250 \times 10) \approx 1.15 \times 10^9；N_2 = N_1/u \approx 3.6 \times 10^8。$$

由图 6-33 和图 6-34 查寿命系数，取 $K_{HN1} = 0.88$、$K_{HN2} = 0.91$；$K_{FN1} = 0.85$、$K_{FN2} = 0.88$。

按应用要求从表 6-21 中查安全系数，取 $S_H = 1.05$ 和 $S_F = 1.35$。则齿轮的许用应力分别为：

$$[\sigma_{H1}] = K_{HN1}\sigma_{Hlim1}/S_H = 0.85 \times 707/1.05 \approx 572(MPa)$$

$$[\sigma_{H2}] = K_{HN2}\sigma_{Hlim2}/S_H = 0.91 \times 570/1.05 \approx 494(MPa)$$

设计时应取 $[\sigma_H] = [\sigma_{H1}] = 494MPa$。

$$[\sigma_{F1}] = K_{FN1}\sigma_{Flim1}/S_F = 0.85 \times 590/1.35 \approx 371(MPa)$$

$$[\sigma_{F2}] = K_{FN2}\sigma_{Flim2}/S_F = 0.88 \times 428/1.35 \approx 279(MPa)$$

按齿数 z 由表 6-14 查取齿轮的齿形系数和应力校正系数，有：

$Y_{Fa1} = 2.65$、$Y_{Sa1} = 1.58$；$Y_{Fa2} = 2.226$、$Y_{Sa2} = 1.764$。

则 $Y_{Fa1}Y_{Sa1}/[\sigma_{F1}] = 2.650 \times 1.580/371 \approx 0.011$

$Y_{Fa2}Y_{Sa2}/[\sigma_{F2}] = 2.226 \times 1.746/279 \approx 0.014$

校核时应按齿轮 2 取值。

（3）按齿面接触疲劳强度设计。

按传动使用情况，由表 6-19 取载荷系数 $K = 1.4$；由表 6-18 取齿宽系数 $\varphi_d = 1.0$；由配对锻钢材料取弹性影响系数 $Z_E = 189.8\sqrt{MPa}$。

计算小齿轮所传递的转矩：

$$T_1 = 95.5 \times 10^5 P/n_1 = 95.5 \times 10^5 \times 10/960 = 9.95 \times 10^4 （N \cdot mm）$$

将各项参数代入设计公式有：

$$d_1 \geqslant \sqrt[3]{\frac{2KT_1(u\pm1)}{\varphi_d u} \cdot \left(\frac{2.5Z_E}{[\sigma_H]}\right)^2} = \sqrt[3]{\frac{2 \times 1.4 \times 9.95 \times 10^4}{1.0} \cdot \frac{4.2}{3.2} \cdot \left(\frac{2.5 \times 189.8}{523.8}\right)^2} = 66.95(mm)$$

（4）确定模数和齿宽。

模数 $m = d_1/z_1 = 69.6/24 = 2.9$（mm），可取标准值 $m = 3mm$；

则小齿轮的分度圆直径 $d_1 = z_1 m = 24 \times 3 = 72$（mm）。

齿宽 $b_2 = d_1\varphi_d = 72mm$，$b_1 = b_2 + 5 = 77$（mm）。

（5）验算齿根的弯曲疲劳强度。

将各项参数代入校核公式有：

$$\sigma_F = \frac{2KT_1 Y_{Fa} Y_{sa}}{\varphi_d m^3 z_1^2} = \frac{2 \times 1.4 \times 9.95 \times 10^4 \times 2.226 \times 1.764}{1.0 \times 3^3 \times 24^2} = 70.34 < [\sigma_{F2}] = 279 (\text{MPa})$$

满足弯曲疲劳强度的要求。

（6）验算圆周速度与载荷。

$$F_t = 2T_1 / d_1 = 2 \times 9.95 \times 10^4 / 72 = 2763.9 (\text{N})$$

$$K_A F_t / b = 1.4 \times 2763.9 / 72 = 53.74 (\text{N/mm}) < 100\text{N/mm}$$

$$v = \pi d_1 n_1 / (60 \times 1000) = 3.14 \times 72 \times 960 / 60000 = 3.62 (\text{m/s}) < 5\text{m/s}$$

符合 8 级精度的使用要求。

（7）主要几何尺寸。

分度圆直径 $d_1 = z_1 m = 72 (\text{mm})$，$d_2 = z_2 m = 231 (\text{mm})$；

中心距 $a = 0.5 (z_1 + z_2) m = 151.5 (\text{mm})$；

齿宽 $b_1 = 77\text{mm}$，$b_2 = 72\text{mm}$。

（8）结构设计与绘齿轮零件图（略）。

【思考题】

1. 一对啮合的大小两个齿轮的齿面接触强度和齿根弯曲疲劳强度是否相同？

2. 为什么在软齿面齿轮传动设计中，要求小齿轮的材料好于大齿轮？

习题

6-1　试分析渐开线齿廓的啮合特性。

6-2　何为定义标准模数与顶隙？

6-3　试对比分析基圆、分度圆和节圆的区别与关系。

6-4　试分析影响直齿圆柱齿轮重合度的参数。

6-5　分析齿轮根切对齿轮传动的影响，试给出避免齿轮根切的方法。

6-6　试分析齿轮变位对齿轮有何影响。

6-7　试分析平行轴斜齿圆柱齿轮传动有何优势。

6-8　蜗杆传动正确啮合的条件是什么？其标准参数定义在哪个平面内？

6-9　为何引入当量齿轮和当量齿数？

6-10　已知一外啮合标准直齿圆柱齿轮传动中，$i_{12} = 2.5$、$m = 2.5\text{mm}$ 和 $a = 122.5$。试求齿数 z_1、z_2。

6-11　一个渐开线直齿圆柱外齿轮，已知 $z = 24$、$p_n = 24.28\text{mm}$、$d_a = 208\text{mm}$ 和 $d_f = 172\text{mm}$，试确定该齿轮的 m、α、h_a^* 和 c^*。

6-12　一外啮合标准直齿圆柱齿轮传动，已知 $z_1 = 21$、$z_2 = 80$、$m = 3\text{mm}$ 和 $\alpha = 20°$，试求：

（1）轮齿的 h_a、h_f、c、h、p、s 和 e；

（2）小齿轮的 d_{a1}、d_1、d_{f1} 和 d_{b1}；

（3）标准安装时的中心距 a、重合度 ε_α 和单对齿啮合区长度；

（4）当 $a'=154\text{mm}$ 时的啮合角 α'、顶隙 c'、节圆直径 d_1' 与 d_2'。

6-13　已知一对外啮合标准直齿圆柱齿轮传动的中心距 $a=120\text{mm}$，传动比 $i=3$，小齿轮的齿数 $z_1=20$。试确定这对齿轮的模数与分度圆直径。

6-14　用正常齿制的齿条刀具切制齿轮，其移动速度 $v_{刀}=1\text{mm/s}$。若被切制齿轮的 $m=2\text{mm}$、$z=14$、$x=0.5$，试求轮坯的转速和刀具中线至轮坯中心的距离 L。

6-15　已知一平行轴渐开线标准外啮合斜齿轮传动，$z_1=17$、$z_2=40$、$m_n=4\text{mm}$ 和 $\beta=20°$，试求中心距 a、端面齿距 p_t 以及正常齿制的齿高 h。

6-16　一渐开线标准平行轴外啮合斜齿轮传动，已知 $z_1=23$、$z_2=53$、$m_n=6\text{mm}$ 和 $a=237\text{mm}$，试求：

（1）螺旋角 β 和当量齿数 z_{v2}；

（2）大齿轮的 d_{a2}、d_2、d_{f2} 和 d_{b2}；

（3）当 $b=30\text{mm}$ 时的重合度 $\varepsilon_\gamma=\varepsilon_\alpha+\varepsilon_\beta$。

6-17　已知一阿基米德标准蜗杆传动，$z_1=2$、$i_{12}=25$、$m=8\text{mm}$ 和 $q=10$，试计算中心距 a。

6-18　在题图 6-1 所示的蜗杆传动中，已知蜗杆的转动和螺旋方向，试标出蜗轮的转向。

6-19　$\Sigma=90°$ 的标准直齿圆锥齿轮传动，已知 $z_1=16$、$i_{12}=2$、$m=4\text{mm}$，试计算该对圆锥齿轮的几何尺寸？并给出小齿轮允许的最小无根切齿数。

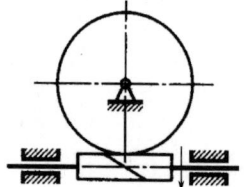

题图 6-1

6-20　在单级闭式直齿圆柱齿轮传动中，已知驱动电机的 $P=4\text{kW}$、$n_1=720\text{r/min}$；小齿轮的 $z_1=25$、$b_1=85\text{mm}$、$m=4\text{mm}$，材料为调质 45 钢；大齿轮的 $z_2=73$、$b_1=90\text{mm}$，材料为正火 45 钢；试验算该单级传动的强度。

6-21　已知闭式直齿圆柱齿轮传动的 $P=30\text{kW}$、$n_1=730\text{r/min}$、$i=4.6$。它要求结构紧凑，长期双向转动并存在中等冲击。若取 $z_1=29$，两齿轮都用 40Cr 表面淬火，试设计该齿轮传动。

第7章 轮系及其设计

【知识要点】

1. 轮系的类型。

2. 传动比的计算。

3. 轮系的功用。

【知识探索】

1. 盾构机中的刀盘驱动系统及其所用减速器的工作原理是什么？

2. 玩具汽车遇到障碍后为何会自动调转方向前进？使用的轮系是何种轮系？

由一对齿轮啮合组成的齿轮机构是齿轮传动中最基本的形式。但是在实际机械中，为了获得更大的传动比，或者为了将输入轴的一种转速变换为不同输出轴的多种转速，常采用一系列相互啮合的齿轮实现。例如，汽车变速箱、机床的主轴箱以及纺织机械中的传动装置等。这种由一系列齿轮组成的传动系统称为轮系。

7.1 轮系的类型

根据轮系在运转过程中各齿轮的几何轴线在空间的相对位置关系是否变化，轮系可分为定轴轮系、周转轮系及复合轮系。

7.1.1 定轴轮系

在运转过程中，所有齿轮的几何轴线位置均固定不变的轮系称为定轴轮系。如图7-1和图7-2所示的轮系中，每个齿轮的几何轴线位置都是固定不变的，因此都为定轴轮系。图7-1所示的定轴轮系中，所有齿轮的轴线都相互平行，这类轮系称为平行轴定轴轮系；图7-2所示的定轴轮系中，有轴线相交的锥齿轮机构和轴线交错的蜗杆机构，这类轮系又称为非平行轴的定轴轮系。

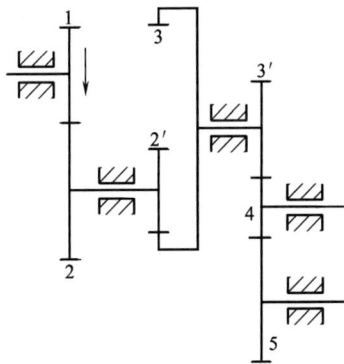

图7-1 平行轴定轴轮系

7.1.2 周转轮系

图7-3所示的两轮系中，齿轮1、3均绕固定的轴线 OO 转动。齿轮2安装在构件H的端部。齿轮2既绕本身的回转轴线 O_2O_2 自转，又在构件

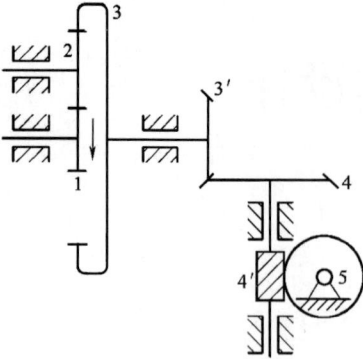

图 7-2 非平行轴定轴轮系

H 的带动下，绕齿轮 1、3 的轴线 OO 公转。这种在运转过程中，至少有一个齿轮的几何轴线的位置不固定，而是绕着其他定轴齿轮的轴线回转的轮系，称为周转轮系。周转轮系中，像齿轮 2 这样既绕自己轴线自转，又绕其他定轴齿轮轴线公转的齿轮，称为行星轮；带动行星轮 2 作公转的构件 H 称为行星架或系杆；与行星齿轮啮合的定轴齿轮称为中心轮或太阳轮。在周转轮系中，一般都以中心轮或行星架作为输入和输出构件，故又称其为周转轮系的基本构件，基本构件都围绕同一轴线回转。

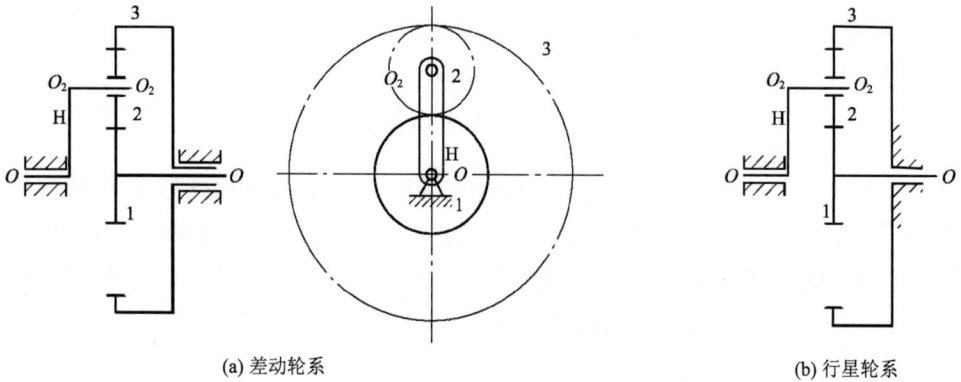

(a) 差动轮系   (b) 行星轮系

图 7-3 周转轮系及类型

根据自由度数目不同，周转轮系可分为两种类型。若周转轮系自由度为 2，则称为差动轮系，如图 7-3（a）所示。若将图 7-3（a）所示的差动轮系中的中心轮 1、3 中之一与机架相固联而变为固定轮，如图 7-3（b）所示，此时周转轮系的自由度变为 1，则称为行星轮系。

根据基本构件不同，周转轮系还可分为 2K—H 和 3K 等类型，K 表示中心轮，H 表示行星架。如图 7-3 所示的轮系为 2K—H 型；图 7-4 所示轮系则为 3K 型；图 7-5 所示轮系为 K—H—V 型周转轮系，该轮系中只有一个中心轮，运动通过等角速机构由 V 轴输出。

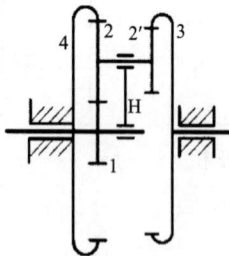

图 7-4 3K 型周转轮系   图 7-5 K—H—V 型周转轮系

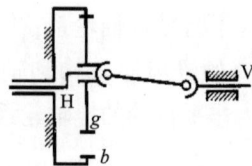

7.1.3 复合轮系

实际工程应用中，除了使用单一的定轴轮系和周转轮系外，还经常使用既含有定轴轮系部分又含有周转轮系部分 [图 7-6 (a)]，或由几部分周转轮系所构成的复杂轮系 [图 7-6 (b)]，通常将这种复杂轮系称为复合轮系或混合轮系。

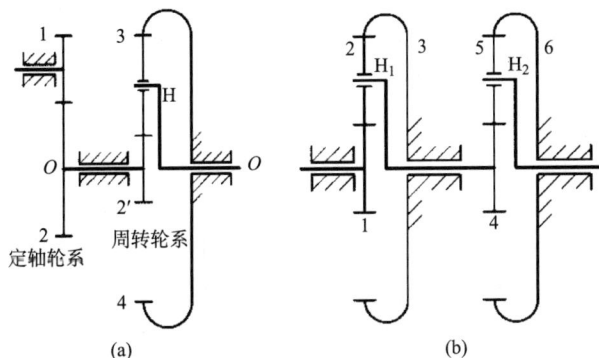

图 7-6　复合轮系

【思考题】

1. 图 7-3 所示的行星轮系和差动轮系的结构上有什么不同?
2. 差动轮系具有确定的运动时需要几个原动件?

7.2　轮系的传动比

轮系的传动比包括传动比的大小和首、末齿轮的转向关系两方面的内容。

7.2.1　定轴轮系的传动比

7.2.1.1　传动比大小的计算

以如图 7-1 所示的定轴轮系为例，介绍定轴轮系的传动比大小的计算方法。该轮系由齿轮对 1、2，2′、3，3′、4，4、5 构成，若以轮 1 作为首轮，轮 5 作为末轮，则该轮系的传动比为：$i_{15} = \dfrac{\omega_1}{\omega_5}$（或 $= \dfrac{n_1}{n_5}$）。

由于齿轮 2 和 2′、3 和 3′ 分别固定在同一根轴上，所以有：$\omega_2 = \omega_{2'}$、$\omega_3 = \omega_{3'}$。因此，可求得该轮系的传动比为：

$$i_{15} = \frac{\omega_1}{\omega_5} = \frac{\omega_1 \omega_{2'} \omega_{3'} \omega_4}{\omega_2 \omega_3 \omega_4 \omega_5} = i_{12} i_{2'3} i_{3'4} i_{45} = \frac{z_2\, z_3\, z_4\, z_5}{z_1\, z_{2'}\, z_{3'}\, z_4} \tag{7-1}$$

式 (7-1) 表明：定轴轮系的传动比等于该轮系的各对啮合齿轮传动比的连乘积；其大小等于各对啮合齿轮中所有从动轮齿数的连乘积与所有主动轮齿数的连乘积之比，即：

$$定轴轮系的传动比 = \frac{所有从动齿轮齿数的连乘积}{所有主动齿轮齿数的连乘积} \tag{7-2}$$

在图7-1所示的定轴轮系中，齿轮4既和齿轮3啮合，也和齿轮5啮合，在与齿轮3的啮合中齿轮4作为从动轮，而与齿轮5的啮合中，齿轮4是主动轮，计算轮系的传动比时，z_4同时出现在分子和分母上。因此，齿轮4齿数大小z_4并不影响轮系传动比的大小，但其改变了齿轮5的转向，这类齿轮，称为惰轮或过桥轮。

7.2.1.2 首、末齿轮转向关系确定

（1）轮系中各轮的几何轴线均相互平行。

轮系中所有齿轮均为直齿或斜齿圆柱齿轮时，该轮系中所有齿轮的几何轴线将相互平行。一对圆柱齿轮内啮合时转向相同，而一对圆柱齿轮外啮合时转向相反。故每经过一次外啮合就改变一次转向。因此可用轮系中外啮合的次数来确定轮系中首末两齿轮的转向关系。若用m表示轮系外啮合的次数，则可用$(-1)^m$表示轮系传动比的正负。当计算结果为正时，说明首末两齿轮转向相同，若计算结果为负，说明首末两轮转向相反。综上所述，对于几何轴线均相互平行的定轴轮系，可用下式计算传动比：

$$i_{定} = (-1)^m \frac{所有从动齿轮齿数的连乘积}{所有主动齿轮齿数的连乘积} \tag{7-3}$$

计算结果的正或负表明了首、末两齿轮转向相同或相反。

（2）轮系中部分齿轮的几何轴线不平行。

若轮系中包含圆锥齿轮传动或蜗杆传动等空间齿轮机构时，这些齿轮的几何轴线不平行，其转向也就无所谓同向或反向，不能再利用式（7-3）来确定各齿轮的转向。对于包含圆锥齿轮传动或蜗杆传动等空间齿轮机构的轮系，只能根据每对齿轮的具体啮合类型，在图上用箭头表示每个齿轮的转向。

① 若首末两齿轮的轴线平行，则可在传动比的计算结果中加上正、负号，表示首末两轮的转向关系。如图7-7所示轮系中，首（齿轮1）、末（齿轮4）两齿轮轴线平行，转向相反，故在轮系传动比的计算结果上加上负号，表示首末两齿轮转向关系，即：

$$i_{14} = \frac{\omega_1}{\omega_4} = -\frac{z_2 z_3 z_4 z_5}{z_1 z_2 z_{3'} z_{4'}}$$

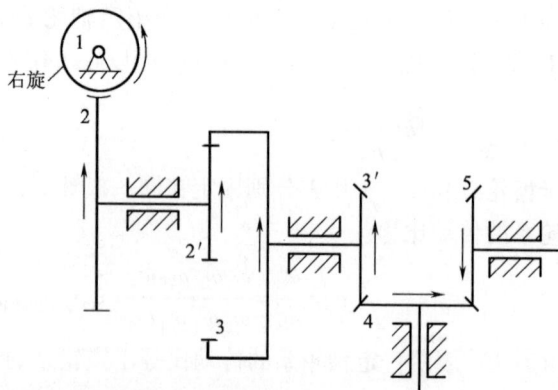

② 若首、末两齿轮的几何轴线不平行，其转向关系只能用箭头表示在图上，如图7-8所示。

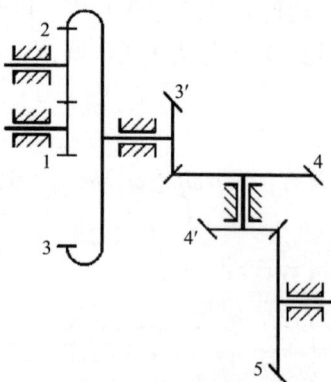

图7-7　圆锥齿轮机构的转向　　　　图7-8　首、末两齿轮的几何轴线不平行

【思考题】

1. 试写出图 7-2 所示轮系的传动比计算公式，并判断首、末两齿轮的转向关系。

2. 惰轮在轮系中有哪些作用？

7.2.2　周转轮系的传动比

周转轮系运转中，行星轮的轴线不是固定不变的，故其传动比的计算不能用定轴轮系的传动比计算方法。

周转轮系与定轴轮系的主要区别是：周转轮系中有带动行星轮转动的系杆 H，使得行星轮既自转又公转。如图 7-9 所示，如果整个周转轮系加一个绕主轴线 OO 转动的公共角速度 $-\omega_H$，根据相对运动原理，轮系中各构件之间的相对运动关系保持不变，但轮系中每个构件的绝对运动情况发生了改变。如图 7-10 所示，系杆 H 的角速度变为 $(\omega_H - \omega_H) = 0$，即系杆静止不动，于是原来的周转轮系变成了假想的定轴轮系，该假想的定轴轮系称为原周转轮系的转化轮系或转化机构。表 7-1 列出了周转轮系和其转化轮系的角速度。

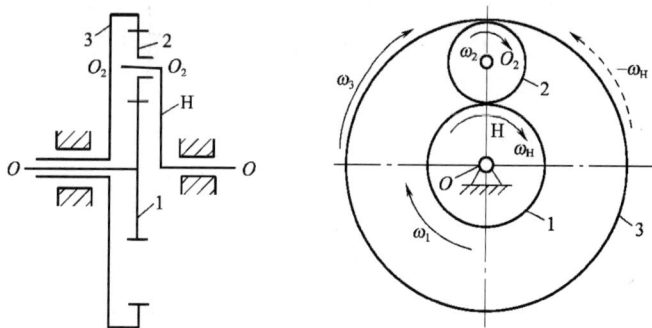

图 7-9　周转轮系

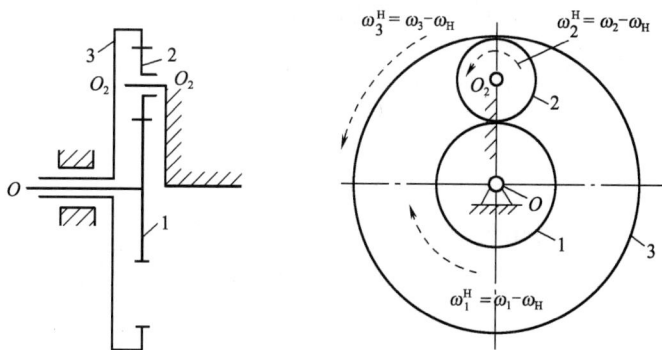

图 7-10　周转轮系的转化轮系

表 7-1　各构件在周转轮系及其转化轮系中的角速度

构件代号	原周转轮系中角速度 ω_i	转化轮系中的角速度 ω_i^H
1	ω_1	$\omega_1^H = \omega_1 - \omega_H$
2	ω_2	$\omega_2^H = \omega_2 - \omega_H$
3	ω_3	$\omega_3^H = \omega_3 - \omega_H$
H	ω_H	$\omega_H^H = \omega_H - \omega_H = 0$

表 7-1 中的 ω_1^H、ω_2^H、ω_3^H、ω_H^H 分别表示齿轮 1、2、3 及系杆 H 在其转化轮系中的角速度。因为转化轮系是定轴轮系，故该转化轮系的传动比可按照定轴轮系传动比的计算方法计算。由此可得：

$$i_{13}^H = \frac{\omega_1^H}{\omega_3^H} = \frac{\omega_1 - \omega_H}{\omega_3 - \omega_H} = -\frac{z_3}{z_1}$$

式中，i_{13}^H 表示在转化轮系中齿轮 1 作为首齿轮、齿轮 3 作为末齿轮时的传动比，齿数比前的"-"号，表示在转化轮系中齿轮 1 和齿轮 3 的转向相反。

根据以上原理，可得出计算周转轮系传动比的一般公式。设周转轮系中两个中心轮分别是 1 和 K，行星架为 H，其转化轮系的传动比 i_{1K}^H 可表示为：

$$i_{1K}^H = \frac{\omega_1^H}{\omega_K^H} = \frac{\omega_1 - \omega_H}{\omega_K - \omega_H} = \pm \frac{\text{从 1 到 K 所有从动轮齿数积}}{\text{从 1 到 K 所有主动轮齿数积}} \qquad (7\text{-}4)$$

式中，当给定 ω_1、ω_K 及 ω_H 中任意两个量，便可求得第三个量。因此，利用该公式可求解周转轮系各基本构件的绝对角速度和任意两个基本构件之间的传动比。

若周转轮系的转化轮系传动比为"+"，则该周转轮系称为正号机构；若为"-"，则称为负号机构。

周转轮系传动比计算的注意事项：

①由于转化轮系是定轴轮系，因此，式（7-4）中齿数比前的"+""-"号，应按定轴轮系的判别方法确定。

②式（7-4）中的 ω_1、ω_K 及 ω_H 均为代数量，代入公式计算时要带上相应的"+""-"号。当规定某一构件的转向为"+"时，则转向与之相反的为"-"。计算出的未知角速度构件的转向应由计算结果中的"+""-"号确定。

③$i_{1K}^H \neq i_{1K}$，$i_{1K}^H = \dfrac{\omega_1^H}{\omega_K^H}$，其大小和转向按定轴轮系传动比方法确定；而 $i_{13} = \dfrac{\omega_1}{\omega_3}$，其大小和转向由计算结果确定。

④式（7-4）只适用于首、末齿轮轴线平行的情况。如图 7-11 所示的周转轮系的转化轮系中，由于齿轮 1 和齿轮 2 的轴线不平行，且齿轮 2 与行星架 H 的轴线不平行，（$\omega_2 - \omega_H$）没有意义，故：

$$i_{12}^H \neq \frac{\omega_1 - \omega_H}{\omega_2 - \omega_H}$$

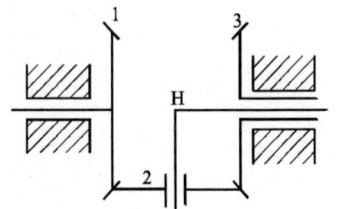

图 7-11　空间周转轮系

例 7-1　如图 7-3（b）所示的行星轮系中，已知各轮齿数分别为：$z_1 = 40$，$z_2 = 20$，$z_3 = 80$，试计算中心轮 1 和系杆 H 的传动比 i_{1H}。

解：中心轮 1、3 在其转化轮系中的传动比 i_{13}^H 为：

$$i_{13}^H = \frac{\omega_1^H}{\omega_3^H} = \frac{\omega_1 - \omega_H}{\omega_3 - \omega_H} = -\frac{z_3}{z_1} = -\frac{80}{40} = -2$$

行星轮系中，中心轮 3 固定不动，即 $\omega_3 = 0$，代入上式得：

$$\frac{\omega_1 - \omega_H}{0 - \omega_H} = -2$$

解得：

$$i_{1H} = \frac{\omega_1}{\omega_H} = 1 - (-2) = 3$$

从该例题的计算过程中还可推知：$i_{1H} = 1 - i_{13}^H$。

例7-2 如图7-12所示的轮系中，已知 $z_1 = 15$，$z_2 = 25$，$z_{2'} = 20$，$z_3 = 60$，两个太阳轮的转速分别为 $n_1 = 200r/min$，$n_3 = 50r/min$，试求以下两种情况下系杆 H 的转速 n_H。

（1）n_1、n_3 转向相反时；

（2）n_1、n_3 转向相同时。

解：该轮系的自由度为2，是差动轮系。

其转化轮系中齿轮 1、3 的传动比为：

$$i_{13}^H = \frac{n_1^H}{n_3^H} = \frac{n_1 - n_H}{n_3 - n_H} = -\frac{z_2 z_3}{z_1 z_{2'}} = -\frac{25 \times 60}{15 \times 20} = -5$$

（1）当 n_1、n_3 转向相反时。

设 n_1 转向为正，则 n_3 转向为负，故将 $n_1 = 200r/min$，$n_3 = -50r/min$ 代入上式得：

$$\frac{n_1 - n_H}{n_3 - n_H} = \frac{200 - n_H}{-50 - n_H} = -5$$

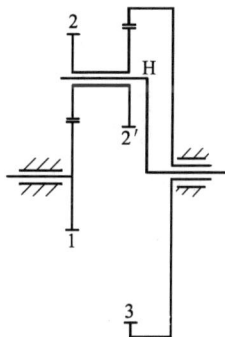

图7-12 差动轮系

解得 $n_H = -8.33r/min$，n_H 转向与 n_1 相反。

（2）当 n_1、n_3 转向相同时。

设 n_1、n_3 均为正，故将 $n_1 = 200r/min$，$n_3 = 50r/min$ 代入上式得：

$$\frac{n_1 - n_H}{n_3 - n_H} = \frac{200 - n_H}{50 - n_H} = -5$$

解得 $n_H = 75r/min$，n_H 转向与 n_1、n_1 相同。

该例题计算过程看：n_1、n_3 及 n_H 均为代数量，代入公式计算时一定要根据转向关系，带上相应的"+""-"号。

【思考题】

1. 例7-2中的 i_{13}^H 为负值，与第（2）小问的条件："n_1、n_3 同向"，是否矛盾？

2. 为何在周转轮系的传动比计算中要引入其转化轮系？

7.2.3 复合轮系的传动比

由于复合轮系中既包含定轴轮系部分，也包含周转轮系部分，或者包含几部分周转轮系。因此，复合轮系传动比的计算既不能完全采用定轴轮系的传动比计算方法，也不能完全采用周转轮系的方法，其传动比正确的计算方法是：

①正确区分定轴轮系和周转轮系。其中，关键是确定周转轮系部分。周转轮系的特点是具有行星轮和行星架，故应先寻找轮系中的行星轮和行星架（注意，有时行星架往往是由轮系中具有其他功能的构件兼任）；与行星轮相啮合的且轴线位置固定不变的是太阳轮。由此确定一个周转轮系。一般每一个行星架对应一个周转轮系。在复合轮系中，找出所有周转轮系之后，剩下部分就是定轴轮系。

②分别列出各基本轮系传动比的计算式。

③找出各基本轮系之间的联系。

④将各基本轮系传动比计算式联立求解。

例 7-3 如图 7-13 所示的轮系中，已知齿轮 1 的转速 $n_1 = 700/\min$，转向如图所示。各齿轮的齿数分别为 $z_1 = z_4 = 40$，$z_2 = z_5 = 30$，$z_3 = z_6 = 100$，试求行星架 H 的转速 n_H。

解： 该轮系为复合轮系，其中齿轮 1、2、3 构成定轴轮系，齿轮 4、5、6 及行星架 H 构成行星轮系。

定轴轮系部分，齿轮 1 与 3 的传动比为：

$$i_{13} = \frac{n_1}{n_3} = -\frac{z_3}{z_1} = -\frac{100}{40} = -2.5$$

行星轮系中，中心轮 4、6 在转化轮系中的传动比为：

$$i_{46}^H = \frac{n_4^H}{n_6^H} = \frac{n_4 - n_H}{n_6 - n_H} = -\frac{z_6}{z_4} = -\frac{100}{40} = -2.5$$

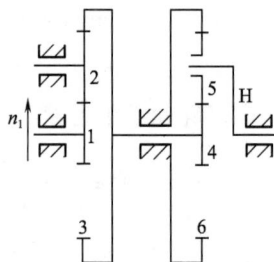

图 7-13 复合轮系

行星轮系中，中心轮 6 固定，故 $n_6 = 0$，由于齿轮 3、4 为同一构件，即 $n_3 = n_4$。联立以上各式，解得 $i_{1H} = \frac{n_1}{n_H} = -8.75$。

将 $n_1 = 700/\min$ 代入上式，可得行星架转速 n_H 为：

$$n_H = \frac{n_1}{i_{1H}} = \frac{700}{-8.75} = -80 \text{r}/\min$$

n_H 为负值，表示其转向与 n_1 相反。

该题的计算要注意两点：一是要正确划分轮系，二是代入转速时一定要注意正负号。

【思考题】

复合传动比计算中，为何要先从轮系中划分出基本轮系？

7.3 轮系的功用

轮系广泛应用于各种机械设备中。它的功用可归纳为以下几个方面。

7.3.1 获得较大的传动比

齿轮传动中，一对齿轮的传动比一般不超过 8。当需要更大传动比时，既可利用定轴轮系的多级传动来实现，也可采用行星轮系实现。如图 7-14 所示的 2K—H 行星轮系中，$z_1 =$ 100，$z_2 = 101$，$z_{2'} = 100$，$z_3 = 99$，系杆 H 与中心轮 1 的传动比 $i_{H1} = 10000$。

7.3.2　实现变速变向传动

输入轴的转速转向不变，利用轮系可使输出轴得到若干种转速或改变输出轴的转向。

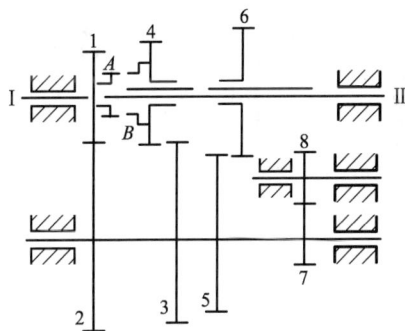

如图 7-15 所示为汽车变速箱中的轮系。图中轴 Ⅰ 为动力输入轴，轴 Ⅱ 为输出轴，齿轮 4、6 为滑移齿轮，A-B 为牙嵌式离合器。该变速箱可使输出轴得到四种转速：

第一挡：齿轮 5、6 啮合，齿轮 3、4 及离合器 A-B 脱开。

第二挡：齿轮 3、4 啮合，齿轮 5、6 及离合器 A-B 脱开。

第三挡：离合器 A-B 啮合，齿轮 3、4 及齿轮 5、6 脱开。

倒退挡：齿轮 6、8 啮合，齿轮 3、4，齿轮 5、6 及离合器均脱开。此时，由于惰轮 8 的作用，输出轴 Ⅱ 反向。

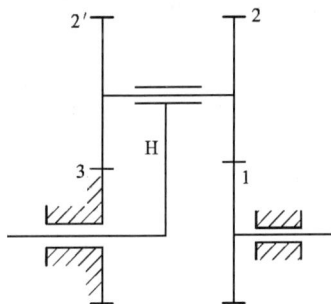

图 7-14　2K—H 行星轮系　　　　图 7-15　汽车变速箱

7.3.3　实现分路传动

当输入轴的转速一定时，利用轮系可将输入轴的一种转速同时传到几根不同的输出轴上，获得所需的各种转速。如图 7-16 所示滚齿机工作台中实现展成运动的传动机构简图。该轮系中，电动机带动主动轴转动，主动轴的运动和动力经过锥齿轮 1、2 传给滚刀，经过齿轮 3、4、5、6、7 及蜗杆 8 和蜗轮 9 传给轮坯，实现轮坯与滚刀之间的展成运动。

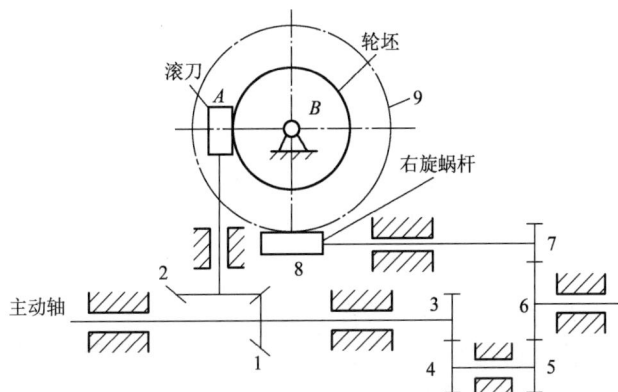

图 7-16　滚齿机分路传动

7.3.4　实现结构紧凑的大功率传动

在周转轮系中，常采用（图7-17）多个行星轮均匀分布在中心轮周围共同承担载荷的结构，以减小齿轮尺寸，提高承载能力。同时，多个行星轮均匀分布，可平衡行星轮公转所产生的离心惯心力及各齿廓啮合处的径向分力，减少主轴承内的作用力，显著改善轮系中各构件受力状况。

如图7-18所示为某涡轮螺旋桨发动机主减速器的传动简图。其左边部分为定轴轮系，右边部分为周转轮系。动力由中心轮1输入后，经系杆H和内齿轮3分两路输往左部，最后在系杆H及内齿轮6处汇合，输往螺旋桨。由于功率分路传递，加之采用多个行星轮共同承担载荷，从而使整个装置在体积小、重量轻的条件下，实现了大功率传动。整个减速器的外廓尺寸仅为$\Phi430mm$，而传递的功率却高达2850kW。

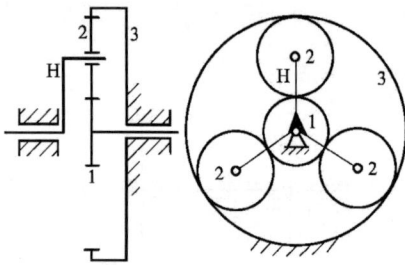

图7-17　行星轮均布的行星

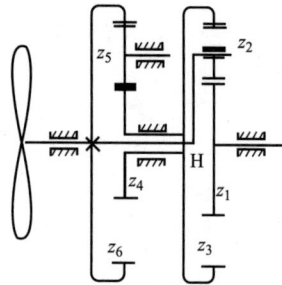

图7-18　发动机减速器

7.3.5　实现运动的合成与分解

利用差动轮系可以实现运动的合成与分解。如图7-11所示由锥齿轮组成的差动轮系中，两个中心轮的齿数相等，即$z_1=z_3$。

两中心轮在转化轮系的传动比i_{13}^H为：

$$i_{13}^H = \frac{n_1^H}{n_3^H} = \frac{n_1-n_H}{n_3-n_H} = -\frac{z_3}{z_1} = -1$$

即：

$$n_H = \frac{1}{2}(n_1+n_3)$$

上式说明：系杆的转速n_H是由两个中心轮转速n_1、n_3的合成，故此种轮系可作和差运算。差动轮系能做运动合成的特性在机床、计算装置以及补偿调整装置中得到了广泛应用。

差动轮系不仅能将两个独立的运动合成为一个运动，而且可将一个基本构件的转动按所需比例分解成另外两个基本构件的不同转动。如图7-19所示汽车后桥的差速器就利用了差动轮系的这一特性。当汽车转弯时，它能将发动机传到齿轮5的运动，以不同的转速分别传递到左右两车轮。但是注意，差动轮系将

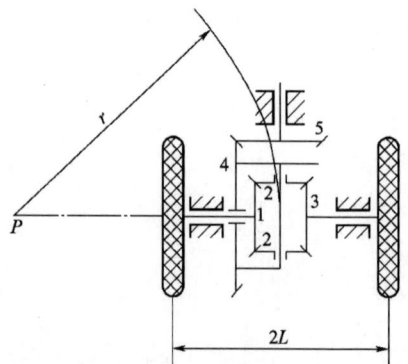

图7-19　汽车后桥差速器

一个转动分解为两个转动是有条件的，该条件为两个转动之间必须具有确定的关系。在汽车后桥差速器的例子中，后两轮转动的确定关系是由地面的约束条件提供的。

习题

7-1　如题图 7-1 所示的钟表机构中，S、M 及 H 分别代表秒钟、分钟及时钟，已知 $z_1 = 8$，$z_2 = 60$，$z_3 = 8$，$z_5 = 15$，$z_7 = 12$，齿轮 6 与齿轮 7 的模数相同，试求齿轮 4、6、8 的齿数。

7-2　如题图 7-2 所示的手动提升机构中，已知 $z_1 = z_3 = 18$，$z_2 = z_6 = 60$，$z_4 = 36$，试求 i_{16}，并指出提升重物时手柄的转向。

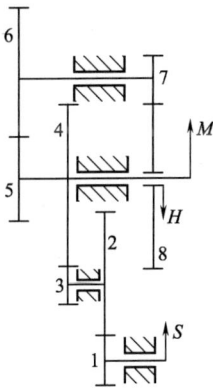

题图 7-1

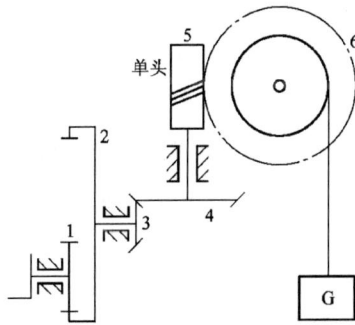

题图 7-2

7-3　如图 7-17 所示滚齿机工作台的传动系统中，$z_1 = 15$，$z_2 = 28$，$z_3 = 15$，$z_4 = 55$，$z_9 = 40$，若被加工齿轮的齿数为 64，试求 i_{75}。

7-4　如题图 7-3 所示为收音机短波调谐微动机构，已知 $z_1 = 99$，$z_2 = 100$，其中，齿轮 3 为宽齿，同时与齿轮 1、2 啮合。求当旋钮转动一圈时，齿轮 2 转过的角度。

7-5　如题图 7-4 所示为电动螺丝刀的传动系统简图。已知 $z_1 = z_4 = 7$，$z_3 = z_6 = 39$。当 $n_1 = 3000\text{r/min}$ 时，螺丝刀的转速是多少？

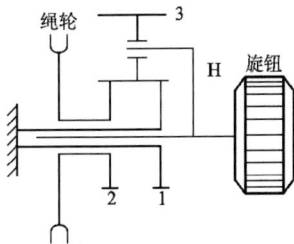

题图 7-3

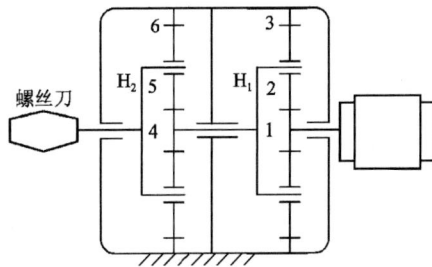

题图 7-4

7-6 如题图 7-5 所示的周转轮系中，已知各齿轮齿数为 $z_1 = 60$，$z_2 = 20$，$z_{2'} = 20$，$z_3 = 20$，$z_4 = 20$，$z_5 = 100$，试求传动比 i_{41}。

7-7 如题图 7-6 所示的周转轮系中，已知各齿轮齿数为 $z_1 = 26$，$z_2 = 32$，$z_{2'} = 22$，$z_3 = 80$，$z_4 = 36$，$n_1 = 300 \text{r/min}$，$n_3 = 50 \text{r/min}$，试求齿轮 4 的转速大小和方向。

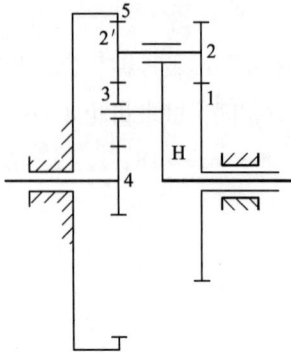

题图 7-5

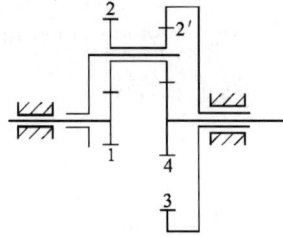

题图 7-6

7-8 如题图 7-7 所示为汽车自动变速器中的预选式行星轮系。已知各齿轮齿数为 $z_1 = z_2 = 30$，$z_3 = z_6 = 90$，$z_4 = 40$，$z_5 = 25$，轴 I 为主动轴，轴 II 为从动轴，S、P 为制动器，其传动有两种状态：

（1）S 压紧齿轮 3，P 处于松开状态；

（2）P 压紧齿轮 6，S 处于松开状态。

试求两种不同传动状态下的传动比 i_I、i_{II}。

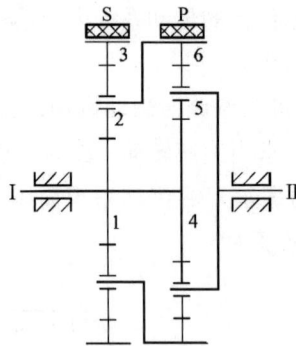

题图 7-7

第8章 其他常用机构及其应用

【知识要点】

1. 常用间歇机构的组成、工作原理、类型、特点及应用，包括棘轮机构、槽轮机构、不完全齿轮机构、凸轮式间歇运动机构。

2. 螺旋机构的组成及应用。

【知识探索】

1. 观察实际生活中哪些机器中使用了间歇运动机构，分别为哪种类型的间歇机构，如何进行工作？

2. 自行车骑行中，为何当脚踏反转时，仍能保持前进而不会后退？

为了满足生产过程中提出的不同要求，在机械中还会采用其他类型的机构，如间歇机构、螺旋机构、摩擦轮机构等。常用的间歇运动机构（主动件连续运动，从动件做周期性运动和停歇的机构）的类型很多，本章主要介绍较常用的间歇机构，包括棘轮机构、槽轮机构、不完全齿轮机构和凸轮间歇运动机构。其他形式的机构主要介绍螺旋机构、摩擦传动机构。

8.1 棘轮机构

8.1.1 棘轮机构的组成和工作原理

如图 8-1 所示的棘轮机构由棘轮 4、棘爪 3、止动爪 5 和机架组成。棘轮 4 与轴 1 固联，摇杆 2 空套在轴 1 上，可以自由摆动。当摇杆做逆时针方向摆动时，与摇杆铰接的棘爪 3 借助弹簧或自重插入棘轮齿槽，推动棘轮逆时针转过一定角度。若摇杆顺时针方向摆动时，由于止动爪 5 阻止棘轮顺时针转动，棘爪 3 沿棘轮齿背滑过，从而实现当摇杆往复摆动时，棘轮作单向间歇转动。

为了防止棘轮机构工作时，棘爪从棘轮齿槽中脱出，棘爪与棘轮齿接触处 A 点的法线 n—n 必须位于棘爪轴心 O_2 和棘轮轴心 O_1 之间，否则棘轮的反作用力将使棘爪从棘轮齿槽中脱出。

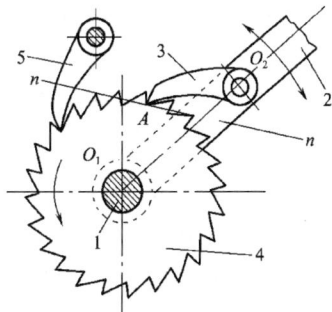

图 8-1 棘轮机构

8.1.2 棘轮机构的类型和特点

8.1.2.1 按结构分类

（1）齿式棘轮机构。如图 8-1 所示为单向齿式棘轮机构，其特点是结构简单、制造方便；转角准确、运动可靠；动程可在较大范围内调节；棘爪在齿背上的滑行引起噪音、冲击和磨损，故不适合用于高速。

如图 8-2 所示为双动齿式棘轮机构，主动摇杆上装有两个棘爪，绕 O_1 轴摆动，在其两个方向往复摆动的过程中分别带动棘爪推动或带动棘轮运动。

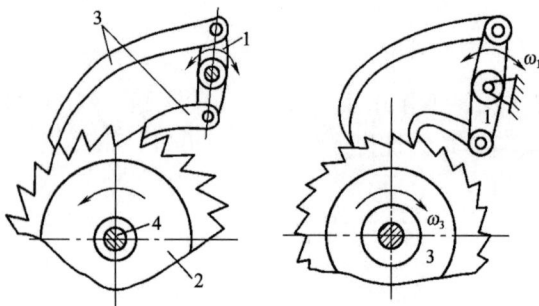

图 8-2　双动齿式棘轮机构

如图 8-3（a）所示为一双向齿式棘轮机构，该机构在摇杆上装有一双向棘爪 1，棘轮 2 的齿形为矩形当棘爪处于实线位置摆动时，棘轮沿逆时针方向做间歇转动；棘爪处于虚线位置摆动时，棘轮沿顺时针方向作间歇转动，从而实现棘轮作双向间歇转动。如图 8-3（b）所示为另一种双向棘轮机构，当棘爪 1 在图示位置时，棘轮 2 将沿逆时针方向做间歇运动。若将棘爪提起并绕自身轴线转 180° 后再插入棘轮齿中，则可实现沿顺时针方向的间歇运动。若将棘爪提起并绕本身轴线转 90° 后放下，架在壳体顶部的平台上，使轮与爪脱开，则当棘爪往复摆动时，棘轮静止不动。这种棘轮机构常应用在牛头刨床工作台的进给装置中。

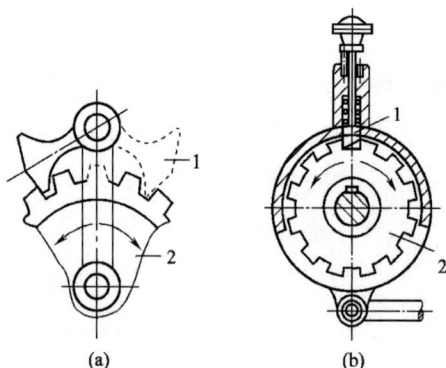

图 8-3　双向齿式棘轮机构

上述棘轮机构中，棘轮的转角都是相邻齿所夹中心角的倍数，也就是说，棘轮的转角是有级性改变的。如果要实现无级性改变，就需要采用无棘齿的棘轮。

（2）摩擦式棘轮机构。如图 8-4 所示的机构是通过棘爪 1 与棘轮 2 之间的摩擦力来传递运动的（构件 3 为制动棘爪），故称为摩擦式棘轮机构。这种机构传动较平稳，噪声小，但其接触表面间容易发生滑动，故运动准确性差。

8.1.2.2　按啮合形式分类

（1）外啮合形式。如图 8-1~图 8-4 所示的棘轮机构均属外啮合形式的棘轮机构。其棘爪和楔块都安装在从动轮外部。外啮合式棘轮机构应用较广。

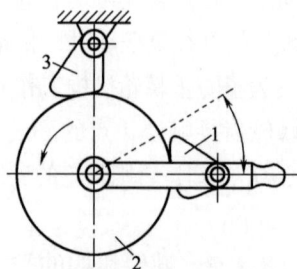

图 8-4　摩擦式棘轮机构

（2）内啮合形式。如图 8-5 所示为内啮合棘轮机构，其棘爪和楔块都安装在从动轮的内部。

（3）棘条形式。当棘轮的直径为无穷大时，就成为棘条机构，如图 8-6 所示，它可以获得间歇的直线运动，常用于千斤顶中。

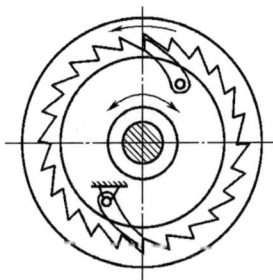

图 8-5　内啮合棘轮机构　　　　　　图 8-6　棘条机构

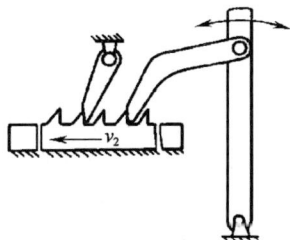

8.1.3　棘轮机构的应用

如图 8-7 所示的牛头刨床进给机构为第 1 章所述的牛头刨床中的主要机构，为了实现工作台的双向间歇送进，由齿轮机构、曲柄摇杆机构和双向棘轮机构组成了工作台横向进给机构。

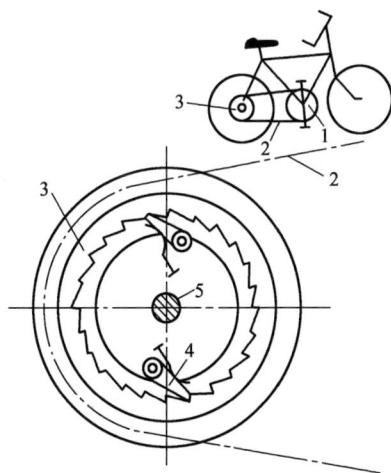

棘轮机构除了常用于实现间歇运动外，还能实现超越运动。如图 8-8 所示的自行车后轮轴上的内啮合棘轮机构，当脚蹬踏板时，经链轮 1 和链条 2 带动内圈具有棘轮的链轮 3 顺时针转动，再通过棘爪 4 的作用，使后轮轴 5 顺时针转动，从而驱使自行车前进。自行车前进时，如果令踏板不动，后轮轴 5 便会超越链轮 3 而转动，让棘爪 4 在棘轮齿背上滑过，从而实现不蹬踏板的自由滑行。

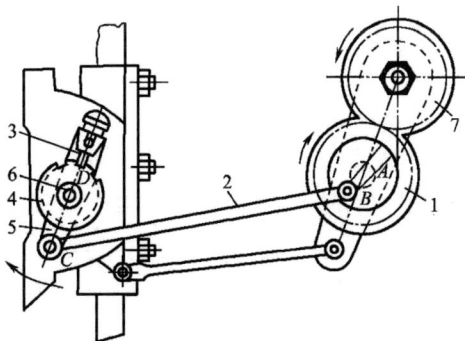

图 8-7　牛头刨床进给机构　　　　　　图 8-8　棘轮机构在自行车上的应用

8.2 槽轮机构

8.2.1 槽轮机构的组成和工作原理

如图8-9所示，槽轮机构是由具有径向槽的槽轮2、带有圆销 A 的拨盘1和机架组成的。

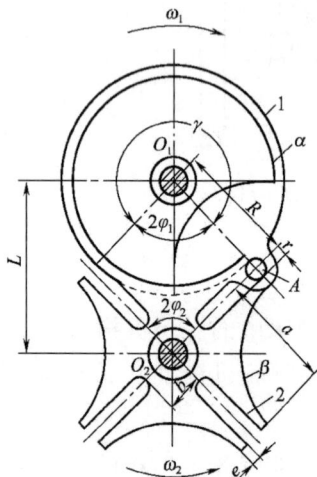

图8-9 外槽轮机构

拨盘1做匀速转动时，驱使槽轮2作周期性运动和停歇的间歇运动。拨盘1上的圆销 A 尚未进入槽轮2的径向槽时，由于槽轮2的内凹锁止弧 β 被拨盘1外凸圆弧 α 卡住，故槽轮2静止不动。图中所示位置是当圆销 A 开始进入槽轮2的径向槽时的情况。这时锁住弧被松开，因此槽轮2受圆柱销 A 驱使沿逆时针转动。当圆销 A 开始脱出槽轮的径向槽时，槽轮的另一内凹锁止弧又被拨盘1的外凸圆弧卡住，致使槽轮2静止不动，直到圆销 A 再进入槽轮2的另一径向槽时，两者又重复上述的运动循环。为了防止槽轮在工作过程中位置发生偏移，除上述锁止弧之外也可以采用其他专门的定位装置。

8.2.2 槽轮机构的类型和特点

槽轮机构主要分成平面槽轮机构和空间槽轮机构，平面槽轮机构又分为外槽轮机构（图8-9）和内槽轮机构（图8-10）。外槽轮机构的主、从动轮转向相反；内槽轮机构的主、从动轮转向相同。与外槽轮机构相比，内槽轮机构传动较平稳、停歇时间短、所占空间小。

槽轮机构的主要参数是槽数 z 和拨盘圆销数 K。如图8-9所示，为了使槽轮2在开始和终止转动时的瞬时角速度为零，以避免圆销与槽发生撞击，圆销进入或脱出径向槽的瞬时，槽的中心线 O_2A 应与 O_1A 垂直。设 z 为均匀分布的径向槽数目，则槽轮2转过 $2\varphi_2 = 2\pi/z$ 弧度时，拨盘啮合转角为：

$$2\varphi_1 = \pi - 2\varphi_2 = \pi - 2\pi/z$$

在一个运动循环内，槽轮2的运动时间 t_m 对拨盘1的运动时间 t 之比值 τ 称为运动特性系数。当拨盘1等速转动时，这个时间之比可用转角之比来表示。对于只有一个圆销的槽轮机构，t_m 和 t 分别对应于拨盘1转过的角度 $2\varphi_1$ 和 2π。因此其运动特性系数 τ 为：

$$\tau = \frac{t_m}{t} = \frac{2\varphi_1}{2\pi} = \frac{z-2}{2z} \tag{8-1}$$

为保证槽轮运动，其运动特性系数 τ 应大于零。由

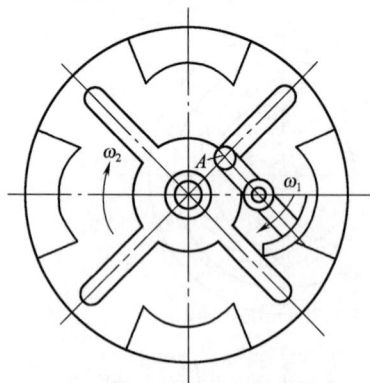

图8-10 内槽轮机构

式（8-1）可知，运动特性系数大于零时，径向槽的数目应大于或等于 3，但槽数 $z=3$ 的槽轮机构，由于槽轮的角速度变化很大，圆销进入或脱出径向槽的瞬间，槽轮的角加速度也很大，会引起较大的振动和冲击，所以很少应用。又由式（8-1）可知，这种槽轮机构的运动特性系数 τ 总是小于 0.5，即槽轮的运动时间总小于静止时间 t_a。

如果拨盘 1 上装有数个圆销，则可以得到 $\tau>0.5$ 的槽轮机构。设均匀分布的圆销数目为 K，则一个循环中，槽轮 2 的运动时间为只有一个圆销时的 K 倍，即：

$$\tau=\frac{K(z-2)}{2z} \tag{8-2}$$

运动特性系数 τ 还应小于 1（$\tau=1$ 表示槽轮 2 与拨盘 1 一样作连续转动，不能实现间歇运动），故由式（8-2）得：

$$K<2z/(z-2) \tag{8-3}$$

由式（8-3）可知，当 $z=3$ 时，圆销的数目可为 1~5；当 $z=4$ 或 5 时，圆销数目可为 1~3；而当 $z\geq6$ 时，圆销的数目可为 1 或 2。

槽数 $z>9$ 的槽轮机构比较少见，因为当中心距一定时，z 越大槽轮的尺寸也越大，转动时的惯性力矩也增大。另由式（8-1）可知，当 $z>9$ 时，槽数虽增加，τ 的变化却不大，起不到明显的作用，故 τ 常取为 4~8。

槽轮机构构造简单，制造容易，工作可靠，能准确控制转角，机械效率高，并且运动平稳。缺点是动程不可调节，转角不可太小，槽轮在起动和停止时加速度变化大、有冲击，随着转速的增加或槽轮数目的减少而加剧，因而不适用于高速。

8.2.3　槽轮机构的应用

槽轮机构在自动机床转位机构、电影放映机卷片机、提花织机等自动机械中得到广泛的应用。如图 8-11 所示为自动车床转塔刀架机构，当槽轮间歇运动时，转塔刀架间歇转动，实现工件加工中根据工艺需求变换刀具。如图 8-12 所示为间歇转位机构，槽轮机构可使传送链条实现非匀速的间歇移动，故可满足自动线上的流水装配作业。

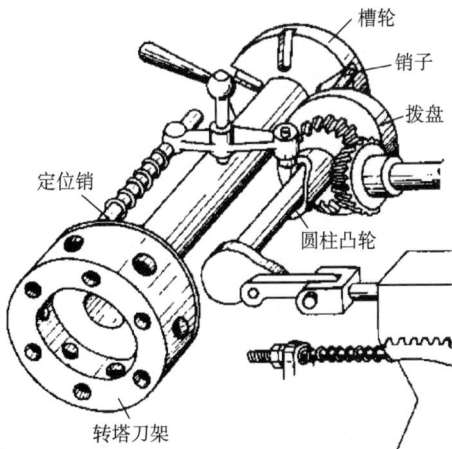

图 8-11　转塔刀架机构

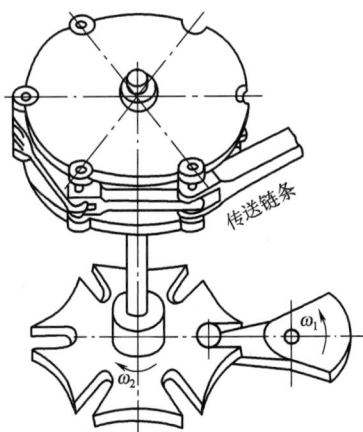

图 8-12　间歇转位机构

8.3 不完全齿轮机构

8.3.1 不完全齿轮机构的工作原理和类型

如图 8-13 所示为不完全齿轮机构。这种机构的主动轮 1 为只有一个齿或几个齿的不完全齿轮，从动轮 2 是由正常齿和带锁止弧的齿彼此相间组成的。主动轮 1 连续转动，当进入啮合时，从动轮 2 开始转动；当主动轮 1 的轮齿退出啮合时，由于两轮的凸、凹锁止弧的定位作用，从动轮 2 可靠停歇，从而实现了从动轮 2 的间歇运动。如图 8-13 所示的不完全齿轮机构，当主动轮 1 连续转过一圈时，从动轮 2 分别间歇地转过 1/8 圈和 1/4 圈。

不完全齿轮机构按啮合型式分为外啮合（图 8-13）、内啮合（图 8-14）以及不完全齿轮齿条机构（图 8-15）。

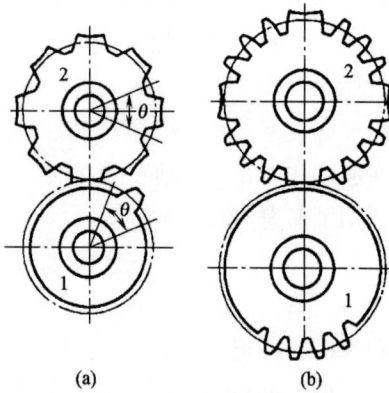

图 8-13 外不完全齿轮机构

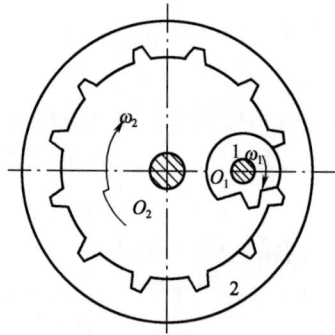

图 8-14 内不完全齿轮机构

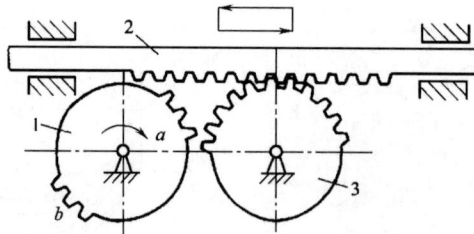

图 8-15 不完全齿轮齿条机构

8.3.2 不完全齿轮机构的特点和应用

不完全齿轮机构的优点是设计灵活，从动轮的运动角范围大，很容易实现一个周期中的多次动、停时间不等的间歇运动。缺点是加工复杂，在进入和退出啮合时速度有突变，引起冲击。因此，不完全齿轮机构不宜用于主动轮转速很高的场合。

不完全齿轮机构常应用于计数器、电影放映机和某些具有特殊运动要求的专用机械中。如图 8-16 所示的机构，主动轴Ⅰ上装有两个不完全齿轮 A 和 B，当主动轴Ⅰ连续回转时，从动轴Ⅱ能周期性地输出正转—停歇—反转运动。为了防止从动轮在停歇期间游动，应在从动轴上加设阻尼装置或定位装置。

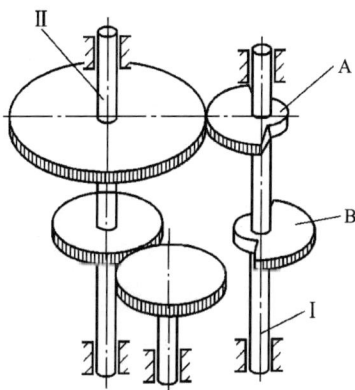

图 8-16 不完全齿轮机构的应用

8.4 凸轮式间歇运动机构

8.4.1 凸轮式间歇运动机构的组成和工作原理

凸轮间歇运动机构一般由主动凸轮、从动转盘和机架组成。

如图 8-17 所示为圆柱凸轮间歇运动机构，凸轮 1 呈圆柱形，滚子 3 均匀地分布在转盘 2 的端面，滚子中心与转盘中心的距离等于 R_2。

如图 8-18 所示为蜗杆凸轮间歇运动机构，凸轮形状同圆弧面蜗杆一样，滚子均匀地分布在转盘的圆柱面上，犹如蜗轮的齿。这种凸轮间歇运动机构可以通过调整凸轮与转盘的中心距来消除滚子与凸轮接触面间的间隙，以补偿磨损。

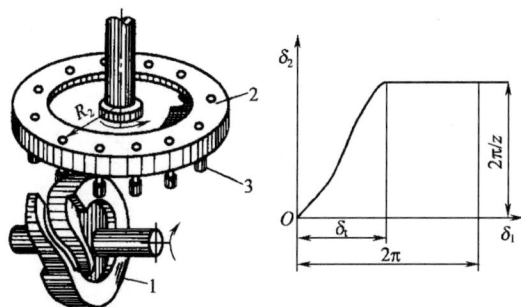

图 8-17 圆柱凸轮间歇运动机构

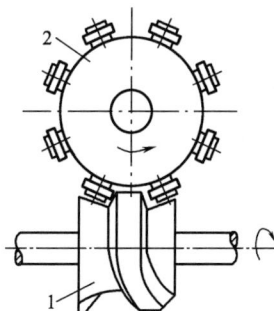

图 8-18 蜗杆凸轮间歇运动机构

8.4.2 凸轮式间歇运动机构的特点和应用

凸轮式间歇运动机构的优点是运转可靠、传动平稳、定位精度高，适用于高速传动，转盘可以实现任何运动规律，还可以通过改变凸轮推程运动角来得到所需要的转盘转动与停歇时间的比值。

凸轮间歇运动机构常用于传递交错轴间的分度运动和需要间歇转位的机械装置中。

8.5 螺旋机构

8.5.1 螺旋机构的工作原理和类型

螺旋机构是由螺杆、螺母和机架组成。一般情况下，螺旋机构是将旋转运动转换为直线运动。如图 8-19 所示，螺杆 1 旋转使螺母 2 沿轴向运动。图 8-19 （a）中 A 处是转动副，图 8-19 （b）中 A 处是螺旋副，因此，当两个螺旋机构的螺杆 1 转速相同时，螺母 2 的位移不同。

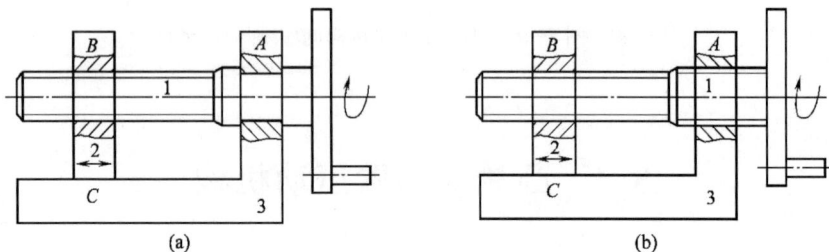

图 8-19　螺旋机构

螺旋机构按其用途可分为传力螺旋、传导螺旋、调整螺旋。传力螺旋以传递动力为主；传导螺旋以传递运动为主；调整螺旋用作调整并固定零部件间的相对位置。

螺旋机构按其螺旋副内的摩擦性质不同可分为滑动螺旋和滚动螺旋。滑动螺旋的螺杆与螺母面直接接触，摩擦状态为滑动摩擦；滚动螺旋如图 8-20 所示，螺杆与螺母滚道间有滚动体，当螺杆或螺母转动时，滚动体在螺纹滚道内滚动，使螺杆和螺母为滚动摩擦，提高了传动效率和传动精度。

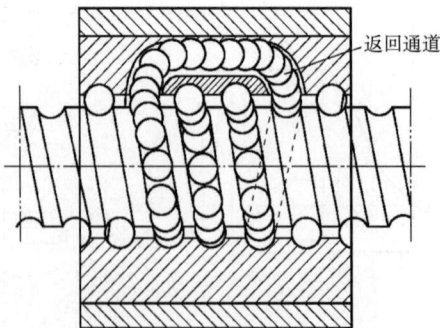

图 8-20　滚动螺旋机构

8.5.2 螺旋机构的特点和应用

螺旋机构结构简单、制造方便、运动准确，能获得很大的降速比和力的增益，工作平稳、无噪声，合理选择螺纹导程角可具有自锁作用，但传动效率低，需要有反向机构才能反向运动。

螺旋机构应用广泛，如图 8-21 所示的加紧机构，螺杆 3 的 A 端为右旋螺纹，B 端为左旋螺纹，通过螺母使两个卡爪 1 和 2 同步张合夹紧工件 5。可用于螺旋起重机、螺旋压力机、机床进给机构等。

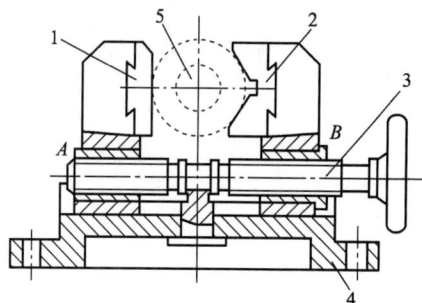

图 8-21 螺旋加紧机构

8.6 摩擦传动机构

8.6.1 摩擦传动机构的工作原理和类型

摩擦传动机构由两个相互压紧的摩擦轮、压紧装置及机架组成，其依靠接触面间的摩擦力传递运动和力。摩擦传动机构分为圆柱平摩擦传动机构（图 8-22）、圆锥摩擦传动机构（图 8-23）、滚轮圆盘式摩擦传动机构（图 8-24）和滚轮圆锥式摩擦传动机构（图 8-25）。

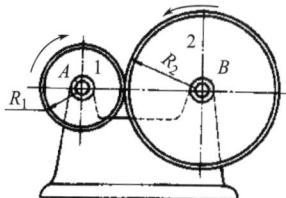

图 8-22 圆柱平摩擦传动机构

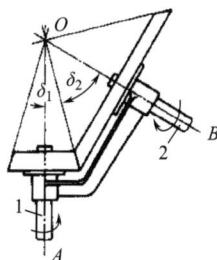

图 8-23 圆锥摩擦传动机构

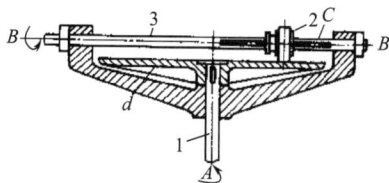

图 8-24 滚轮圆盘式摩擦传动机构

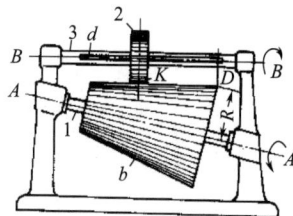

图 8-25 滚轮圆锥式摩擦传动机构

8.6.2 摩擦传动机构的特点和应用

摩擦传动机构的优点是结构简单、制造容易、运转平稳、过载打滑（起保护作用）、能无级改变传动比，因而有较大的应用范围。但由于运转中有滑动，传动效率低、结构尺寸较大、作用在轴和轴承上的载荷大等缺点，故只适用于传递动力较小的场合。

习题

8-1 常用间歇运动机构有哪几种？请说明其优缺点和适用场合。

8-2 棘轮机构中棘爪的轴心位置应如何安排？

8-3 何谓为槽轮机构的运动系数？它与槽轮的槽数有何关系？槽轮的槽数常取多少？

8-4 设计一槽轮机构，要求槽轮的运动时间等于停歇时间，试选择槽轮的槽数和拨盘的圆销数。

第9章　机械平衡与机械运转调速

【知识要点】

1. 机械平衡的基本类型。

2. 刚性转子静、动平衡的设计及其平衡试验。

3. 机械运转过程及周期性、非周期性速度波动的调节方法。

【知识探索】

1. 排除安装与使用因素，分析电动机内的转子的不平衡对电动机运转性能的影响。

2. 查阅资料了解机械中的"飞车"现象。

机械在运转过程中，运动构件会产生不平衡的惯性力。同时，运转速度也可能随外力产生的周期性或非周期性的波动。这些都会导致机械振动，降低机械系统的效率和使用寿命。因此，有必要对它们进行分析和研究。

9.1　机械平衡的目的和内容

9.1.1　机械平衡的目的

机械在运转过程中，运动构件产生惯性力，惯性力作用在运动副，对运动副会产生附加的动压力，从而使构件的内应力及运动副中的摩擦增加，加剧运动副的磨损，降低机械效率和机器的使用寿命。同时，这些惯性力一般都是随着机器的运转周期呈周期性的变化，使机械及其基础产生强迫振动。这种振动不仅会降低机械的精度和可靠度，还会产生噪声污染。而且当振动频率接近机械的固有频率时，则会引起共振，不仅会影响到机械本身，甚至影响或破坏附近的工作机械和建筑，危及人员安全。特别是对于高速、重载或精密仪器，这个问题尤其重要。

机械平衡的目的就是设法平衡构件的惯性力，以消除或减少它所产生的不良影响，改善机械的工作性能，提高机械效率，延长机械使用寿命。机械的平衡对机械特别是精密机械和高速运转机械具有重要意义。

9.1.2　机械平衡的内容

机械中，各运动构件的结构和运动形式是不同的，因此惯性力的产生和平衡惯性力的方法也不同。机械的平衡问题可以分为以下两类。

9.1.2.1 转子的平衡

一般在机械中，绕某一固定轴线旋转的构件统称为转子，如离心压缩机、汽轮发电机、风机、水轮机和燃气轮机等机器，都是以转子作为工作主体。当转子的质量分布不均匀，或者由于制造误差而造成质心与回转轴线不重合时，在运转过程中将会产生离心惯性力，这种不平衡惯性力可以通过在转子上增加或除去部分质量的办法进行平衡。这类转子又分为刚性转子和挠性转子。当转子速度低于第一临界转速时，其所产生的弹性变形可以忽略，称为刚性转子。刚性转子的平衡问题按照理论力学中的力系平衡进行。如果只要求惯性力平衡，则称为静平衡；如果不仅要求惯性力平衡，同时要求惯性力引起的惯性力矩平衡，则称为动平衡。当转子速度大于第一临界转速、质量和跨度较大的情况下，其旋转轴线的弯曲变形已不能忽略，则称为挠性转子。挠性转子的平衡原理是基于弹性梁的横向振动理论。由于挠性转子的平衡问题比较复杂，需作专门研究，故本章主要介绍刚性转子的平衡问题。

9.1.2.2 机构的平衡

机械中作往复移动或平面运动的构件，其所产生的惯性力和惯性力矩不能通过调整构件的质量大小或改变构件质量分布得到平衡，但是对整个机构，所有构件的惯性力和惯性力矩可以合成为一个总惯性力和总惯性力矩，设法平衡或部分平衡这个总惯性力和总惯性力矩，减少附加动压力和振动，称为机构的平衡。

机械平衡的研究方法可分为计算法和试验法两种。计算法主要用于各平衡质量和质心位置已知的情况；试验法主要用于各平衡质量大小和质心位置未知的情况，或者由于安装制造误差达不到预期效果时。

9.2　刚性转子的平衡设计

9.2.1　刚性转子的静平衡设计

9.2.1.1 静平衡概念

对于宽径比 $b/D \leqslant 0.2$ 的转子，如凸轮、齿轮、链轮、砂轮等，其质量可以近似认为分布在同一平面内。若盘状转子质心与回转轴线不重合，旋转后偏心质量会产生惯性力。这种不平衡在转子静态时能够表现出来，所以称为静不平衡。刚性转子的静平衡设计就是通过在转子上增加或者减少质量，从而使刚性转子的质心与回转轴线重合，消除或减少惯性力的影响。

9.2.1.2 静平衡设计

如图 9-1（a）所示，设有一盘状转子由于某些原因（如凸台、孔等），具有偏心质量 m_1、m_2、m_3，它们的回转半径分别为 r_1、r_2、r_3，方向如图所示。当转子的角速度为 ω 时，各偏心质量所产生的离心惯性力分别为：

$$F_1 = m_1 \omega^2 r_1$$
$$F_2 = m_2 \omega^2 r_2 \qquad\qquad (9-1)$$
$$F_3 = m_3 \omega^2 r_3$$

式中，r_1、r_2、r_3 分别表示各偏心质量的矢径。

为了平衡这些离心惯性力，可在转子上加一平衡质量 m_b，使其所产生的惯性力 F_b 与 F_1、F_2、F_3 相平衡，即平衡的条件为：

$$F_b + F_1 + F_2 + F_3 = 0 \tag{9-2}$$

设平衡质量 m_b 的回转半径为 r_b，则：

$$F_b = m_b \omega^2 r_b \tag{9-3}$$

故由式（9-2）可得：

$$m_b \omega^2 r_b + m_1 \omega^2 r_1 + m_2 \omega^2 r_2 + m_3 \omega^2 r_3 = 0$$

即：

$$m_b r_b + m_1 r_1 + m_2 r_2 + m_3 r_3 = 0 \tag{9-4}$$

式（9-4）中质量 m 与矢量半径 r 的乘积称为质径积，说明若要使得刚性转子平衡，各不平衡质量的质径积的欠量和等于零。转子上增加的平衡质量的质径积 $m_b r_b$ 可以用图解法求得，如图9-1（b）所示，选定比例尺 μ，从任意点 a 开始按矢径 r_1、r_2、r_3 的方向连续作矢量 $\vec{ab}$、$\vec{bc}$、$\vec{cd}$，分别代表各不平衡质量的质径积 $m_1 r_1$、$m_2 r_2$、$m_3 r_3$ 得：

$$m_b r_b = \mu \cdot \vec{da} \tag{9-5}$$

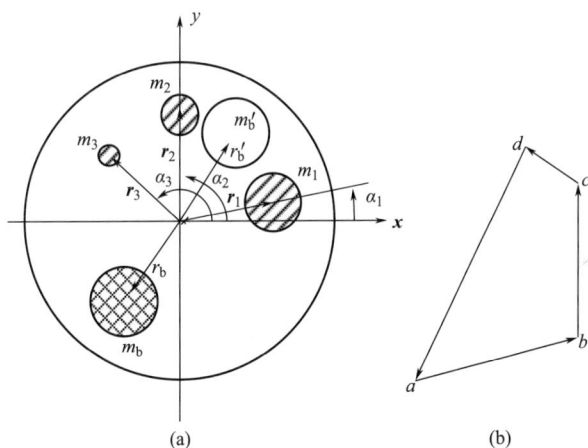

图 9-1 静平衡设计

当平衡质量的半径 r_b 根据转子结构确定后，则可由式（9-5）求出平衡质量的大小，方位由矢径 r_b 确定。一般在结构允许的情况下，尽可能选择较大的平衡半径。也可以在 r_b 的反方向 r_b' 处除去一平衡质量 m_b'，使 $m_b r_b = m_b' r_b'$，也能使转子平衡。

根据以上分析可知，对于静不平衡转子，无论其存在多少个不平衡质量，都只需要在同一个平面内增加或除去一个平衡质量即可使转子得到平衡，所以转子的静平衡也称为单面平衡。

【思考题】

如何快速判定齿轮或砂轮是否静平衡？

9.2.2　刚性转子的动平衡设计

9.2.2.1　动平衡概念

对于宽径比 $b/D>0.2$ 的转子，如机床主轴、曲轴等，其偏心质量往往沿轴线分布在一定宽度内的不同平面内，如图9-2所示的曲轴。这种情况下，即使回转件的质心与回转轴线相重合，如图9-3所示的凸轮轴，但由于其运转时各偏心质量所产生的离心惯性力分布在不同的平面内，因而会形成惯性力矩，其作用方向也随转子的运转而发生变化，也会造成机械的不平衡。这种不平衡现象只有在转子运转时才会表现出来，所以称为动不平衡。对转子进行动平衡，不仅要使各偏心质量产生的总离心惯性力为零，也必须使其产生的总惯性力矩为零。

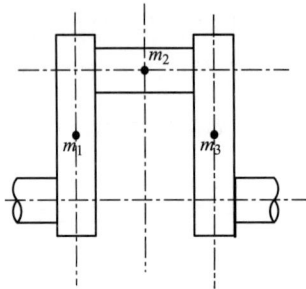
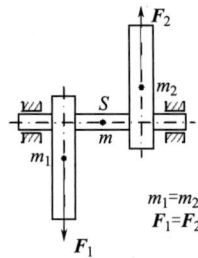

图9-2　曲轴　　　　　图9-3　凸轮轴

9.2.2.2　动平衡设计

由理论力学知识可知，一个力可以分解为两个平行的分力，如图9-4所示，力 F 可以分解为平行平面 Ⅰ 内的力 $F_Ⅰ$ 和平行平面 Ⅱ 内的力 $F_Ⅱ$，其大小分别为：

$$F_Ⅰ=F(L-l)/L，\quad F_Ⅱ=Fl/L \tag{9-6}$$

在进行动平衡设计时，先确定两个平衡基面，然后将不同回转平面内的各偏心质量所形成的惯性力分解到两个平衡基面内，这样就可以将空间力系转化为平衡平面内的平面汇交力系，最后按照静平衡的计算即可。

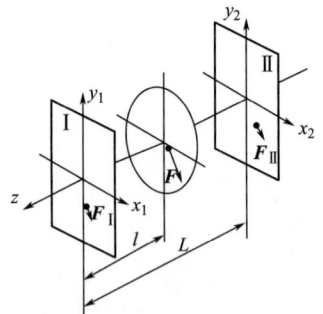

如图9-5所示为一轴向尺寸较长的转子，假设其偏心质量 m_1、m_2 和 m_3 分别分布在回转平面1、2、3内，它们的回转半径分别为 r_1、r_2、r_3，方向如图所示。当转子的角速度为 ω 时，它们所产生的惯性力分别为 F_1、F_2 和 F_3，且为一空间力系，若要使转子平衡，必须同时满足以下两个条件：

$$\sum F=0，\quad \sum M=0 \tag{9-7}$$

图9-4　空间平行力系

将力 F_1、F_2、F_3 分别分解到两个平衡基面 Ⅰ、Ⅱ 内，即将 F_1、F_2、F_3 分解为 $F_{1Ⅰ}$、$F_{2Ⅰ}$、$F_{3Ⅰ}$（在平衡基面 Ⅰ 内）和 $F_{1Ⅱ}$、$F_{2Ⅱ}$、$F_{3Ⅱ}$（在平衡基面 Ⅱ 内），只要在平衡基面 Ⅰ、Ⅱ 上分别加上或除去一合适的平衡质量 $m_{bⅠ}$ 和 $m_{bⅡ}$，使得两个平衡基面内的离心惯性力之和等于零，转子即可达到动平衡。平衡基面 Ⅰ、Ⅱ 内的平衡计算完全同静平衡的计算方法。

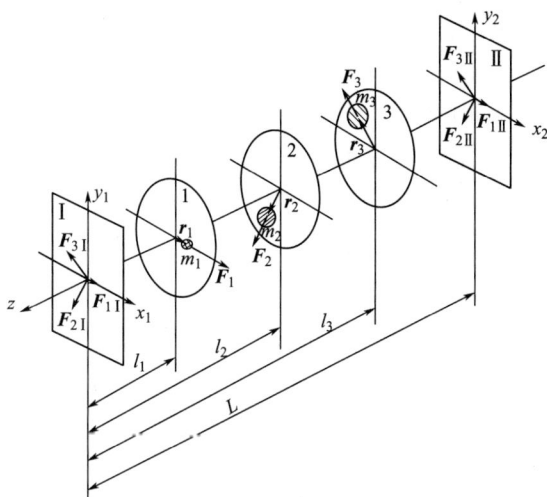

图 9-5　动平衡力学模型

由以上分析可知，对于偏心质量不在同一平面内的转子，只要在两个平衡基面内加上或除去适当的平衡质量就可以满足转子动平衡，所以在工业上动平衡又称为双面平衡。考虑到力矩平衡的效果，在选择平衡基面时，两个平衡基面之间的距离应大些较好。显然，动平衡条件也包含了静平衡条件，所以动平衡的转子一定是静平衡的，但是静平衡的转子不一定动平衡。

【思考题】

经过动平衡的转子是否一定静平衡？为什么？

9.2.3　刚性转子的平衡试验

设计中已经考虑到转子的平衡，但在实际工作中，由于转子材料分布不均匀、制造误差、安装误差等，仍然会有不平衡质量存在。这时，不平衡质量的大小和位置是不可获知的，因此只能通过试验方法对其进行平衡校正。

9.2.3.1　静平衡试验

转子静平衡试验是利用静平衡试验机装置找出不平衡质量所处的位置，通过逐步添加平衡质量的方法使转子的质心重新移到回转轴中心上，以达到转子静平衡。如图 9-6 所示为转子静平衡试验仪，将转子放在两个相互平行且摩擦很小的水平导轨上，若存在不平衡质量，则在重力力矩的作用下使转子在轨道上转动，直至转子质心位于最低位置为止，由此可以确定不平衡质量的方位。这时，在质心的相反方向加上一块平衡质量，随意拨动转子滚动，经过几次反复的试加平衡质量，若转子能够在任意方位保持静止，则完成转子的静平衡试验。这时所加的平衡质量与其矢径的乘积就是该转子达到平衡的质径积。

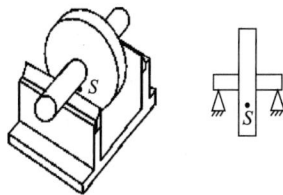

图 9-6　静平衡试验仪

9.2.3.2　动平衡试验

转子动平衡试验一般需要在专门的动平衡试验机上进行。动平衡试验机的形式很多，结构和工作原理也不相同。一般动平衡试验机的主要组成部分有驱动系统、支承系统、测量系统和校正系统。通常采用的动平衡试验的原理是在转子旋转的状态下，测振传感器测量不平衡量在两个平衡基面内所产生的振动量的大小和方位，并将振动量转换为电信号，测试仪器对信号进行处理和放大，最终在仪表上显示不平衡量的大小和方位。

图9-7所示为一种电测式动平衡试验机的工作原理示意图。被试验转子4放在两个弹性支承上，由电动机1、带传动2和万向联轴器3组成的驱动系统驱动。试验时，当驱动系统带动转子运转时，转子的不平衡质量产生的离心惯性力使弹性支承产生振动，传感器5和9分别测得两个基面Ⅰ和Ⅱ的振动量的大小，并且转换为电信号。测量系统将两个电信号同时加到解算电路6进行信号处理，消除两个基面信号间的相互影

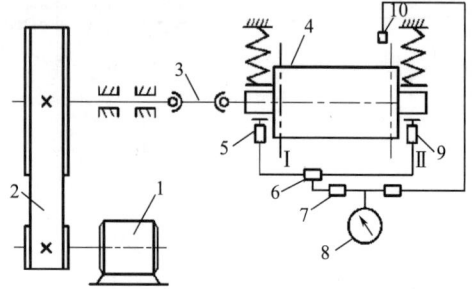

图9-7　动平衡试验机工作原理

响，再经过信号放大电路和选频放大器7，由仪表8显示出该基面不平衡质径积的大小。同时将放大后的电信号转换为方波信号，再经过微分得到负脉冲去触发闪光管10，使其闪光频率与转子的频率相同，即闪光灯每次照射的位置为转子的同一位置，从而可以确定转子一个平衡基面不平衡质量的方位。然后用选择开关可以对另一平衡基面进行平衡。

对于一些尺寸较大或者在热状态下工作的转子，在平衡机上进行平衡就变得非常困难，只能进行整机现场平衡。即现场直接测量机器中转子支架的振动，确定不平衡量的大小和方位，并进行校正。

9.2.4　刚性转子的许用不平衡量

转子要达到完全平衡是不可能的，经过平衡试验的转子，总是有剩余不平衡量。实际生产中只要能够满足实际工作要求，是允许存在一定的不平衡余量。

转子的许用不平衡量表示方法有两种，一种是以残存的不平衡量的绝对值表示，称为许用不平衡质径积 $[mr]$（单位：$g \cdot m$）；另一种是以残存的不平衡量的相对值表示，称为许用不平衡偏心距 $[e]$（单位：μm）。两种表示方法之间的关系为：

$$[e]=[mr]/m \tag{9-8}$$

从式（9-8）可知，许用不平衡偏心距单位质量的不平衡量，它是一个与质量无关的绝对量。一般情况下，用 $[mr]$ 表示具体转子的不平衡量大小，用 $[e]$ 表示平衡精度。

各种典型转子的许用不平衡量可以参考相应转子的推荐数值来确定 $[mr]$。对于静不平衡的转子，许用不平衡量可以直接用 $[mr]$；对于动不平衡转子，求出许用不平衡量 $[mr]$ 后，还应将其分配至两个平衡基面上。

【思考题】

对于动不平衡转子，许用不平衡量为什么要分配至两个平衡基面？

9.3　机械的运转及其速度波动调节

9.3.1　机械中的作用力和机械的运转过程

在研究机构的运动分析和力分析时，一般假设原动件做匀速运动。而在机械实际工作中，原动件的运动规律是由作用在构件上的外力、各构件的质量、转动惯量以及原动件位置等决定的，其运动参数（位移、速度、加速度）往往都是随时间变化的，即机械运转过程中速度会发生波动。这种速度波动会在运动副中产生附加的动压力，并引起机械的振动，降低机械的寿命、效率和工作质量。因此必须对机械运转速度的波动及其调节的方法加以研究，使速度波动的程度限制在许可的范围内。

9.3.1.1　机械中的作用力

当忽略机械中各构件的重力以及运动副中的摩擦力时，作用在机械上的力可分为工作阻力和驱动力两大类。力（或力矩）与运动参数（位移、速度、时间等）之间的关系通常称为机械特性。

（1）工作阻力。

工作阻力指机械工作时需要克服的工作负荷，它取决于机械的工艺特点。有些机械在某段工作过程中，工作阻力近似为常数（如车床车削外圆的切削力）；有些机械的工作阻力是执行构件位置的函数（如曲柄压力机活塞的压力）；还有一些机械的工作阻力是执行构件速度的函数（如鼓风机、搅拌机等）；也有极少数机械，其工作阻力是时间的函数（如揉面机、球磨机等）。

（2）驱动力。

驱动力指驱使原动件运动的力，其变化规律取决于原动机的机械特性。如蒸汽机、内燃机等原动机，其输出的驱动力是活塞位置的函数。电动机输出的驱动力矩是电机转子角速度的函数。如图 9-8 所示，电动机机械特性曲线的稳定运转阶段可以用一条通过 N 点和 C 点的直线近似代替。其中，B 点 $=M_{max}$（最大的驱动力矩），ω_{min}（最小的角速度）；N 点 $=M_n$（电动机的额定转矩），ω_n（电动机的额定角速度）；C 点 $=$ 所对应的角速度 ω_0 为电动机的同步角速度，这时的电动机的转矩 M_0 为零。

$$M_d = M_n(\omega_0 - \omega)/(\omega_0 - \omega_n) \tag{9-9}$$

图 9-8　感应交流电动机机械特性

式中，M_n、ω_0、ω_n 可由电动机产品目录中查出。

9.3.1.2　机械的运转过程

根据能量守恒定律，机械在运转过程中的任一时间间隔内，作用在其上的驱动力所做的功与阻力所做的功之差等于机械动能的增加，即：

$$W_d - (W_r + W_f) = W_d - W_c = E_2 - E_1 \tag{9-10}$$

式中，W_d 为驱动力所做的功，即输入功；W_r、W_f 分别为克服工作阻力和有害阻力（主要是

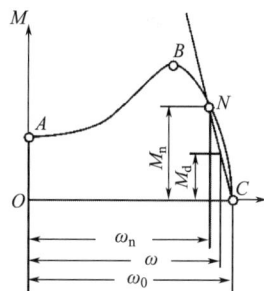

摩擦力）所需的功，两者之和（$W_r + W_f$）为总耗功 W_c；E_1、E_2 分别为机械系统在该时间间隔开始和结束时的动能。（$W_d - W_c$）的值不同，机械运转的状态也不同，一般可分为起动阶段、稳定运转阶段和停车阶段。

机械的运转从开始到停止的全过程如图9-9所示。

（1）起动阶段。

原动件的速度从零逐渐上升到开始稳定的过程。这个阶段，原动件加速运转，此阶段内驱动力所做的功大于总耗功，即：

$$W_d - W_c = E_2 - E_1 > 0 \qquad (9-11)$$

（2）稳定运转阶段。

原动件速度保持常数（称匀速稳定运转）或在正常工作速度的平均值上下做周期性的

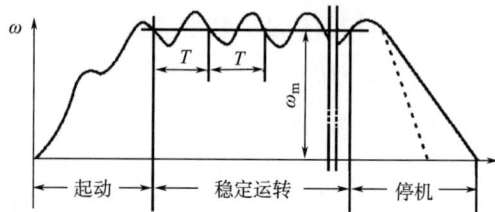

图9-9　机械运转的全过程

速度波动（称变速稳定运转），这也是机器的正常工作阶段。这个阶段，原动件的平均速度 ω_m 保持稳定，或因外力等因素的变化而瞬时速度产生周期性的波动或非周期性波动。图9-9中，T 为稳定运转阶段速度波动的周期，ω_m 为原动件的平均角速度。在稳定运转阶段，若机械作变速稳定运转，则每一个运动周期的末速度等于初速度，输入功等于总耗功，即：

$$W_d - W_c = E_2 - E_1 = 0 \qquad (9-12)$$

但在一个周期内任一瞬时，输入功与总耗功不一定相等。若机械系统作匀速稳定运转，则在任一时间输入功总是等于总耗功。

（3）停车阶段。

撤去驱动力，即 $W_d = 0$，在阻抗力（制动力）作用下，原动件速度从正常工作速度值下降到零，机械系统动能逐渐减小，即：

$$E_1 - W_c < 0 \qquad (9-13)$$

当机械所具有的动能消耗完时，机械则停止运转。

9.3.2　机械速度波动及其调节

如前所述，机械在运转过程中，由于其上所作用的外力或力矩的变化，会导致机械运转速度的波动。过大的速度波动对机械的工作是不利的。因此，在机械系统设计阶段，设计者就应采取措施，设法降低机械运转的速度波动程度，将其限制在许可的范围内，以保证机械的工作质量。

9.3.2.1　周期性速度波动的调节

机械是在外力（驱动力和阻力）作用下运转的。许多机械在运转时，由于外力的变化或者机械结构变化的原因，在任一瞬时驱动功与阻力功并不总是相等。图9-10所示为机械在稳定运转的一个周期 φ_r 内所受等效力矩随主轴转角 φ 的变化曲线，其中 M_d 为等效驱动力矩，M_r 为等效阻抗力矩。当主轴转过 φ 角时，作用在机械上的驱动功和阻抗功之差值为：

$$\Delta W = \int_{\varphi_0}^{\varphi} \left[M_{ed}(\varphi) - M_{er}(\varphi) \right] d\varphi \qquad (9-14)$$

ΔW 为正值时称为盈功，ΔW 为负值时称为亏功。图 9-10 所示为 ΔW 和机械的动能增量 ΔE 对应主轴转角 φ 的变化曲线。当亏功时机械的动能增量 ΔE 减小，主轴角速度 ω 下降，当盈功时机械的动能增量 ΔE 增加，主轴角速度 ω 上升。在一个周期 φ_r 内驱动力矩 M_{ed} (φ) 与阻力矩 M_{er} (φ) 所作功相等，则机械动能的增量等于零。

（1）周期性速度波动的评价指标。

如果一个周期内机械主轴角速度的变化如图 9-11 所示，其最大和最小角速度分别为 ω_{max} 和 ω_{min}，则在周期 φ_r 内的平均角速度 ω_m 为：

$$\omega_m = \frac{1}{2}(\omega_{max} + \omega_{min}) \qquad (9-15)$$

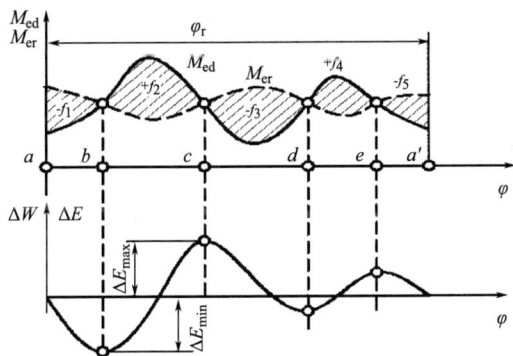

图 9-10 机械等效力矩与机械动能的变化曲线　　　图 9-11 机械一个周期的速度变化

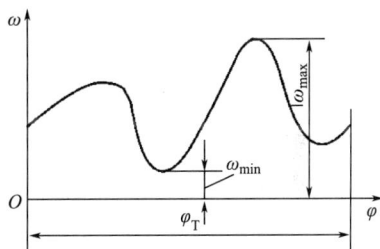

机械速度波动的程度仅用 ($\omega_{max} - \omega_{min}$) 表示是不够的。平均角速度 ω_m 衡量速度波动程度的一个重要指标。综合考虑这两方面的因素，采用角速度的变化量和其平均角速度的比值来反映机械运转的速度波动程度，这个比值用 δ 表示，称为速度波动系数，或速度不均匀系数。

$$\delta = \frac{\omega_{max} - \omega_{min}}{\omega_m} \qquad (9-16)$$

由式（9-15）、式（9-16）可知，不均匀系数越小，机械运转的速度波动越小。

不同类型的机械，所允许的波动程度是不同的，表 9-1 给出了几种常用机械的许用速度波动系数 [δ]，供设计时参考。为了使所设计的机械系统在运转过程中速度波动在允许范围内，设计时应保证 $\delta \leq$ [δ]。

表 9-1 常用机械运转速度波动系数的许用值 [δ]

机械的名称	[δ]	机械的名称	[δ]
碎石机	1/5~1/20	水泵、鼓风机	1/30~1/50
冲床、剪床	1/7~1/10	造纸机、织布机	1/40~1/50
轧压机	1/10~1/25	纺纱机	1/60~1/100
汽车、拖拉机	1/20~1/60	直流发电机	1/100~1/200
金属切削机床	1/30~1/40	交流发电机	1/200~1/300

（2）周期性速度波动的调节方法。

为了减少机械运转时的周期性速度波动，通常所采用的方法是在机械的转动构件上安装飞轮，即在机械系统中安装一个具有较大转动惯量的盘状零件。由于飞轮转动惯量很大，当机械运转过程中，当 $W_d > W_c$ 时，飞轮可以将机械系统多余的能量以动能的形式储存起来，从而使主轴角速度上升的幅度减小；反之，当 $W_d < W_c$ 时，飞轮又可释放出其储存的能量，以弥补机械系统能量的不足，从而抑制主轴角速度的波动。从这个意义上讲，飞轮在机械中的作用，相当于一个能量储存器。

飞轮调节周期性速度波动的基本原理如图 9-10 所示，该机械系统在 b 点处具有最小的动能增量 ΔE_{min}，它对应于最大的亏功 ΔW_{min}，其值等于图 9-10 中的阴影面积 $(-f_1)$；而在 c 点，机械具有最大的动能增量 ΔE_{max}，它对应于最大的盈功 ΔW_{max}，其值等于图 9-10 中的阴影面积 f_2 与阴影面积 $(-f_1)$ 之和。两者之差称为最大盈亏功，用 $[W]$ 表示。

$$[W] = \Delta W_{min} - \Delta W_{max} = \int_{\varphi_a}^{\varphi_{a'}} (M_{ed} - M_{er}) \, d\varphi \tag{9-17}$$

设机械系统的等效转动惯量为 J_e，安装的飞轮的等效转动惯量为 J_F，则根据动能定理可得：

$$[W] = \Delta E_{max} - \Delta E_{min} = \frac{1}{2}(J_e + J_F)(\omega_{max}^2 - \omega_{min}^2) = (J_e + J_F)\omega_m^2 \delta \tag{9-18}$$

在设计机械时，为了保证安装飞轮后机械速度波动的程度在工作许可的范围内，应满足 $\delta \leq [\delta]$，若 $J_e \ll J_F$，则 J_e 通常可忽略不计，则：

$$\delta \approx \frac{[W]}{J_F \omega_m^2} \leq [\delta] \tag{9-19}$$

即飞轮的转动惯量应满足式（9-20）的条件：

$$J_F \geq \frac{[W]}{\omega_m^2[\delta]} \tag{9-20}$$

若将上式中的平均角速度 ω_m 用平均转速 n（r/min）取代，则有：

$$J_F \geq \frac{900[W]}{\pi^2 n^2[\delta]} \tag{9-21}$$

显然，忽略 J_e 后算出的飞轮转动惯量将比实际需要的大，从满足运转平稳性的要求来看是趋于安全的。

分析式（9-21）可知：

① 当 $[W]$ 与 n 一定时，若加大飞轮转动惯量，则机械的速度波动系数将下降，起到减小机械速度波动的作用，达到调速的目的；但是如果 $[\delta]$ 值取得很小，飞轮转动惯量就会很大，而且 J_F 是一个有限值，若过分追求机械运转速度的均匀性，将会使飞轮过于笨重。

② 当 $[W]$ 与 $[\delta]$ 一定时，J_F 与 n 的平方值成反比，所以为减小飞轮转动惯量，最好将飞轮安装在机械的高速轴上。

如图 9-12 所示，轮形飞轮由轮毂、轮辐和轮缘三部分组成。由于与轮缘相比，其他两部分的转动惯量很小，因此，一般可略去不计。这样简化后，实际的飞轮转动惯量稍大于要求的转动惯量。若设飞轮外径为 D_1，轮缘内径为 D_2，轮缘质量为 m，则轮缘的转动惯量为：

$$J_F \geq \frac{m}{8}(D_1{}^2 + D_2{}^2) \qquad (9-22)$$

当轮缘厚度 H 不大时，可近似认为飞轮质量集中于其平均直径 D 的圆周上，于是得：

$$J_F \geq \frac{mD^2}{8} \qquad (9-23)$$

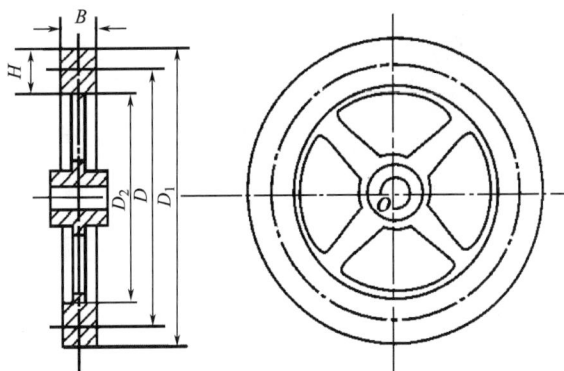

图 9-12 飞轮的结构

式中，mD^2 称为飞轮矩，其单位为 kg·m²。求得飞轮的转动惯量 J_F，就可以计算出其飞轮矩。当根据飞轮在机械中的安装空间，选择了轮缘的平均直径 D 后，即可用式（9-23）计算出飞轮的质量 m。

实际机械中，有时采取增大皮带轮或齿轮尺寸和重量的方法，也能起到飞轮的作用，即工作中飞轮不一定是外加的专门构件。

9.3.2.2 非周期性速度波动的调节

在机器的稳定运转时期，如果驱动力、生产阻力或有害阻力突然发生巨大变化，机器主轴的速度会跟着突然增大或减小，从而会破坏机械的稳定运转，或者产生"飞车"现象，或者使机械停车，甚至破坏机械。由于机器运转速度的这种波动不是周期性的，且其作用不是连续的，故称为非周期性速度波动。为避免上述现象的发生，必须采取措施对这种非周期性速度波动进行调节，使机械重新达到稳定运转状态。

对于非周期性速度波动的机械速度调节问题可分为两种情况：

①当机械的原动机所发出的驱动力矩是速度的函数且具有下降的趋势时，机械具有自动调节非周期性速度波动的能力。

②对于没有自调性的机械系统（如采用蒸汽机、汽轮机或内燃机为原动机的机械系统），必须安装一种专门的调节装置，即调速器，来调节机械出现的非周期性速度波动。调速器种类很多，有纯机械式、机械式带电气或电子元件、电子式，具体可参看有关专业文献。

如图 9-13 为简单的离心式调速器的工作原理图，1 为原动机，2 为工作机，3、4 为一对啮合锥齿轮，5 内是由两个对称的摇杆滑块机构组成的调速器本体。当系统转速过高时，调速器本体也加速回转，由于离心惯性力的关系，两重球 K 将张开带动滑块 M 上升，通过连杆机构关小节流阀 6，使进入原动机的工作介质减少，从而降低速度。如果转速过低则工作过程反之。所以调速器也可以说是一种反馈机构。

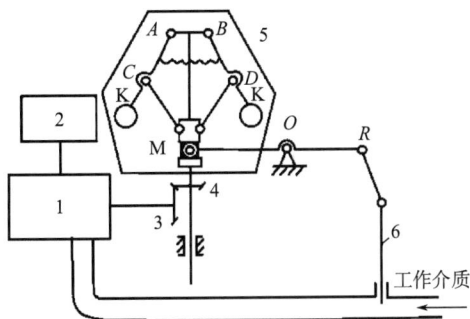

图 9-13 离心式调速器的工作原理图

【思考题】

1. 试分析锻压设备安装飞轮起到节能作用的原理。
2. 能否利用飞轮调节非周期性速度波动？为什么？

习题

9-1 静平衡和动平衡的力学条件是什么？为什么动平衡也称为双面平衡？

9-2 导致机械振动的原因主要有哪些？通常采用什么措施加以控制？

9-3 一般机械在其运转过程中有哪几个阶段？在各个阶段中机械功、机械能关系如何？

9-4 机械在什么运转情况下会产生周期性速度波动？速度波动有何危害？如何调节？

9-5 飞轮为什么可以调速？实际机械中，可采用什么方法起到飞轮的作用而不用外加构件？

9-6 如题图 9-1 所示，一绕 O 点回转的薄片圆盘，在位置 1、2 处钻孔，$r_1 = 0.1m$，$r_2 = 0.4m$，孔部分的材料质量分别为 $m_1 = 1.0kg$，$m_2 = 0.5kg$。为进行静平衡，欲在半径 $r_b = 0.5m$ 的圆周上钻一孔。试表示出孔的方向 θ_b，并求出钻去材料的质量 m_b。

9-7 题图 9-2 所示为某机器的主轴上的等效阻力矩 M_{er} 和等效驱动力矩 M_{ed} 的线图，已知其等效转动惯量为常数，主轴转速 $n = 400 r/min$。

（1）该机器能否周期性稳定运转？为什么？

（2）在图上定性画出速度线图。

（3）设计中取 $[\delta] = 0.05$，试计算所需飞轮的转动惯量 J_F。

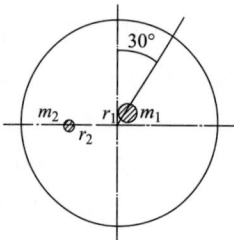

题图 9-1

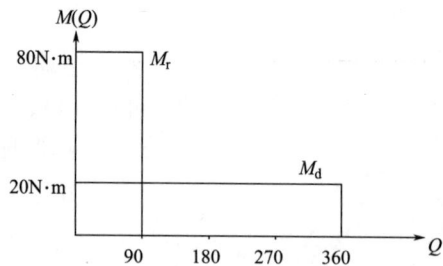

题图 9-2

第10章 带传动与链传动

【知识要点】

1. 带传动的主要类型和工作情况分析。

2. V 带传动设计计算。

3. 链传动简介。

【知识探索】

1. 请观察各类机床所使用的传动方式，一般首级传动是何种类型？为什么？

2. 自行车中使用的是链传动，思考其是否可以用带传动替换，并给出理由。自行车中还可以采用其他哪种传动方式？

带传动和链传动是应用广泛的挠性传动形式，适用于传动中心距较大的场合。由于带传动和链传动的结构组成不同，其传动特点及应用也有所不同。

10.1 带传动

10.1.1 带传动概述

带传动是一种应用广泛的挠性传动形式。如图 10-1（a）所示，带传动一般由主动轮 1、传动带 2 及从动轮 3 组成。根据带传动原理不同，带传动可分为摩擦型带传动［图 10-1（a）］和啮合型带传动［图 10-1（b）］。

摩擦型带传动中，传动带紧套在带轮上，在带与轮的接触面上产生正压力，当主动轮 1 回转时，接触面产生摩擦力，主动轮 1 依靠摩擦力使传动带 2 一起运动。在从动轮一侧，传动带 2 靠摩擦力驱使从动轮 3 转动，实现了运动和动力由主动轮向从动轮的传递。

如图 10-1（b）所示，啮合型带传动依靠传动带内表面上等距分布的横向齿和带轮上相应的齿槽啮合传递运动和动力。由于啮合型带传动工作时，带和带轮之间没有相对滑动，可以保证带和带轮间的同步传动，因此，啮合型带传动也称同步传动。

摩擦型带传动的主要优点是：①带具有弹性和挠性，传动时可吸收振动，缓和冲击，故带传动平稳、噪声小。②当传动过载时，带与带轮间可相对滑动，能防止其他零件损坏。③可用于中心距较大的场合。④结构简单，装拆方便。

主要缺点是：①传动时带与带轮间有弹性滑动，不能保证准确的传动比。②带的寿命较短。③不宜用于高温易燃等场合。

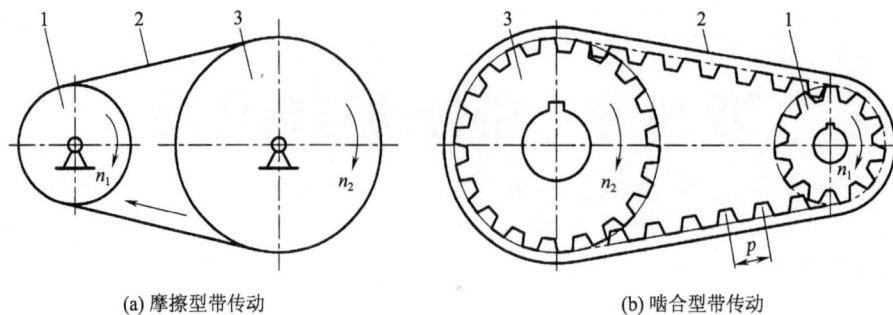

(a) 摩擦型带传动　　　　　　　　　　　(b) 啮合型带传动

图 10-1　带传动的组成

10.1.1.1　带传动的主要类型

如图 10-2 所示，摩擦型带传动根据带截面形状不同，可分为平带传动［图 10-2（a）］、圆带传动［图 10-2（b）］、V 带传动［图 10-2（c）］及多楔带传动［图 10-2（d）］。

根据材料不同，平带可分为帆布芯平带（胶布带）、编织平带、皮革平带等。帆布芯平带成卷供应，按需要截取长度用接头连接成环形。

圆带结构简单，其材料多为皮革、面、麻及锦纶等，常用于小功率传动。

V 带截面是等腰梯形，带轮上有相应的轮槽，其两侧面是工作面。和平带相比，在相同拉力条件下，V 带传动能提供更大的摩擦力。

多楔带传动兼有平带的柔性好和 V 带传动摩擦力大的优点，多楔带传动可避免多根 V 带传动时由于各条 V 带长度误差造成的各带受力不均匀问题。

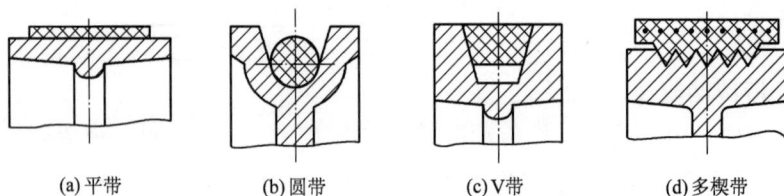

(a) 平带　　　　　　(b) 圆带　　　　　　(c) V 带　　　　　　(d) 多楔带

图 10-2　摩擦带的截面形状

10.1.1.2　带传动的应用

根据带传动的特点，带传动主要适用于：①速度较高的场合，多用于原动机输出的第一级传动。带的工作速度一般为 5～30m/s，高速带工作速度可达 30m/s。②中小功率传动，通常功率不超过 50kW。③传动比一般不超过 7，最大用到 10。④传动比不要求十分准确。

平带传动结构简单、带轮制造方便、传动效率高、柔性好，适用于大中心距的场合。V 带传动适用于中心距较小、传动比较大及结构要求紧凑的场合，加之 V 带已标准化并大量生产，因此，V 带传动得到日益广泛的应用。多楔带适用于结构紧凑、传递功率较大的场合。

10.1.1.3　V 带的类型和结构

V 带是由如图 10-3 所示的顶胶 1、抗拉体 2、底胶 3 和包布 4 等多种材料制成的无接头环形带。按照抗拉体的结构不同，普通 V 带可分为布帘芯 V 带和绳芯 V 带两种。布帘芯 V [图 10-3（a）］带制造方便，抗拉强度较高，但易伸长、发热和脱层。绳芯 V 带［图 10-3（b）］柔性好、挠曲性好，适用于载荷不大和带轮直径较小的场合。

V 带受弯曲时顶胶伸长，底胶缩短，两者之间长度保持不变的中性层称为节面，节面的宽度称为节宽 b_p。V 带的高度 h 与节宽 b_p 之比称为相对高度。按照相对高度不同，V 带可分为普通 V 带、窄 V 带和宽 V 带。

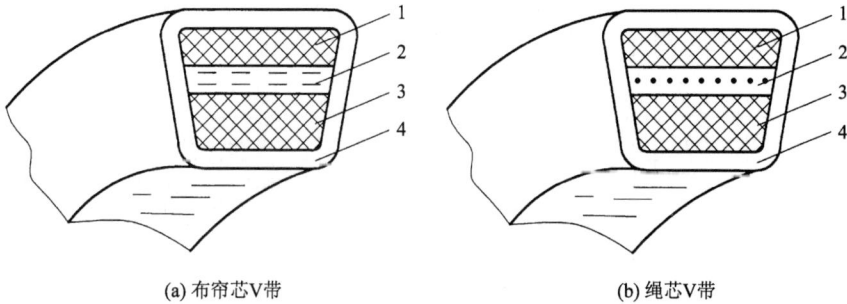

(a) 布帘芯V带　　　　　　　　　　　　(b) 绳芯V带

图 10-3　普通 V 带结构

普通 V 带已经标准化，按截面尺寸分为 Y、Z、A、B、C、D、E 七种型号，截面尺寸见表 10-1。普通 V 带的相对高度约为 0.7，窄 V 带的相对高度约为 0.9。窄 V 带的抗拉体由合成纤维绳制成，和相同高度的普通 V 带相比，承载能力可提高 1.5～2.5 倍。窄 V 带也已标准化，按截面尺寸可分为：SPZ、SPA、SPB、SPC 四种型号。

V 带的名义长度称为基准长度，基准长度是在规定的张紧力下，V 带位于两测量带轮基准直径上的周线长度。V 带的基准长度已经标准化（表 10-2），其中，q 为单位长度 V 带的质量。

表 10-1　普通 V 带截面尺寸（摘自 GB/T 11544—2012）

型号	Y	Z	A	B	C	D	E
b_p/mm	5.3	8.5	11	11	19	27	32
b/mm	6	10	13	17	22	32	38
h/mm	4	6	8	11	14	19	25
α	40°						
$q/$（kg·m^{-1}）	0.023	0.060	0.105	0.170	0.300	0.630	0.970

表 10-2　普通 V 带基准长度 L_d 和长度系数 K_L（摘自 GB/T 13575.1—2022）

Y		Z		A		B		C		D		E	
L_d	K_L	L_d	K_L	L_d	K_L	L_d	K_L	L_d	K_L	L_d	K_L	L_d	K_L
200	0.81	405	0.87	630	0.81	930	0.83	1565	0.82	2740	0.82	4660	0.91
224	0.82	475	0.90	700	0.83	1000	0.84	1760	0.85	3100	0.86	5040	0.92

Y		Z		A		B		C		D		E	
L_d	K_L	L_d	K_L	L_d	K_L	L_d	K_L	L_d	K_L	L_d	K_L	L_d	K_L
250	0.84	530	0.93	790	0.85	1100	0.86	1950	0.87	3330	0.87	5420	0.94
280	0.87	625	0.96	890	0.87	1210	0.87	2195	0.90	3730	0.90	6100	0.96
315	0.89	700	0.99	990	0.89	1370	0.90	2420	0.92	4080	0.91	6850	0.99
355	0.92	780	1.00	1100	0.91	1560	0.92	2715	0.94	4620	0.94	7650	1.01
400	0.96	920	1.04	1250	0.93	1760	0.94	2880	0.95	5400	0.97	9150	1.05
450	1.00	1080	1.07	1430	0.96	1950	0.97	3080	0.97	6100	0.99	12230	1.11
500	1.02	1330	1.13	1550	0.98	2180	0.99	3520	0.99	6840	1.02	13750	1.15
		1420	1.14	1640	0.99	2300	1.01	4060	1.02	7620	1.05	15280	1.17
		1540	1.54	1750	1.00	2500	1.03	4600	1.05	9140	1.08	16800	1.19
				1940	1.02	2700	1.04	5380	1.08	10700	1.13		
				2050	1.04	2870	1.05	6100	1.11	12200	1.16		
				2200	1.06	3200	1.07	6815	1.14	13700	1.19		
				2300	1.07	3600	1.09	7600	1.17	15200	1.21		
				2480	1.09	4060	1.13	9100	1.21				
				2700	1.10	4430	1.15	10700	1.24				
						4820	1.17						
						5370	1.20						
						6070	1.24						

10.1.2 带传动的工作情况分析

10.1.2.1 带传动的受力分析

带传动安装时，带紧套在带轮上。带传动不工作时，带两边所受的拉力相等，均为 F_0，称为初拉力，如图 10-4（a）所示。当主动轮上受驱动力矩 T_1 作用而工作时，由于带和带轮接触面上摩擦力的作用，带绕入带轮的一边被拉紧，称为紧边，拉力由 F_0 增大为 F_1，带的另一边脱离带轮而被放松，称为松边，拉力由 F_0 减小为 F_2，如图 10-4（b）所示。

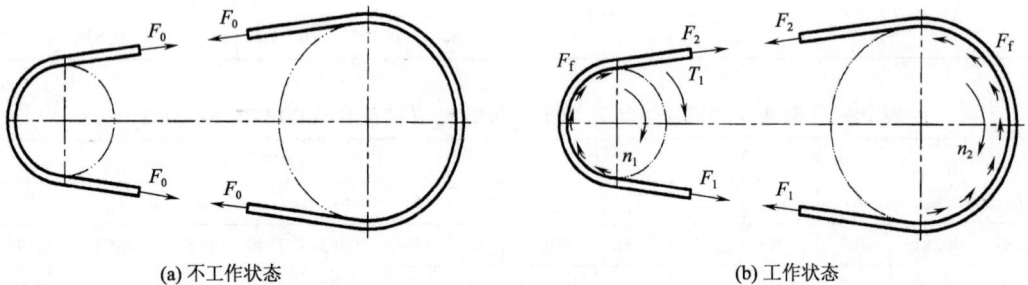

(a) 不工作状态　　　　　　　　　　　　(b) 工作状态

图 10-4　带的受力情况分析

假设带紧边拉力增加量与松边的减小量相等，即满足：

$$F_1 - F_0 = F_0 - F_2 \tag{10-1}$$

如图 10-4（b）所示，取主动轮及其一侧的带作为分离体，根据力矩平衡可得：

$$T_1 = \frac{(F_1 - F_2)d_1}{2} \tag{10-2}$$

式中：d_1——小带轮直径，mm。

式（10-2）显示：紧边与松边拉力差 $F_1 - F_2$ 是传递力矩作用的圆周力，称为有效拉力 F_e，即：

$$F_e = F_1 - F_2 \tag{10-3}$$

取主动轮一侧带的分离体作为研究对象，根据力矩平衡条件可得：

$$F_f = F_1 - F_2 \tag{10-4}$$

式中：F_f——小带轮和带在接触面上的摩擦力，N。

式（10-3）和式（10-4）表明：有效拉力 F_e 等于带和带轮在接触面上的摩擦力 F_f。

有效拉力 F_e 和带传递的功率 P 及带速 v 满足：

$$F_e = \frac{1000P}{v} \tag{10-5}$$

式中：P——传递的功率，kW；

　　　v——带速，m/s。

在特定条件下，带和带轮接触面上的摩擦力 F_f 有一极限值，即最大摩擦力（或最大有效拉力 F_{emax}），该极限值限制了带传动的传动能力。若需要传递的有效拉力 F_e 超过极限值 F_{emax} 时，带将在带轮上打滑，这时传动失效。

带开始打滑时，紧边拉力 F_1 和松边拉力 F_2 的关系可由柔韧体摩擦的欧拉公式给出：

$$F_1 = F_2 e^{f\alpha} \tag{10-6}$$

式中：e——自然对数的底（e = 2.718）；

　　　f——带和轮接触面间的摩擦系数；

　　　α——传动带在带轮上的包角。

联立式（10-1）、式（10-3）及式（10-6），可得特定条件下带能传递的最大有效拉力 F_{emax}：

$$F_{emax} = 2F_0 \frac{e^{f\alpha} - 1}{e^{f\alpha} + 1} \tag{10-7}$$

由式（10-7）可见，影响带传动最大有效拉力 F_{emax} 的因素有：

①初拉力 F_0：初拉力 F_0 越大，带与带轮间的正压力越大，最大有效拉力 F_{emax} 越大。但 F_0 过大时，将导致带的磨损加剧，缩短带的寿命；若 F_0 过小，带的工作能力不足，工作时易打滑。

②包角 α：最大有效拉力 F_{emax} 随包角 α 的增大而增大。为保证带的传动能力，一般要求 $\alpha_{min} \geq 120°$。

③摩擦系数 f：摩擦系数 f 越大，最大有效拉力 F_{emax} 越大。f 与带及带轮材料、表面状况及工作环境等有关。

【思考题】

当带传动承载能力不够时，采用增大带及带轮表面粗糙度的方法以提高承载能力是否可行，请给出理由。

10.1.2.2　带传动的应力分析

带传动工作时，带中的应力有以下三种。

（1）拉应力。

带传动工作时，紧边产生的拉应力 σ_1 和松边产生的拉应力 σ_2 分别为：

$$\sigma_1 = \frac{F_1}{A}, \quad \sigma_2 = \frac{F_2}{A} \tag{10-8}$$

式中：σ_1——紧边拉应力，MPa；

　　　σ_2——松边拉应力，MPa；

　　　A——带的横截面积，mm^2。

（2）离心应力。

带在绕过带轮时做圆周运动，从而产生离心力，并在带中产生离心应力。离心应力作用于带长的各个截面上，且大小相等。离心应力 σ_c 可由式（10-9）计算：

$$\sigma_c = \frac{qv^2}{A} \tag{10-9}$$

式中：σ_c——离心应力，MPa；

　　　q——带单位长度的质量，kg/m，见表 10-1；

　　　v——带的线速度，m/s。

（3）弯曲应力。

带绕过带轮时，因弯曲而产生弯曲应力，弯曲应力只产生在带绕上带轮的部分。由材料力学知：

$$\sigma_b = E \frac{2h_a}{d_d} \tag{10-10}$$

式中：σ_b——弯曲应力，MPa；

　　　E——带的弹性模量，MPa；

　　　h_a——带的最外层到中性层的距离，mm；

　　　d_d——带轮的基准直径，mm。

由式（10-10）可知，带轮基准直径 d_d 越小，带的弯曲应力越大。为防止产生过大的弯曲应力，每种型号的 V 带都规定了相应的最小带轮直径 d_{dmin}，见表 10-3。

表 10-3　V 带最小带轮直径和推荐轮槽数

型号	Y	Z SPZ	A SPA	B SPB	C SPC	D	E
d_{dmin}/mm	20	50 63	75 90	125 140	200 224	355	500
推荐轮槽数 Z	1~3	1~4	1~6	2~8	3~9	3~9	3~9

图 10-5 表示带上各个截面应力分布情况，带中最大应力 σ_{max} 发生在带的紧边开始绕入小带轮处，其值为：

$$\sigma_{max} = \sigma_1 + \sigma_c + \sigma_{b1} \tag{10-11}$$

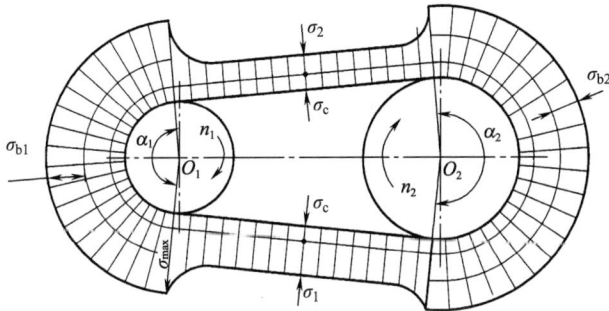

图 10-5　带上各截面应力分布

图 10-5 显示，带在传动时，作用在带上某点的应力，随它所处位置不同而变化。带回转一周时，应力变化一个周期。当应力循环一定次数时，带将疲劳断裂。

10.1.2.3　带传动的变形分析

带是弹性体，受到拉力会产生弹性伸长，且拉力越大，弹性伸长随之增大。如图 10-6 所示，当带刚绕上主动轮 A_1 点时，带速和主动轮的圆周速度相等。在带由 A_1 点运动至 B_1 点的过程中，带的拉力由 F_1 逐渐减小为 F_2，与此相应，带的伸长量也由 A_1 点处的最大逐渐减小到 B_1 点处的最小，带相对于带轮出现回缩，导致带速小于带轮的圆周速度，出现带与带轮间的相对滑动。在从动带轮一侧，在带由 A_2 点转至 B_2 点的过程中，带的拉力由 F_2 逐渐增大为 F_1，带的弹性伸长也随之由最小增加到最大，带相对于带轮出现向前拉伸，导致带速大于带轮的圆周速度，使带与带轮间产生相对滑动。综上所述，由于带的紧边与松边拉力差引起带的弹性变形量的逐渐变化，导致带与带轮间发生相对滑动的现象称为带传动的弹性滑动。弹性滑动是带传动不可避免的现象。

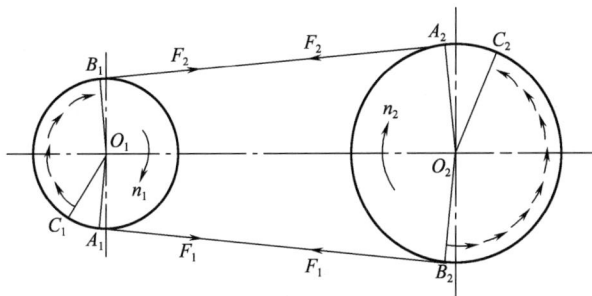

图 10-6　带传动中的弹性滑动

弹性滑动导致从动带轮的圆周速度小于主动带轮的圆周速度，使传动比不准确，也会降低传动效率，引起带的磨损。

带传动弹性滑动引起的从动带轮相对于主动带轮的圆周速度降低率称为滑动率 ε，滑动率 ε 为：

$$\varepsilon = \frac{v_1 - v_2}{v_1} = \frac{\pi d_{d1} n_1 - \pi d_{d2} n_2}{\pi d_{d1} n_1} = 1 - \frac{d_{d2} n_2}{d_{d1} n_1} \tag{10-12}$$

式中：v_1、v_2——主、从动带轮的带速，m/s；

$\quad$ d_{d1}、d_{d2}——主、从动带轮的基准直径，mm；

$\quad$ n_1、n_2——主、从动带轮的转速，r/min。

因此，带的平均传动比为：

$$i = \frac{n_1}{n_2} = \frac{d_{d2}}{(1-\varepsilon) d_{d1}} \tag{10-13}$$

通常 ε 为 $0.01 \sim 0.02$，在一般带传动计算中可以忽略不计。

实验结果表明，弹性滑动并非发生在带与带轮的全部接触弧上，只发生在带离开带轮的那部分圆弧上（图10-7中的 $C_1 B_1$ 和 $C_2 B_2$），有弹性滑动的接触弧称为滑动弧，没有发生弹性滑动的接触弧称为静止弧（图10-7中的 $A_1 C_1$ 和 $A_2 C_2$）。在带速不变的条件下，随着传递功率的增加，带与带轮间的总摩擦力增大，使滑动弧长度随之增加。当总摩擦力达到极值时，整个接触弧成为滑动弧，若传递的功率进一步增加时，带和带轮间发生打滑。出现打滑时，带传动不能工作，传动失效。所以，带传动正常工作时，应避免出现打滑。

【思考题】

1. 带传动传动比不准确的原因是什么？

2. 带传动的打滑是一种失效形式，是否一定是有害的？

10.1.3 V带传动设计计算

10.1.3.1 单根V带的许用功率。

（1）带传动的失效形式与设计准则。

根据带传动的工作情况分析可知，带传动的主要失效形式为打滑和疲劳破坏。因此，摩擦型带传动设计的主要准则是：保证带在工作中不打滑，并具有一定的疲劳强度和使用寿命。

（2）单根V带的许用功率。

带传动不打滑应满足：

$$F_e = \frac{1000P}{v} \leqslant F_{emax} \tag{10-14}$$

将式（10-7）中的摩擦系数 f 用当量摩擦系数 f_v 代替后，可得出带开始打滑时，带的最大有效拉力 F_{emax} 及带的紧边拉力 F_1 满足：

$$F_{\mathrm{emax}} = F_1 \left(1 - \frac{1}{\mathrm{e}^{f_v \alpha}}\right) \tag{10-15}$$

带的疲劳强度条件为：

$$\sigma_{\max} = \sigma_1 + \sigma_c + \sigma_{b1} \leqslant [\sigma] \tag{10-16}$$

式中：$[\sigma]$——许用应力，MPa。

当带不发生疲劳破坏且最大应力 $\sigma_{\max}$ 达到许用应力 $[\sigma]$ 时，紧边拉应力 σ_1 为：

$$\sigma_1 = [\sigma] - \sigma_c - \sigma_{b1} \tag{10-17}$$

由式（10-8）及式（10-14）可得 V 带能传递的最大功率为：

$$P = \frac{F_e v}{1000} = \frac{\left([\sigma] - \sigma_c - \sigma_{b1}\right) A \left(1 - \frac{1}{\mathrm{e}^{f_v \alpha}}\right) v}{1000} \tag{10-18}$$

式中：v——带速，m/s；

　　　A——带的截面面积，mm²，可根据表 10-1 表中数据得出；

　　σ_c、σ_{b1}——分别由式（10-9）及式（10-10）计算，MPa；

　　　$[\sigma]$——可通过实验求得，MPa。

许用应力 $[\sigma]$ 和 V 带的型号、材料、长度及预期寿命等因素有关，由实验结果可知，在 $10^8 \sim 10^9$ 次循环应力条件下，许用应力 $[\sigma]$ 为：

$$[\sigma] = \sqrt[11.1]{\frac{C L_d}{3600 m v T}} \tag{10-19}$$

式中：m——带轮数目；

　　　v——V 带的速度，m/s；

　　　T——V 带的使用寿命，h；

　　　L_d——V 带的基准长度，m；

　　　C——由 V 带材料及结构决定的实验系数。

在传动比 $i = 1$（即包角 $\alpha = 180°$）、特定带长、载荷平稳条件下，由式（10-18）计算所得的单根普通 V 带传递的基本额定功率 P_0 列于表 10-4 中。

表 10-4　单根 V 带的基本额定功率（kW）（摘自 GB/T 13575.1—2022）

型号	小带轮基准直径 d_1/mm	n_1/ (r·min^{-1})									
		400	700	800	960	1200	1450	1600	2000	2400	2800
Z	50	0.06	0.09	0.10	0.12	0.14	0.16	0.17	0.20	0.22	0.26
	56	0.06	0.11	0.12	0.14	0.17	0.19	0.20	0.25	0.30	0.33
	63	0.08	0.13	0.15	0.18	0.22	0.25	0.27	0.32	0.37	0.41
	71	0.09	0.17	0.20	0.23	0.27	0.30	0.33	0.39	0.46	0.50
	80	0.14	0.20	0.22	0.26	0.30	0.35	0.39	0.44	0.50	0.56
	90	0.14	0.22	0.24	0.28	0.33	0.36	0.40	0.48	0.54	0.60

型号	小带轮基准直径 d_1/mm	n_1/ (r·min⁻¹)									
		400	700	800	960	1200	1450	1600	2000	2400	2800
A	75	0.38	0.58	0.64	0.23	0.60	0.68	0.73	0.84	0.92	1.00
	90	0.39	0.61	0.68	0.77	0.93	1.07	1.15	1.34	1.50	1.64
	100	0.47	0.74	0.83	0.95	1.14	1.32	1.42	1.66	1.87	2.05
	112	0.56	0.90	1.00	1.15	1.39	1.60	1.74	2.04	2.30	2.51
	125	0.67	1.07	1.19	1.37	1.66	1.92	2.07	2.44	2.74	2.98
	140	0.78	1.26	1.41	1.62	1.96	2.28	2.45	2.87	3.22	3.48
B	125	0.84	1.30	1.44	1.64	1.93	2.19	2.33	2.64	2.85	2.96
	140	1.05	1.64	1.82	2.08	2.47	2.82	3.00	3.42	3.70	3.85
	160	1.32	2.09	2.32	2.66	3.17	3.62	3.86	4.40	4.75	4.89
	180	1.59	2.53	2.81	3.22	3.85	4.39	4.68	5.30	5.67	5.76
	200	1.85	2.96	3.30	3.77	4.50	5.13	5.46	6.13	6.47	6.43
	224	2.17	3.47	2.86	4.42	5.26	5.97	6.33	7.02	7.25	6.95
C	200	2.41	3.69	4.07	4.58	5.29	5.84	6.07	6.34	6.02	5.01
	224	2.99	4.64	5.12	5.78	6.71	7.45	7.75	8.06	7.57	6.08
	250	3.62	5.64	6.23	7.04	8.21	9.04	9.38	9.62	8.75	6.56
	280	4.32	6.76	7.52	8.49	9.81	10.72	11.06	11.04	9.50	6.13
	315	5.14	8.09	8.92	10.05	11.53	12.46	12.72	12.14	9.43	4.16
	355	6.05	9.50	10.46	11.73	13.31	14.12	14.19	12.59	7.98	—
	400	7.06	11.02	12.10	13.48	15.04	15.53	15.24	11.95	4.34	—
D	355	9.24	13.70	14.83	16.15	17.25	16.77	15.63	—	—	—
	400	11.45	17.07	18.46	20.06	21.20	20.15	18.31	—	—	—
	450	13.85	20.63	22.25	24.01	24.84	22.02	19.59	—	—	—
	500	16.20	23.99	25.76	27.20	26.71	23.59	18.88	—	—	—
	630	22.05	31.68	33.38	34.19	30.15	18.06	6.25	—	—	—
SPZ	63	0.35	0.56	0.70	0.81	0.93	1.00	1.17	1.32	1.45	1.66
	71	0.44	0.72	0.92	1.08	1.25	1.35	1.59	1.81	2.00	2.33
	80	0.55	0.88	1.15	1.38	1.60	1.73	2.05	2.34	2.61	3.06
	90	0.67	1.12	1.44	1.70	1.98	2.14	2.55	2.93	3.26	3.84
SPA	90	0.75	1.21	1.52	1.76	2.02	2.16	2.49	2.77	3.00	3.26
	100	0.94	1.54	1.93	2.27	2.61	2.80	3.27	3.67	3.99	4.42
	112	1.16	1.91	2.44	2.86	3.31	3.57	4.18	4.71	5.15	5.72
	125	1.40	2.33	2.98	3.50	4.06	4.38	5.15	5.80	6.34	7.03
SPB	140	1.92	3.13	3.92	4.55	5.21	5.54	6.31	6.86	7.15	6.89
	160	2.47	4.06	5.13	5.98	6.89	7.33	8.38	9.31	9.52	9.10
	180	3.01	4.99	6.31	7.38	8.50	9.05	10.34	11.21	11.62	10.77
	200	3.54	5.88	7.47	8.74	10.07	10.70	12.18	13.11	13.41	11.83

型号	小带轮基准直径 d_1/mm	n_1/ (r · min^{-1})									
		400	700	800	960	1200	1450	1600	2000	2400	2800
SPC	224	5.19	8.82	10.39	11.89	13.26	13.81	14.58	14.01	—	—
	250	6.31	10.27	12.76	14.61	16.26	16.92	17.70	16.69	—	—
	280	7.59	12.40	15.40	17.60	19.49	20.20	20.75	18.86	—	—
	315	9.07	14.82	18.37	20.88	22.92	23.58	23.47	19.98	—	—

当传动比 $i>1$ 时，带传动的工作能力有所提高，即单根 V 带有一定的功率增量 ΔP，其值列于表 10-5 中，这时单根 V 带能传递的功率为 $(P_0+\Delta P)$。

表 10-5　单根 V 带的功率增量 ΔP（kW）（摘自 GB/T 13575.1—2022）

型号	传动比 i	小带轮转速 n_1/ (r · min^{-1})									
		400	700	800	950	1200	1450	1600	2000	2400	2800
Z	1.35~1.50	0.00	0.01	0.01	0.02	0.02	0.02	0.02	0.02	0.03	0.04
	1.51~1.99	0.01	0.01	0.02	0.02	0.02	0.02	0.03	0.03	0.04	0.04
	≥2	0.01	0.02	0.02	0.02	0.03	0.03	0.03	0.04	0.04	0.04
A	1.35~1.50	0.04	0.07	0.08	0.08	0.11	0.13	0.15	0.19	0.23	0.26
	1.51~1.99	0.04	0.08	0.09	0.10	0.13	0.15	0.17	0.22	0.26	0.30
	≥2	0.05	0.09	0.10	0.11	0.15	0.17	0.19	0.24	0.29	0.34
B	1.35~1.50	0.10	0.17	0.20	0.23	0.30	0.36	0.39	0.46	0.59	0.69
	1.51~1.99	0.11	0.20	0.23	0.26	0.34	0.40	0.45	0.56	0.62	0.79
	≥2	0.13	0.22	0.25	0.30	0.38	0.46	0.51	0.63	0.76	0.89
C	1.35~1.50	0.27	0.48	0.55	0.65	0.82	0.99	1.10	1.37	1.65	1.92
	1.51~1.99	0.31	0.55	0.63	0.74	0.94	1.14	1.25	1.57	1.88	2.19
	≥2	0.35	0.62	0.71	0.83	1.06	1.27	1.41	1.76	2.12	2.47
D	1.35~1.50	0.97	1.70	1.95	2.31	2.92	3.52	3.89	—	—	—
	1.51~1.99	1.11	1.95	2.22	2.64	3.34	4.03	4.45	—	—	—
	≥2	1.25	2.19	2.50	2.97	3.75	4.53	5.00	—	—	—
SPZ	1.39~1.57	0.05	0.09	0.10	0.12	0.15	0.18	0.20	0.25	0.30	0.35
	1.58~1.94	0.06	0.10	0.11	0.13	0.17	0.20	0.22	0.28	0.33	0.39
	1.95~3.38	0.06	0.11	0.12	0.15	0.18	0.22	0.24	0.30	0.36	0.43
	≥3.39	0.06	0.12	0.13	0.15	0.19	0.23	0.26	0.32	0.39	0.45
SPA	1.39~1.57	0.13	0.23	0.25	0.30	0.38	0.46	0.51	0.64	0.76	0.89
	1.58~1.94	0.14	0.26	0.29	0.34	0.43	0.51	0.57	0.71	0.86	1.00
	1.95~3.38	0.16	0.28	0.31	0.37	0.47	0.56	0.62	0.78	0.93	1.09
	≥3.39	0.16	0.30	0.33	0.40	0.49	0.59	0.66	0.82	0.99	1.15
SPB	1.39~1.57	0.26	0.47	0.53	0.63	0.79	0.95	1.05	1.32	1.58	1.85
	1.58~1.94	0.30	0.53	0.59	0.71	0.89	1.07	1.19	1.48	1.78	2.08
	1.95~3.38	0.32	0.58	0.65	0.78	0.97	1.16	1.29	1.62	1.94	2.26
	≥3.39	0.34	0.62	0.68	0.82	1.03	1.23	1.37	1.71	2.05	2.40

型号	传动比 i	小带轮转速 $n_1/$（$r \cdot min^{-1}$）									
		400	700	800	950	1200	1450	1600	2000	2400	2800
SPC	1.39~1.57	0.79	1.43	1.58	1.90	2.38	2.85	3.17	3.96	4.75	—
	1.58~1.94	0.89	1.60	1.78	2.14	2.67	3.21	3.57	4.46	5.35	—
	1.95~3.38	0.97	1.75	1.94	2.33	2.91	3.50	3.89	4.86	5.83	—
	≥3.39	1.03	1.85	2.06	2.47	3.09	3.70	4.11	5.14	6.17	—

如果实际工况下，包角不等于180°，V带长度与特定带长不相等时，引入包角修正系数 K_α（表10-6）和长度修正系数 K_L（表10-2），对单根V带所能传递的功率进行修正。在实际工况下，单根V带所能传递的功率 P_r 为：

$$P_r = (P_0 + \Delta P) K_\alpha K_L \qquad (10-20)$$

式中：P_r——实际工况下单根V带所能传递的功率，kW；

ΔP——传动比不等于1时，单根V带额定功率增量，kW；

K_α——包角修正系数；

K_L——长度修正系数。

表10-6 包角修正系数 K_α（摘自 GB/T 13575.1—2022）

小带轮包角 $\alpha/$（°）	180	174	169	163	157	151	145	139	133	127	120
K_α	1.00	0.99	0.97	0.96	0.94	0.93	0.91	0.89	0.87	0.85	0.82

10.1.3.2 V带传动的设计与参数选择

（1）V带传动设计的一般内容。

V带传动设计的已知条件包括：带传动的工作条件（原动机种类、工作机类型和特性等）；传递的功率 P；主从动轮的转速 n_1、n_2 或传动比；传动位置和外部尺寸的要求等。

带传动设计的内容包括：带的型号、长度和根数的确定；带轮中心距的确定；带轮的材料、结构及尺寸的设计与选择；带的初拉力及作用在带轮轴上的压力计算；带张紧装置的设计等。

（2）设计计算步骤及参数选择的原则。

①确定计算功率。

根据带传动的工作条件以及带传递的功率 P，计算功率 P_{ca} 可由式（10-21）给出：

$$P_{ca} = K_A P \qquad (10-21)$$

式中：P_{ca}——计算功率，kW；

K_A——工作情况系数，见表10-7；

P——带传递的功率，kW。

表 10-7　工作情况系数 K_A（摘自 GB/T 13575.1—2022）

工作情况		K_A					
		空、轻载启动			重载启动		
		每天工作小时数/h					
		<10	10~16	>16	<10	10~16	>16
载荷变动最小	液体搅拌机、通风机和鼓风机（≤7.5kW）、离心式水泵和压缩机、轻载荷输送机	1.0	1.1	1.2	1.1	1.2	1.3
载荷变动小	带式输送机（不均匀负荷）、通风机和鼓风机（>7.5kW）、旋转式水泵（非离心式）、发电机、金属切削机床、印刷机、旋转筛、锯木机和木工机械	1.1	1.2	1.3	1.2	1.3	1.4
载荷变动较大	制砖机、斗式揹升机、往复式水泵和压缩机、起重机、磨粉机、冲剪机床、橡胶机械、振动筛、纺织机械、重载输送机	1.2	1.3	1.4	1.4	1.5	1.6
载荷变动很大	破碎机（旋转式、颚式等）、磨碎机（球磨、棒磨、管磨）	1.3	1.4	1.5	1.5	1.6	1.8

注　1. 空、轻载启动——电动机（交流起动、三角起动、直流并励）、四缸以上的内燃机、装有离心式离合器、液力联轴器的动力机。

　　2. 重载启动——电动机（联机交流起动、直流复励或串励）、四缸以下的内燃机。

　　3. 反复启动、正反转频繁、工作条件恶劣等场合，K_A 应乘 1.2，有效宽度制窄 V 带乘 1.1。

　　4. 增速传动时 K_A 应乘系数见表 10-8。

表 10-8　增速传动时 K_A 所乘系数

增速比	1.25~1.74	1.75~2.49	2.5~3.49	≥3.5
系数	1.05	1.11	1.18	1.28

②选择 V 带类型。

根据计算功率 P_{ca} 及小带轮转速 n_1，由图 10-7 确定普通 V 带的类型。

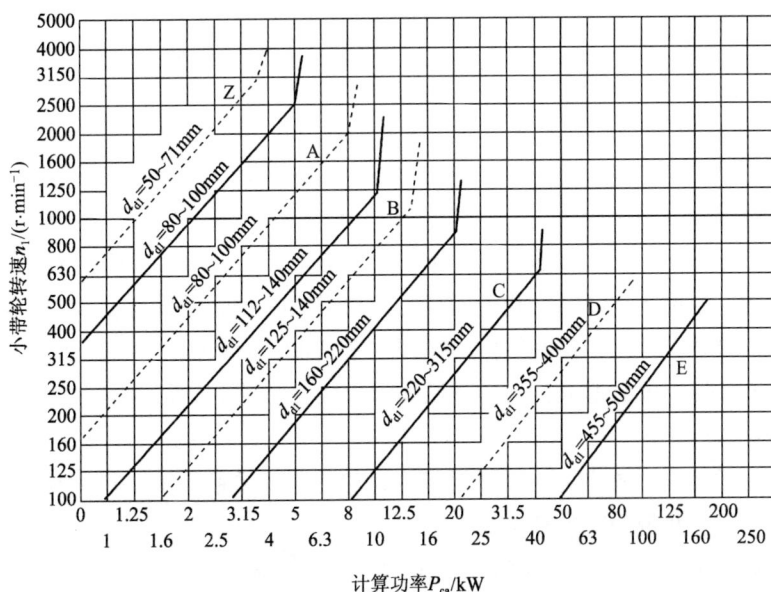

图 10-7　普通 V 带选型图

③确定带轮的基准直径 d_{d1}、d_{d2}。

a. 初选小带轮基准直径 d_{d1}。带轮直径较小时，带传动结构紧凑，但带弯曲应力较大，导致带疲劳强度降低。若传递相同功率时，带轮直径小，需要的有效拉力大，使得带的根数增加。因此，为防止过大的弯曲应力，一般取 $d_{d1} \geqslant d_{d\min}$，并参照表10-9将结果圆整。$d_{d\min}$ 见表10-9。

表10-9 普通V带轮的基准直径系列（摘自 GB/T 13575.1—2022）

型号	基准直径 d_d
Y	20, 22.4, 25, 28, 31.5, 35.5, 40, 45, 50, 56, 80, 90, 100, 112, 125
Z	50, 56, 63, 71, 75, 80, 90, 100, 112, 125, 132, 140, 150, 160, 180, 200, 224, 250, 280, 315, 355, 400, 500, 630
A	75, 80, 85, 90, 95, 100, 106, 112, 118, 125, 132, 140, 150, 160, 180, 200, 224, 250, 280, 315, 355, 400, 450, 500, 560, 630, 710, 800
B	125, 132, 140, 150, 160, 170, 180, 200, 224, 250, 280, 315, 355, 400, 450, 500, 560, 600, 630, 710, 750, 800, 900, 1000, 1120
C	200, 212, 224, 236, 250, 265, 280, 300, 315, 335, 355, 400, 450, 500, 560, 600, 630, 710, 750, 800, 900, 1000, 1120, 1250, 1400, 1600, 2000
D	355, 375, 400, 425, 450, 475, 500, 560, 600, 630, 710, 750, 800, 900, 1000, 1060, 1120, 1250, 1400, 1500, 1600, 1800, 2000
E	500, 530, 560, 600, 630, 670, 710, 800, 900, 1000, 1120, 1250, 1400, 1500, 1600, 1800, 2000, 2240, 2500

b. 验算带速。根据式（10-22），验算带速 v：

$$v = \frac{\pi d_{d1} n_1}{60 \times 1000} \qquad (10-22)$$

式中：v——带速，m/s；

d_{d1}——小带轮基准直径，mm；

n_1——小带轮转速，r/min。

当传递的功率一定时，若带速较高，则需要的有效拉力较小，使带的根数减少，带传动的结构比较紧凑。若带速过高，导致带的离心应力较大，也会使带与轮间的压力减小，导致带传动易打滑。同时，带在单位时间内的循环次数增加，疲劳强度降低。而带速过低，所需的有效拉力过大，带的根数增大，带传动结构尺寸较大。因此，带速不宜过高或过低，一般推荐 $v=5\sim25\text{m/s}$。

c. 计算大带轮直径。按照 $d_{d2}=id_{d1}$ 计算大带轮直径，参照表10-9将计算结果圆整。

④确定中心距 a 及带的基准长度 L_d。

a. 初选中心距 a_0。中心距较大时，包角增加，传动能力强；带的长度增加，单位时间内循环次数减少，有利于提高带的疲劳寿命，但传动的外廓尺寸增大。

一般初定中心距 a_0 为：

$$0.7(d_{d1}+d_{d2}) \leqslant a_0 \leqslant 2(d_{d1}+d_{d2}) \tag{10-23}$$

b. 计算带长 L_{d0}。根据带传动的几何关系，按照下式计算带长 L_{d0}：

$$L_{d0} = 2a_0 + \frac{\pi}{2}(d_{d1}+d_{d2}) + \frac{(d_{d1}-d_{d2})^2}{4a_0} \tag{10-24}$$

算出 L_{d0} 后，由表 10-2 选取与之相近的基准长度 L_d。

c. 确定中心距 a。通常选取的基准长度 L_d 与计算带长 L_{d0} 不相等，因此，实际中心距 a 需要进行修正。实际中心距近似为：

$$a \approx a_0 + \frac{L_d - L_{d0}}{2} \tag{10-25}$$

考虑到带轮的制造误差、带长的误差以及调整初拉力等需要，常给出中心距的变动范围：

$$a_{min} = a - 0.015L_d$$
$$a_{max} = a + 0.03L_d \tag{10-26}$$

⑤验算小带轮上的包角 α_1。

带传动中，小带轮上的包角 α_1 小于大带轮上的包角 α_2，使得小带轮上的包角 α_1 是影响带传动能力的重要因素。通常应保证：

$$\alpha_1 \approx 180° - \frac{d_{d2}-d_{d1}}{a} \times 57.3 \geqslant 120° \tag{10-27}$$

特殊情况允许 $\alpha_1 \geqslant 90°$。

⑥确定 V 带根数 z。

$$z \geqslant \frac{P_{ca}}{P_r} \tag{10-28}$$

式中：z——V 带的根数；

P_{ca}——计算功率，kW；

P_r——由式（10-20）确定的许用功率，kW。

根据式（10-28）的计算结果圆整 V 带根数 z，若 V 带根数超过表 10-3 表中推荐的轮槽数时，应选截面较大的带型，以减少带的根数。

⑦确定初拉力。

对于非自动张紧的 V 带传动，既要保证传递额定功率时不打滑，又要保证有一定寿命，这时单根 V 带适当的初拉力 F_0 为：

$$F_0 = 500\frac{(2.5-K_\alpha)P_{ca}}{K_\alpha zv} + qv^2 \tag{10-29}$$

式中，各符号的意义及单位同前。对于新安装的带，初拉力应为式（10-29）计算值的 1.5 倍。

⑧计算带对轴的压力。

为设计和计算带轮轴及轴承，需要计算带传动时带作用于轴上的压力 F_p。忽略带两边的拉力差以及离心力，带作用于轴上的压力 F_p 为：

$$F_{\mathrm{p}} = 2zF_0\sin\frac{\alpha_1}{2} \qquad\qquad (10\text{-}30)$$

式中：F_{p}——压轴力，N；

$\quad z$——带的根数；

$\quad F_0$——初拉力，N；

$\quad \alpha_1$——小带轮包角。

例 10-1 设计如图 1-2 牛头刨床传动系统中与电动机相接的普通 V 带传动。已知电动机的额定功率为 $P = 4\mathrm{kW}$，转速 $n_1 = 960\mathrm{r/min}$，小带轮直径为 $d_{\mathrm{d}1} = 108\mathrm{mm}$，大带轮直径为 $d_{\mathrm{d}2} = 240\mathrm{mm}$，三班制工作，载荷变动小。

解：（1）确定计算功率 P_{ca}。由表 10-7 查得工作情况系数 $K_{\mathrm{A}} = 1.3$，计算功率 P_{ca} 为：

$$P_{\mathrm{ca}} = K_{\mathrm{A}}P = 1.3 \times 4 = 5.2 \ (\mathrm{kW})$$

（2）选取带型。根据 P_{ca} 及 n_1，由图 10-8 选用 A 型带。

（3）验算带速。

$$v = \frac{\pi d_{\mathrm{d}1}n_1}{60 \times 1000} = \frac{\pi \times 108 \times 960}{60 \times 1000} = 5.42 \ (\mathrm{m/s}) \ <25\mathrm{m/s}，符合要求。$$

（4）确定 V 带的基准长度和中心距。

根据 $0.7\ (d_{\mathrm{d}1}+d_{\mathrm{d}2}) \leqslant a_0 \leqslant 2\ (d_{\mathrm{d}1}+d_{\mathrm{d}2})$，初步确定中心距 a_0：

$0.7\ (108+240) = 243.6 \ (\mathrm{mm}) \leqslant a_0 \leqslant 2\ (108+240) = 696 \ (\mathrm{mm})$

为使结构紧凑，故选 $a_0 = 400\mathrm{mm}$。

（5）根据式（10-24），计算 V 带的基准长度 $L_{\mathrm{d}0}$：

$$L_{\mathrm{d}0} = 2a_0 + \frac{\pi}{2}\ (d_{\mathrm{d}1}+d_{\mathrm{d}2}) + \frac{(d_{\mathrm{d}2}-d_{\mathrm{d}1})^2}{4a_0}$$

$$= 2\times400 + \frac{\pi}{2}\ (108+240) + \frac{(240-108)^2}{4\times400} = 1357.52 \ (\mathrm{mm})$$

由表 10-2 选 V 带基准长度 L_{d} 为 1400mm。按式（10-25）计算出实际的中心距 a：

$$a \approx a_0 + \frac{L_{\mathrm{d}} - L_{\mathrm{d}0}}{2} = 400 + \frac{1400 - 1357.52}{2} = 421.24(\mathrm{mm})$$

（6）验算主动轮上的包角。由式（10-27）可得：

$$\alpha_1 \approx 180 - \frac{d_{\mathrm{d}2} - d_{\mathrm{d}1}}{a} \times 57.3 = 180 - \frac{240-108}{421.24} \times 57.3 = 162.04 \ (°) \ \geqslant 120°$$

故主动轮的包角合适。

（7）计算 V 带的根数。由表 10-2 查得 $K_{\mathrm{L}} = 0.96$，表 10-6 查得 $K_{\alpha} = 0.95$，由表 10-5 查得 $\Delta P = 0.11\mathrm{kW}$，由表 10-5 查得 $P_0 = 0.97\mathrm{kW}$。由式（10-28）可得 V 带的根数 z 为：

$$z = \frac{P_{\mathrm{ca}}}{(P_0 + \Delta P)K_{\mathrm{L}}K_{\alpha}} = \frac{5.2}{(0.97 + 0.11) \times 0.96 \times 0.95} = 5.28 \ (根)$$

取 $z = 6$ 根。

（8）计算初拉力 F_0。由表 10-1 查得 $q = 0.1\mathrm{kg/m}$。由式（10-29）可得 V 带的初拉力为：

$$F_0 = 500 \frac{(2.5 - K_\alpha)P_{ca}}{K_\alpha zv} + qv^2 = 500 \times \frac{(2.5 - 0.95) \times 5.2}{0.95 \times 6 \times 5.42} + 0.1 \times 5.42^2 = 159.41(N)$$

（9）计算带对轴的压力。由式（10-30）得：

$$F_p = 2zF_0 \sin \frac{\alpha_1}{2} = 2 \times 6 \times 159.41 \times \sin \frac{162.04}{2} = 1889.47(N)$$

【思考题】

1. 为何设计计算中会出现 V 带根数过多现象？可采取哪些措施改进？

2. 生产实际中，能否新旧带混用？为什么？

10.1.4　其他带传动

10.1.4.1　同步带传动

同步带传动属于啮合型带传动，依靠传动带内表面上等距分布的横向齿和带轮上相应的齿槽啮合传递运动和动力。同步带的横剖面为矩形，且带面具有等距横向齿。同步带由强力层、齿面布及带本体构成。强力层一般由钢丝绳、玻璃纤维绳或芳纶纤维绳制成，齿面是一层尼龙布，带本体一般采用聚氨酯或氯丁橡胶制成。

同步带按照齿形可分为梯形齿同步带和圆弧齿同步带。梯形齿同步带按照齿距的制式又可分为周节制、模数制及特殊节距制，其中周节制的同步带使用最为广泛。

当带在纵截面内弯曲时，在带中保持长度不变的任意一条周线称为节线，节线长度为同步带的公称长度。如图 10-8 所示，在规定的张紧力条件下，带的纵截面上相邻两齿对称中心线的直线距离称为节距 P_b，它是同步带的一个主要参数。周节制梯形齿同步带按照节距可分为 7 种带型，各种带型的节距代号分别为：MXL、XXL、XL、L、H、XH、XXH，其节距依次增大。

同步带传动具有以下优点：①传动比恒定；②结构紧凑；③由于带薄而轻，抗拉体强度高，故带速可达 40m/s，传动比可达 10，传递功率可达 200kW；④效率较高，约为 0.98，因而应用日益广泛。它的缺点是：带及带轮价格较高，对制造、安装要求高。

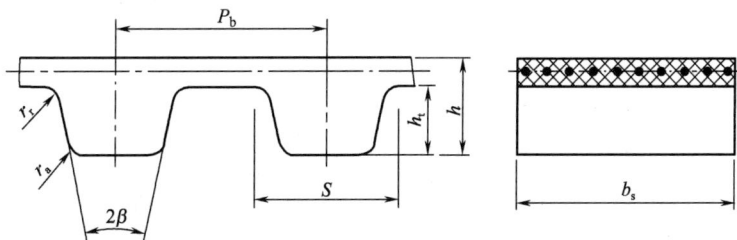

图 10-8　梯形齿同步带齿形

10.1.4.2　高速带传动

带的线速度超过 30m/s 时称为高速带传动。高速带传动常用于增速传动，增速比一般为 2~4，有时可达 8。高速带采用重量轻、厚度小、挠曲性好的环型平带。根据材质不同，可分为麻织带、丝织带、锦纶编织带、薄型强力锦纶带及高速环型胶带等。

　　高速带的带轮要求重量轻、质量分布均匀及运转时空气阻力小。为防止脱带，主从动带轮的轮缘表面应加工成如图 10-9 所示的中部凸起的腰鼓形，表面还应加工出环形泄气槽，以避免高速运转时带与带轮表面间形成气垫。

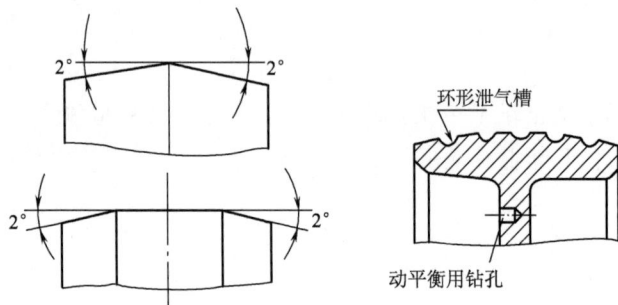

图 10-9　高速带轮轮缘

10.2　链传动

10.2.1　链传动的类型及应用

　　按用途不同，链传动可分为：传动链、输送链和起重链，在农业、冶金、起重、石油、化工等行业有广泛的应用。传动链在机械传动中主要用于传递动力和运动。如图 10-10 所示，根据结构不同，传动链可分为短节距精密滚子链（简称滚子链）、短节距精密套筒链（简称套筒链）、齿形链和成型链等类型，前三种类型均已标准化。

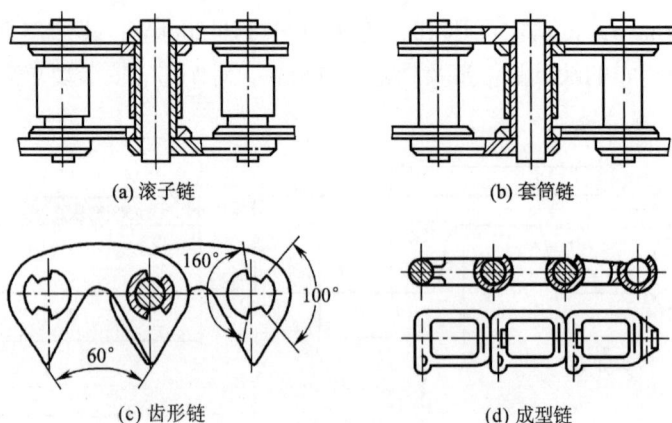

(a) 滚子链　　　　　　　　　　(b) 套筒链

(c) 齿形链　　　　　　　　　　(d) 成型链

图 10-10　传动链类型

　　在链条的应用中，传动用的滚子链占有主要地位，通常滚子链的传动功率小于 100kW、链速小于 15m/s。链传动的效率可达 0.94~0.96。链传动的适用场合为：中心距较大、平均传动比准确、低速重载及环境恶劣的开式传动。

10.2.2　链传动的结构特点

10.2.2.1　滚子链的结构

如图 10-11 所示，滚子链由内链板 1、外链板 2、销轴 3、套筒 4 及滚子 5 构成。销轴与外链板、套筒与内链板均采用过盈配合，分别组成外链节和内链节。套筒与销轴、套筒与滚子全部采用间隙配合。内链节和外链节间铰接形成链条。当链条与链轮齿啮合时，内外链节相互转动，滚子与链轮齿廓间发生相对滚动。为减小链的质量及运动时的惯性，链板按等强度原则均做成 8 字形。

滚子链按照排数不同，可分为单排链、双排链（图 10-12）和多排链。排数越多，承载能力越大。链条排数较多时，由于链条制造与装配精度的限制，导致各排链条间的载荷分配不均，故一般不超过 3 排。

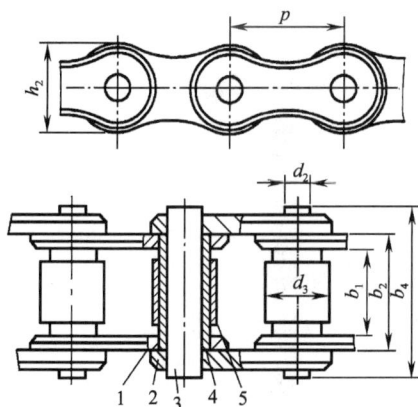

图 10-11　滚子链结构

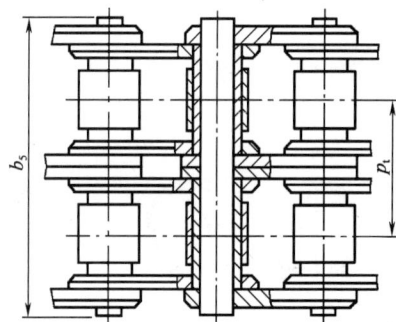

图 10-12　双排滚子链结构

滚子链已经标准化（GB/T 1243—2006），分为 A、B 两个系列。A 系列源于美国，流行于世界，B 系列源于英国，主要流行于欧洲。滚子链主要参数是链的节距 p，即链条上相邻两销轴间的中心距。节距 p 越大，链的尺寸和能传递的功率越大，但这时链的重量也随之增大。当要传递的功率较大时，可选用双排链或多排链。表 10-10 列出了常用 A 系列滚子链的参数。表中链号与国际链号一致，链号数乘以 25.4/16 即为节距值。GB/T 1243—2006 规定了滚子链的标记方法：链号—排数—整链链节数—标准编号。例如，10A—2—90—GB/T 1243—2006 表示按照该标准制造的 A 系列、节距为 15.875mm。

为使链条连接成环形，应使内、外链板相连接，所以链节数最好是偶数。这时开口处可用开口销 [图 10-13（a）] 或弹簧锁片 [图 10-13（b）] 来固定。若链节数是奇数时，采用过渡链节连接 [图 10-13（c）]。由于过渡链节受附加弯矩作用，故通常应避免使用奇数链节。

表 10-10　A 系列滚子链的基本参数和尺寸（摘自 GB/T 1243—2006）

链号	节距 p/mm	排距 p_t/mm	滚子外径 d_r/mm	内链节内宽 b_{1min}/mm	销轴直径 d_{2max}/mm	链板高度 h_{2max}/mm	极限拉伸载荷（单排）Q_{min}/N	每米质量（单排）q/（kg·m⁻¹）
08A	12.70	14.38	7.95	7.85	3.96	12.07	13800	0.60
10A	15.875	18.11	10.16	9.40	5.08	15.09	21800	1.00
12A	19.05	22.78	11.91	12.57	5.95	18.08	31100	1.50
16A	25.40	29.29	15.88	15.75	7.94	24.13	55600	2.60
20A	31.75	35.76	19.05	18.90	9.54	30.18	86700	3.80
24A	38.10	45.44	22.23	25.22	11.10	36.20	124600	5.60
28A	44.45	48.87	25.40	25.22	12.70	42.24	169000	7.50
32A	50.80	58.55	28.53	31.55	14.29	48.26	222400	10.10
40A	63.50	71.55	39.68	37.85	19.34	60.33	347000	16.10
48A	76.20	87.83	47.63	47.35	23.30	72.39	500400	22.60

注　使用过渡链节时，其极限拉伸载荷按表列数值的80%计算。

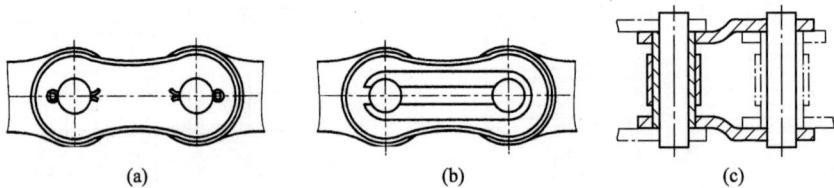

(a)　　　　　　　　(b)　　　　　　　　(c)

图 10-13　滚子链接头形式

10.2.2.2　齿形链的结构

如图 10-14 所示，齿形链是由许多齿形链板铰接而成。其工作边为链板的两个外侧直边，工作时，通过链板工作面和链轮的轮齿啮合实现传动。

为防止齿形链工作时发生侧向移动，在齿形链中设置了导向链板，即导板。导板有内导板和外导板两种。内导板的链传动中，链轮的轮齿上需开出导向槽。内导板的齿形链导向性好，工作可靠，适用于高速、重载场合。

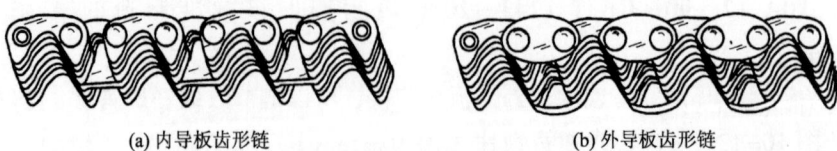

(a) 内导板齿形链　　　　　　　　(b) 外导板齿形链

图 10-14　齿形链结构

和滚子链相比，由于齿形链的齿形及啮合特点，其轮齿受力均匀，故传动平稳，振动、噪声小，因此齿形链也称无声链。齿形链承受冲击性能好，允许的速度高。但其结构复杂，质量大，价格较高。

10.2.3　链传动的运动特性和受力分析

10.2.3.1　链传动的运动特性

链条由刚性的链节铰接而成，当链条绕在链轮上与链轮啮合时，链条组成正多边形的一部分。正多边形的边数等于链轮的齿数 z，边长等于链节的节距 p。链轮回转一周时，随之转过的链长为 zp。因此，链的平均速度 v_m 为：

$$v_m = \frac{n_1 z_1 p}{60 \times 1000} = \frac{n_2 z_2 p}{60 \times 1000} \tag{10-31}$$

式中：v_m——链的平均速度（m/s）；

　n_1、n_2——主、从动链轮的转速，r/min；

　z_1、z_2——主、从动链轮的齿数；

　　　p——链的节距，mm。

链传动的平均传动比 i 为：

$$i = \frac{n_1}{n_2} = \frac{z_2}{z_1} \tag{10-32}$$

从式（10-31）和式（10-32）可见，链传动的平均链速 v_m 和平均传动比 i 均为常数。

由于围绕在链轮上的链条构成多边形的一部分，实际上链传动的瞬时链速 v 和瞬时传动比 i 都是在一定范围内变化的。当主动链轮以恒定的角速度 ω_1 回转时，链速 v 与从动链轮的角速度 ω_2 也都是变化的。

为便于分析，假设链的主动边（紧边）在传动过程中处于水平位置，如图 10-15 所示。当链节进入主动链轮时，其铰链的销轴位置总是随链轮的转动而改变。轴销 A 沿着链轮分度圆运动，其圆周速度 v_1 为：

$$v_1 = R_1 \omega_1$$

式中：R_1——链轮分度圆半径。

当销轴位于 β 角的瞬时，v_1 可分解为沿链条前进方向的水平分速度 v_{1x}（即链速 v）和垂直方向分速度 v_{1y}，v_{1x} 和 v_{1y} 可由式（10-33）计算：

$$v_{1x} = R_1 \omega_1 \cos\beta$$
$$v_{1y} = R_1 \omega_1 \sin\beta \tag{10-33}$$

式中：β——铰链点 A 的圆周速度 v_1 与前进方向的分速度 v_{1x} 之间的夹角。

β 值等于 A 点在链轮上的相位角，如图 10-15 所示。由于 β 在 $-\varphi_1/2$ 和 $+\varphi_2/2$ 之间变化（$\varphi_1 = 180/z_1$），即使 ω_1 为常数，v_{1x} 和 v_{1y} 都不可能是常数。当 β 为 $-\varphi_1/2$（或 $+\varphi_2/2$）时，v_{1x} 达到最小值；当 β 为 0 时，v_{1x} 达到最大值 $R_1 \omega_1$。

综上所述，传动过程中链速 v_{1x} 随链轮的转动不断变化，转过一齿，重复一次变化，链速呈现如图 10-16 所示的周期性变化。链速的周期性变化，使链传动具有速度不均匀性。链节距越大，链轮齿数越少，速度不均匀程度越严重。这种由于多边形啮合传动给链传动带来的速度不均匀性，称为多边形效应。同理由于链速及 γ 角的变化，使得从动链轮的角速度

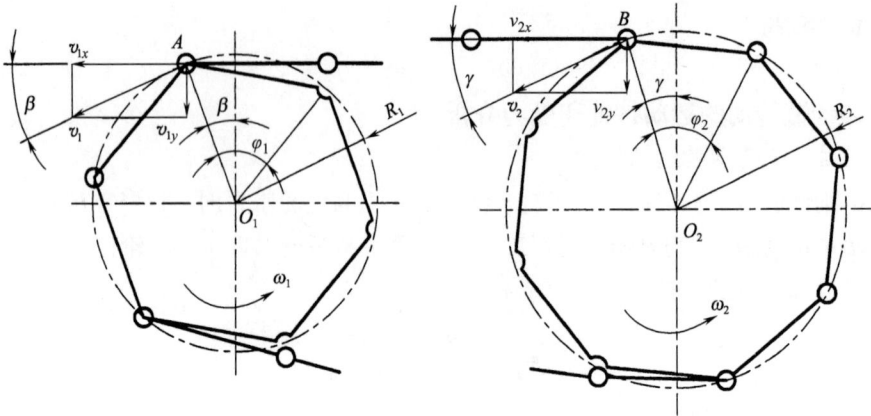

图 10-15　链传动的速度分析

ω_2 也是变化的，其大小为：

$$\omega_2 = \frac{v_{1x}}{R_2\cos\gamma} = \frac{R_1\omega_1\cos\beta}{R_2\cos\gamma} \qquad (10\text{-}34)$$

因此，链传动的瞬时传动比 i_t 为：

$$i_t = \frac{\omega_1}{\omega_2} = \frac{R_2\cos\gamma}{R_1\cos\beta} \qquad (10\text{-}35)$$

由于 β、γ 是随时间变化的，从式（10-35）可知，瞬时传动比 i_t 也相应随时间而变化，且与链轮齿数有关。只有当两链轮的齿数相等，且中心距为节距 p 的整数倍时，传动比才恒等于 1。

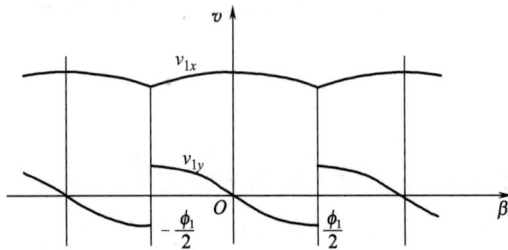

图 10-16　链速的周期性变化

10.2.3.2　链传动的受力分析

（1）有效圆周力 F_e。

$$F_e = \frac{1000P}{v} \qquad (10\text{-}36)$$

式中：F_e——有效圆周力，N；

　　　P——传递的功率，kW；

　　　v——链速，m/s。

（2）离心力 F_c。

$$F_c = qv^2 \qquad (10\text{-}37)$$

式中：F_c——离心力，N；

　　　q——链条单位长度质量，kg/m；

　　　v——链速，m/s。

（3）垂度拉力 F_f。

垂度拉力 F_f 是由链条重量产生，且大小和链条的垂度及布置方式相关的拉力。如图 10-17 所示，f 为垂度，β 为两链轮中心线和水平面的倾角。

按照计算悬索拉力的方法，可求出垂度拉力 F_f 的表达式为：

$$F_f = K_f qga \qquad (10-38)$$

式中：F_f——垂度拉力，N；

$\quad q$——链条单位长度质量，kg/m；

$\quad g$——重力加速度，m/s^2；

$\quad a$——链轮中心距，m；

$\quad K_f$——垂度系数。当 $\beta = 0$ 时，$K_f =$ 6；当 $\beta < 40°$ 时，$K_f = 4$；当 $\beta > 40°$ 时，$K_f = 2$；当 $\beta = 90°$ 时，$K_f = 1$。

如图 10-17 所示，链传动工作时，紧边拉力 F_1 和松边拉力 F_2 分别为：

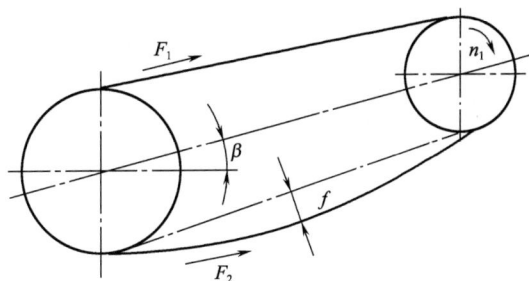

图 10-17　链的紧边拉力和松边拉力

$$F_1 = F_e + F_c + F_f$$
$$F_2 = F_c + F_f \qquad (10-39)$$

【思考题】

要减小链传动的速度不均匀性，可以从哪些方面考虑？

10.2.4　套筒滚子链传动的主要参数及其选择

10.2.4.1　链轮齿数 z

小链轮齿数 z_1 不宜过大或过小。小链轮齿数 z_1 较小时，链传动的结构较为紧凑。但小链轮齿数 z_1 过小，会导致链速的不均匀性和动载荷增加；使链节在开始进入啮合和退出啮合过程中的相对转角增大，加剧链条铰链的磨损，也加快了链条和链轮的损坏。小链轮齿数 z_1 较大时，链传动的传动性能好，但链传动的外廓尺寸和重量加大。链轮的最少齿数 $z_{min} = 9$，一般 $z_1 \geqslant 17$；对于高速或承受冲击载荷的链传动，$z_1 \geqslant 25$，且链轮应淬硬。一般根据链速 v 按照表 10-11 选取小链轮齿数 z_1。

表 10-11　小链轮齿数 z_1

链速 v/ (m·s^{-1})	0.6~3	3~8	>8	>25
齿数 z_1	$\geqslant 17$	$\geqslant 21$	$\geqslant 25$	$\geqslant 35$

链条铰链磨损后，链条节距由 P 增大为 $(P+\Delta P)$，如图 10-18 所示，滚子中心所在啮合圆的直径也由 d 增大到 $(d+\Delta d)$。根据几何关系可得：

$$\Delta d = \frac{\Delta p}{\sin \dfrac{180°}{z}} \qquad (10-40)$$

式中：Δp——节距的伸长量，mm；

$\quad \Delta d$——啮合圆直径的增加量，mm；

$\quad z$——链轮的齿数。

式 (10-40) 表明，啮合圆直径的增加量 Δd 随节距的伸长量 Δp 及链轮的齿数 z 的增加

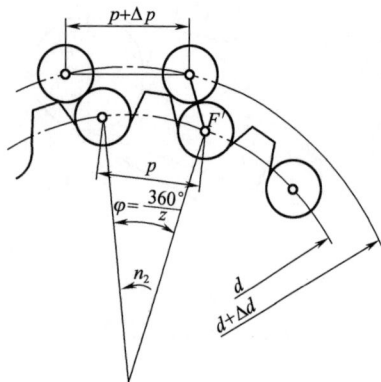

图 10-18 链节距伸长量与啮合圆

而增大。当啮合圆直径增大到一定程度时，就会出现脱链。为避免脱链，大链轮的齿数不能过大，一般应满足 $z_{max} \leq 120$。

一般情况下，链节数为偶数，为使链条均匀磨损，链轮的齿数应取奇数或与链节数互为质数的奇数。

10.2.4.2　传动比 i

当传动比过大时，链条在链轮上的包角过小，同时啮合齿数少，每个轮齿承受载荷大，加剧了链轮轮齿的磨损，易导致跳齿和脱链。因此，通常限制链传动的传动比 $i \leq 7$，推荐使用 $i = 2 \sim 3.5$。

10.2.4.3　中心距 a

中心距 a 对链传动的传动性能有很大影响。若中心距过小，使啮合齿数过少，每个轮齿承受载荷过大，加剧了链轮轮齿的磨损，易导致跳齿和脱链。若中心距过大，将使链条松边的垂度增加，导致松边上下颤动。链传动的布置方式和是否使用张紧装置也对中心距产生影响。通常推荐使用初选中心距 $a_0 = （30 \sim 50）p$，最大中心距 $a_{0max} = 80p$。若有张紧装置或拖板时，最大中心距 $a_{0max} \geq 80p$；中心距不可调时，$a_{0max} \approx 30p$。

10.2.4.4　节距 p

节距 p 越大，链条及链轮各部分尺寸越大，承载能力越强，但链传动的结构尺寸也越大；节距 p 越大，多边形效应也越显著，链运动的不均匀性及振动、冲击越严重，噪声越大。因此，设计时，在满足传递功率前提下，应尽可能选择较小的链节距 p。在高速、大功率及大传动比的场合，可选用节距较小的多排链；在低速、大中心距及大传动比的使用场合，应选用节距较大的单排链。

【思考题】

1. 链传动设计中，各参数在选择时应注意哪些问题？
2. 链传动使用中需要张紧吗？原因是什么？

习题

10-1　V 带传动所传递的功率 $P = 7.5kW$，带速 $v = 10m/s$，现测得张紧力 $F_0 = 1125N$，试求紧边和松边的拉力。

10-2　试设计机床用普通 V 带传动，已知带传动所传递的功率为 $P = 3.2kW$，小带轮转速 $n_1 = 1460r/min$，传动比 $i = 3.6$，二班制工作，要求结构尽量紧凑。

10-3　某带式输送装置中，电动机与齿轮减速器间使用普通 V 带传动，电动机功率 $P = 7kW$，转速 $n_1 = 960r/min$，减速器输入轴的转速 $n_2 = 330r/min$。带式输送装置工作时有轻度冲击，两班制工作，试设计此带传动。

10-4　某运输机的滚子链链传动中，需传递的功率为 20kW，小链轮转速为 720r/min，大链轮转速为 200r/min，运输机载荷不够平稳。试设计该链传动。

10-5　已知某滚子链传动中，主动链轮转速为 850r/min，齿数为 21。从动链轮齿数为 99，中心距为 900mm，滚子链极限拉伸载荷为 55.6kN，工作情况系数为 1.0，试求链条能传递的功率。

第 11 章　螺纹连接

【知识要点】

1. 螺纹的主要结构参数、常用螺纹的类型特点。

2. 螺纹连接的类型、预紧和防松。

3. 螺栓组的设计和螺纹连接的强度计算。

【知识探索】

1. 选用螺纹连接或螺纹零件时，有的需要进行详细计算，有的按经验选用，为什么？

2. 试查找资料分析日本号称"永不松动"螺母的工作原理。我国创新自紧螺母有哪些？其工作原理是什么？

3. 螺纹连接用于静连接和动连接时，哪种情况下效率较高？螺纹的参数选用时有何不同？

任何一部机器都是由许多零、部件组合而成的。组成机器的所有零、部件都不能孤立地存在，它们必须通过一定的方式连接起来，称为机械连接。

机械连接分为机械动连接和机械静连接两大类。机器在工作时，被连接件间可以有相对运动的连接，称为机械动连接；机器在工作时，被连接件间不允许出现相对运动的连接，称为机械静连接。机械静连接又可分为可拆连接和不可拆连接，允许多次装拆而无损于使用性能的连接称为可拆连接；必须要破坏或损伤连接件或被连接件中的某一部分才能拆开的连接称为不可拆连接。机械连接的常见类型、特点和应用见表 11-1。

表 11-1　机械连接的常见类型、特点和应用

		类型、特点		应用实例
机械连接	动连接	构件与构件的连接		各种铰链、汽缸活塞、齿轮副
		零件与零件的连接		滑移齿轮和轴连接、导向键连接
	静连接	可拆连接	螺纹连接	螺栓、螺钉、螺柱、螺母
			键连接	平键、楔键、花键、半圆键
			无键连接	型面连接、弹性连接、过盈连接
		不可拆连接		焊接
				黏接
				铆接

本章主要研究机械静连接中的可拆连接，重点讨论螺纹连接的结构参数和强度设计等问题。

螺纹连接是机械连接中应用最广泛的连接类型之一。图 11-1 所示为一减速器上的部分螺纹连接应用，其中有用于减速器箱盖、轴承旁的连接螺栓，用于轴承端盖的连接螺钉以及与地基连接的地脚螺栓等。

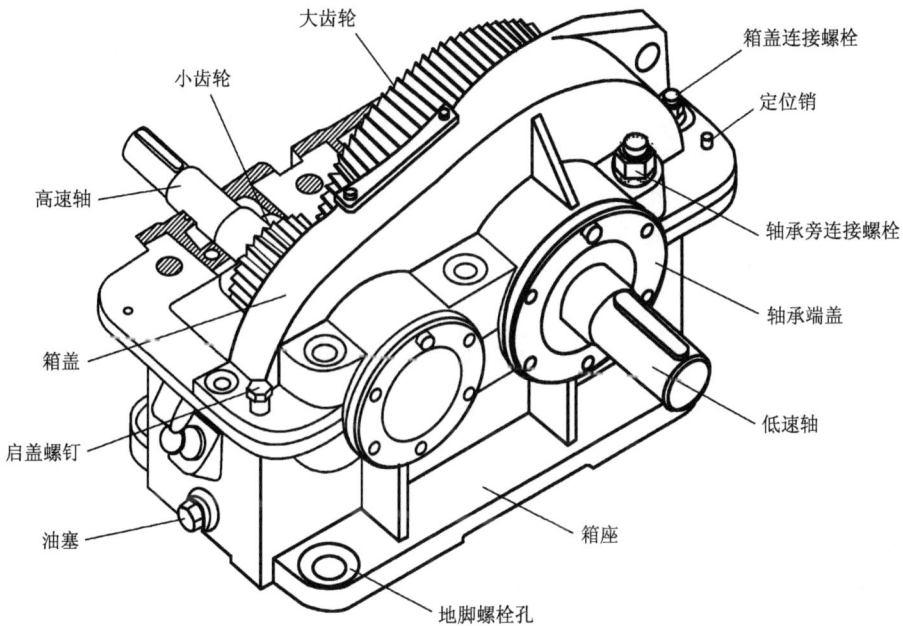

图 11-1　减速器

11.1　螺纹的参数及分类

11.1.1　螺纹形成原理及主要参数

如图 11-2 所示，将一倾角为 λ 的直角三角形绕在圆柱体上，则此三角形的斜边在圆柱体表面形成的空间曲线即为螺纹的螺旋线。在圆柱体外表面形成的螺旋线称为外螺纹，在圆柱形孔内表面形成的螺旋线称为内螺纹。

按照螺旋线的数目，螺纹分为单线螺纹和多线螺纹；按照螺旋线绕行的方向，螺纹分为左旋螺纹和右旋螺纹，常用的是右旋螺纹，如图 11-3 所示。

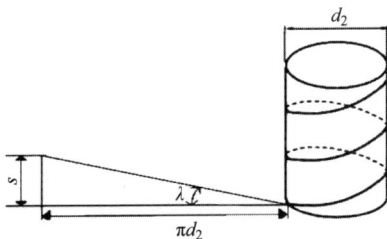

图 11-2　螺旋线的形成

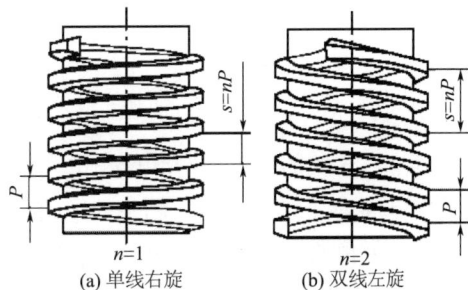

(a) 单线右旋　　(b) 双线左旋

图 11-3　螺纹的旋向和线数

如图 11-4 所示，螺纹的主要几何参数有以下几种。

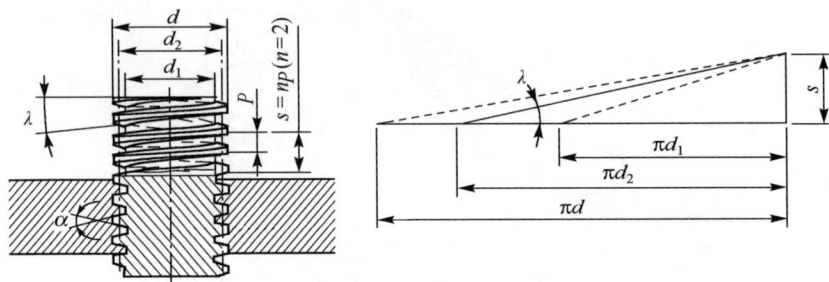

图 11-4　螺纹的主要几何参数

11.1.1.1　螺纹的直径

（1）大径 d。

螺纹的最大直径，即与外螺纹的牙顶或与内螺纹的牙底相重合的假想圆柱面的直径，在螺纹标准中定为公称直径。

（2）小径 d_1。

螺纹的最小直径，即与螺纹牙底相重合的假想圆柱面的直径，在强度计算中常用作螺杆危险剖面的计算直径。

（3）中径 d_2。

在轴向剖面内牙型上的牙厚等于槽宽处的一个假想圆柱面的直径，它近似地等于螺纹的平均直径，$d_2 \approx (d+d_1)/2$。中径是确定螺纹几何参数和配合性质的直径。

11.1.1.2　螺纹的螺距、导程和线数

如图 11-3 所示，在形成螺纹时，所用螺旋线的条数称为线数，用 n 表示。$n=1$ 的螺纹称为单线螺纹；$n>1$ 的螺纹称为多线螺纹。连接螺纹要求自锁性好，故多用单线螺纹；传动螺纹要求效率高，故多用双线或多线螺纹。为了便于制造，一般用线数 $n \leqslant 4$；螺纹相邻两牙型上对应点间的轴向距离称为螺距，用 P 表示；螺纹上任一点沿同一条螺旋线转一周所移动的轴向距离称为导程，用 S 表示。由此可知，导程 S、螺距 P 和线数 n 之间的关系为：

$$S = nP \tag{11-1}$$

11.1.1.3　螺纹升角

在中径圆柱上螺旋线的切线与垂直于螺纹轴线的平面间所夹的锐角称为螺纹升角，用 λ 表示。由图 11-4 可得：

$$\tan\lambda = \frac{S}{\pi d_2} = \frac{nP}{\pi d_2} \tag{11-2}$$

11.1.1.4　螺纹的牙形角与牙侧角

在轴向剖面内，螺纹牙型两侧边的夹角称为牙型角，用 α 表示；螺纹牙型侧边与螺纹轴线的垂直平面间的夹角称为牙侧角，用 β 表示。对于三角形、梯形等对称牙型，$\beta = \alpha/2$。

11.1.2　螺纹的分类

根据螺纹牙型的不同，将螺纹分为普通螺纹（三角螺纹）、英制螺纹、圆柱管螺纹、

矩形螺纹、梯形螺纹和锯齿形螺纹等。前三种螺纹主要用于连接，后三种螺纹主要用于传动。除矩形螺纹外，其余都已标准化。表 11-2 列出了常用螺纹的类型、特点和应用。

表 11-2　常用螺纹的类型、特点和应用

类型	牙形图	特点及应用
普通螺纹	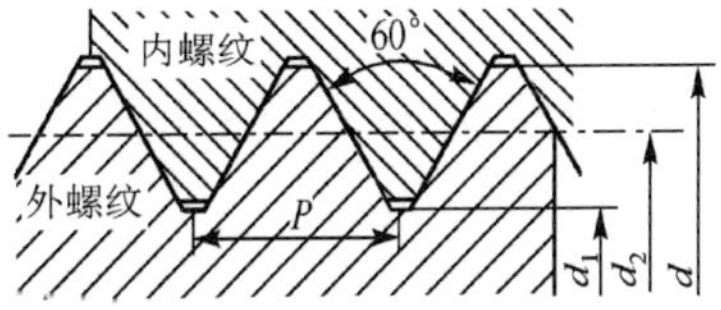	牙形角 $\alpha = 60°$，牙根较厚，牙根强度较高。当量摩擦系数较大，自锁性好，主要用于连接。同一公称直径按螺距 p 的大小分为粗牙和细牙。一般情况下用粗牙；薄壁零件或受动载荷作用的连接常用细牙
英制螺纹	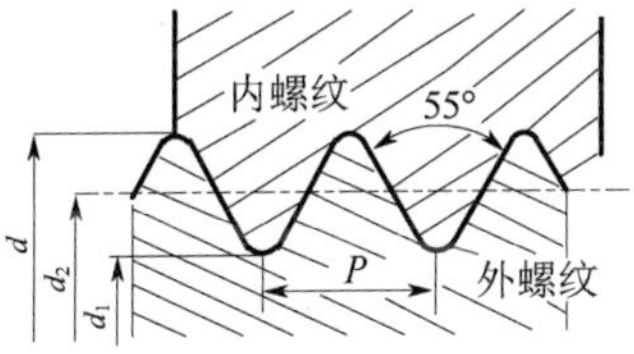	牙形角 $\alpha = 55°$，螺距以每英寸（in）牙数计算，也有粗牙细牙之分。多用于英、美设备中的零件修配
圆柱管螺纹	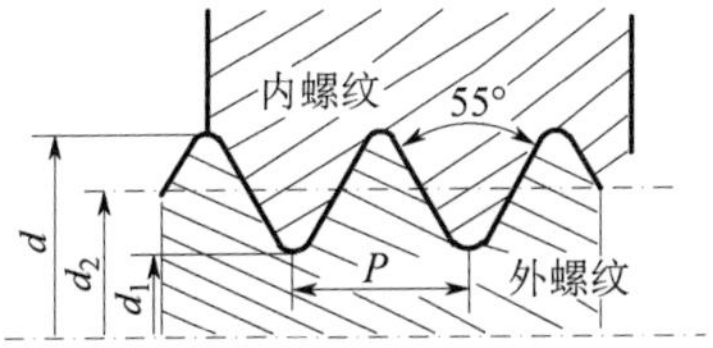	牙形角 $\alpha = 55°$，牙顶呈圆弧，旋合螺纹间无径向间隙，紧密性好。公称直径近似为管子孔径，以英寸（in）为单位。多用于压力在 1.57MPa 以下的管子连接
矩形螺纹	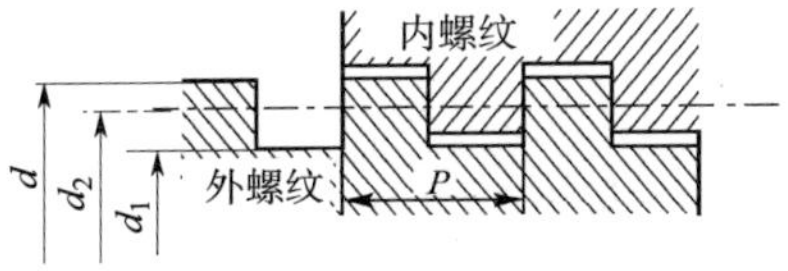	螺纹牙的截面通常为正方形，牙厚为螺距一半，尚未标准化，牙根强度较低，难于精确加工，磨损后间隙难以补偿，对中精度低。当量摩擦系数最小，效率较其他螺纹高，故适用于传动或传力螺纹
梯形螺纹	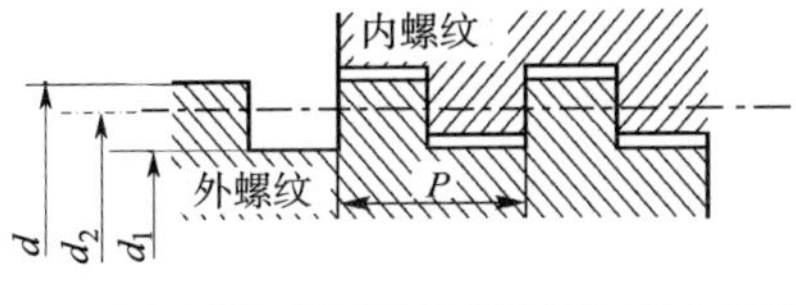	牙形角 $\alpha = 30°$，效率比矩形螺纹略低，工艺性好，牙根强度高，螺纹副的对中性好，可调整间隙。梯形螺纹广泛应用于传动
锯齿形螺纹	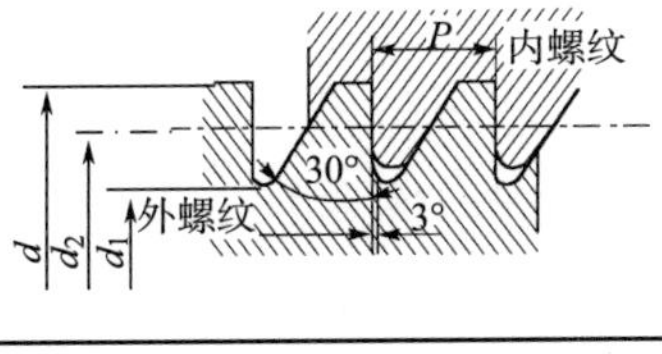	牙形角 $\alpha = 33°$，工作面牙侧角为 $\beta = 3°$，非工作面牙侧角为 $\beta' = 30°$，兼有矩形螺纹效率高和普通螺纹自锁性好的优点，但只能用于单向受力的传动中

【思考题】

1. 螺钉的螺纹与车床中的丝杠螺纹分别为哪种螺纹？

2. 相同公称直径的细牙螺纹与粗牙螺纹哪个强度更高？

11.2 螺旋副的受力、效率和自锁

螺旋副在力矩和轴向载荷作用下的相对运动，可以看作是作用在中径 d_2 的水平力 F 推动和受轴向力 F_Q 的滑块（重物）沿螺纹的运动，如图 11-5（a）所示。在图中 λ 为螺旋升角，当滑块沿斜面匀速上升时，F 为驱动力；当滑块在力 F_Q 作用下沿斜面向下匀速运动时，F 为支持力；R 为全反力；F_f 为摩擦力，N 为斜面的支持力。

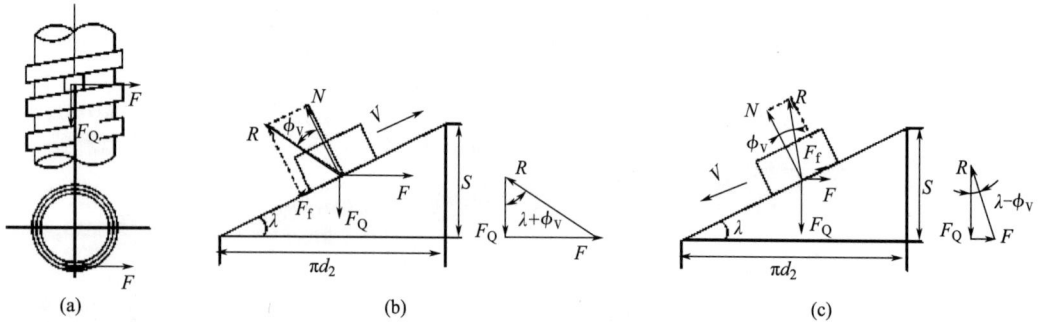

图 11-5 螺纹受力分析示意

根据图 11-5（b）（c）可知，滑块在上升（螺母拧紧）和下降（螺母松开）时的受力关系、效率和自锁条件分别为：

圆周力：

拧紧时
$$F = F_Q \tan(\lambda + \phi_V) \tag{11-3}$$

松开时
$$F' = F_Q \tan(\lambda - \phi_V) \tag{11-4}$$

效率：

拧紧时
$$\eta = \frac{\tan\lambda}{\tan\lambda(\lambda + \phi_V)} \tag{11-5}$$

松开时
$$\eta' = \frac{\tan(\lambda - \phi_V)}{\tan\lambda} \tag{11-6}$$

式中：ϕ_V——当量摩擦角，$\phi_V = \arctan f_V$；

f_V——当量摩擦系数，$f_V = f/\cos\beta$，其中，β 为螺纹的牙侧角。

由式（11-6）可见，若 $\lambda \leqslant \phi_V$，则放松螺母时的效率 $\eta' \leqslant 0$，说明此时无论轴向载荷有多大，滑块（螺母）都不能沿斜面运动，这种现象称为自锁。所以，螺旋副的自锁条件是：

$$\lambda \leqslant \phi_V \tag{11-7}$$

【思考题】

1. 螺钉使用中能实现连接作用，其原理是什么？

2. 车床中的丝杠螺纹的参数有何要求？

11.3　螺纹连接的基本类型和标准连接件

11.3.1　螺纹连接的基本类型

螺纹连接是利用内螺纹与外螺纹之间的旋合将被连接件连接而构成的一种可拆连接。螺纹连接的类型很多，常用基本类型有：螺栓连接、双头螺柱连接、螺钉连接和紧定螺钉连接。它们的构造、主要尺寸关系、特点和应用见表 11-3。

表 11-3　螺纹连接的主要类型、构造、尺寸关系、特点和应用

类型	构造	主要尺寸关系	特点和应用
螺栓连接		(1) 螺纹余留长度 l_1 ①普通螺栓连接 静载荷 $l_1 \geq (0.3 \sim 0.5) d$ 变载荷 $l_1 \geq 0.75d$ 冲击载荷 $l_1 \geq d$ ②铰制孔螺栓连接 l_1 尽可能小 (2) 螺纹伸出长度 a $a = (0.2 \sim 0.3) d$ (3) 螺栓轴线到边缘的距离 e $e = d + (3 \sim 6)$ mm	无须在被连接件上切制螺纹，故不受被连接件材料的限制，构造简单，装拆方便，应用广泛 　用于连接两个能够开通孔并能从连接的两边进行装配的零件的连接场合
双头螺柱连接		(1) 座端拧入深度 H ①螺孔零件材料为钢或青铜时 $H \approx d$ ②螺孔零件材料为铸铁时 $H \approx (1.25 \sim 1.5) d$ ③螺孔零件材料为铝合金时 $H \approx (1.25 \sim 1.5) d$	双头螺柱一端旋紧在被连接件的螺孔中，另一端与螺母旋紧，拆卸时只需旋下螺母而不必拆下双头螺柱 　用于两个被连接件之一较厚，又需要经常装拆，因结构限制不适用螺栓连接的地方或希望结构较紧凑的场合
螺钉连接		(2) 螺纹孔深度 H_1 $H_1 \approx H + (2 \sim 2.5) d$ (3) 钻孔深度 H_2 $H_2 \approx H_1 + (0.5 \sim 1) d$ l_1、a、e 的值同螺栓连接	将螺钉（或螺栓）直接拧入被连接件之一的螺纹孔中，压紧另一被连接件，其结构较双头螺柱简单、紧凑、光整 　用于两个被连接件中一个较厚，另一个较薄，且不经常拆卸的场合
紧定螺钉连接			紧定螺钉旋入一零件的螺纹孔中，并用其末端顶住另一零件的表面或顶入相应的凹坑中，以固定两零件的相对位置，并可传递不大的力和转矩。此种连接结构简单，有的可任意改变两被连接件在轴向或周向的位置，便于调整

11.3.2　标准螺纹连接件

螺纹连接件包括螺栓、螺钉、双头螺柱、紧定螺钉、螺母、垫圈等。它们的结构形式和尺寸都已标准化，设计时可根据螺纹的公称直径 d 从相关的标准或设计手册中选用。

标准螺纹连接件按制造精度分为 A、B、C 三级，A 级精度最高，用于要求装配精度高及受振动、变载等重要连接，B 级多用于受载较大且经常拆卸、调整及载荷变动的连接，C 级多用于一般的螺纹连接（如常用的螺栓、螺钉连接）。

国家标准规定螺纹连接件按材料的力学性能分出等级。螺栓、螺柱、螺钉的性能等级分为 10 级，相配螺母性能等级分为 7 级，详见 GB/T 3098.1—2010 和 GB/T 3098.2—2015。只有重要的或者有特殊要求的螺纹连接件，才采用高等级的材料并应进行表面处理（如氮化、磷化、镀镉）。

注意，规定性能等级的螺栓、螺母在图样上只注性能等级，不应标注材料牌号。

11.4　螺纹连接的预紧和防松

11.4.1　螺纹连接的预紧

绝大多数螺纹连接在装配时都必须拧紧，使连接件在承受工作载荷之前，就受到力的作用。这种在装配时需要预紧的螺纹连接称为紧螺栓连接。

在紧螺栓连接中，螺栓在拧紧后承受工作载荷之前受到的预加作用力称为预紧力。预紧力的大小对螺纹连接的可靠性、紧密性和防松能力有很大的影响。当预紧力不足时，在承受工作载荷后，被连接件之间可能会出现缝隙或发生相对位移。对于普通螺栓连接，预紧还可以提高连接件的疲劳强度。但预紧力过大时，则可能使连接过载，甚至断裂破坏。因此，为了保证连接所需的预紧力，又不使连接件过载，对于重要的紧螺栓连接，如气缸盖、压力容器盖、管路凸缘、齿轮箱等的连接，装配时要控制预紧力的大小。

预紧力 F_0 的大小可以通过控制预紧力矩 T 来确定。F_0 与 T 的关系近似为（详见机械设计教材）：

$$T \approx 0.2 F_0 d \tag{11-8}$$

即对于一定公称直径 d 的螺栓，当所要求的预紧力 F_0 已知时，可按式（11-8）确定扳手的拧紧力矩 T。在实际装配时，对于一般用途的螺纹连接，连接预紧力的大小通常靠工人的经验来控制，重要的螺纹连接则应根据所需预紧力 F_0 的大小按计算值控制拧紧力矩。

控制拧紧力矩的专用工具很多，如测力矩扳手、定力矩扳手、电动扳手和风动扳手等。测力矩扳手如图 11-6（a）所示，它是根据扳手上弹性元件 1 在拧紧力矩作用下所产生的弹性变形量来指示拧紧力矩的大小；定力矩扳手如图 11-6（b）所示，它是利用当达到要求的拧紧力矩时，弹簧受压自动打滑的原理控制拧紧力矩的大小，所需拧紧力矩的大小可以通过调整螺钉来设定。

特别需要注意的是，直径小的螺栓拧紧时容易过载拉断，因此，对于需要预紧的重要螺栓连接，不宜选用小于 M12 的螺栓。

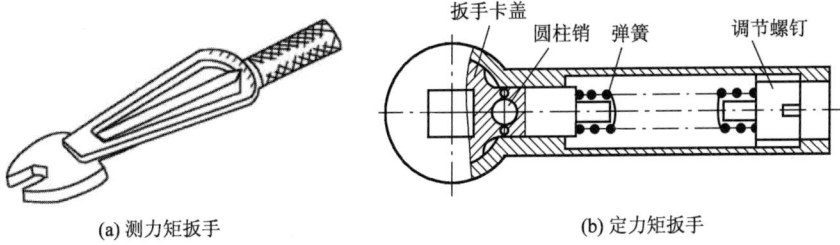

(a) 测力矩扳手　　　　　　　　　　　　　　　(b) 定力矩扳手

图 11-6　测力矩扳手与定力矩扳手

为了充分发挥螺纹连接的潜力，保证连接的可靠性，同时又不会因预紧力过大而使螺栓被拉断，螺栓的预紧力 F_0 通常控制在小于其材料屈服极限 σ_s 的80%。对于一般机械，螺栓的预紧为 F_0：

$$F_0 = （0.5 \sim 0.7）\sigma_s A_1$$

碳素钢螺栓取下限值；合金钢螺栓取上限值；受变载荷作用时取上限值。对于重要的螺栓连接，在产品技术文件和装配图样中应注明预紧力或拧紧力矩指标，以便在装配时予以保证。

11.4.2　螺纹连接的防松

螺纹连接件中所用的螺纹都具有良好的自锁性（单线螺纹，λ 小，φ_v 大，$\lambda \leqslant \varphi_v$），且螺母与螺栓头部在支承面处的摩擦力也具有防松作用，所以在静载及常温环境下，螺纹连接件不会自行地松动或松脱。但在受冲击、变载、振动和温差较大的恶劣环境中，有可能引起螺旋副内摩擦力的减小或消失。这种情况多次重复后，就会使连接失去自锁性而引起连接的松动，导致连接失效。

防松的关键是消除或限制螺纹副之间的相对运动，或增大螺纹副相对运动的难度。防松的方法很多，就防松的工作原理可分为利用摩擦防松、直接锁住防松和破坏螺旋副关系防松三种方法。利用摩擦防松简单方便，直接锁住防松可靠性高，而破坏螺纹副关系防松虽然防松可靠但仅适用于装配后不再拆卸的连接中。常用防松方法的结构形式和应用、原理及特点见表 11-4。

表 11-4　常用防松方法

	结构形式和应用			
摩擦防松	弹簧垫片	对顶螺母		尼龙圈锁紧螺母
	原理	利用拧紧螺母时，垫片被压平后的弹性力使螺纹副纵向压紧	两螺母对顶拧紧，螺栓旋和段受拉，螺母受压，使螺纹副纵向压紧	利用螺母末端的尼龙圈箍紧螺栓，横向压紧螺纹
	特点	结构简单，使用方便，应用广泛，但不十分可靠	结构简单，适用于平稳、低速、重载场合	防松效果好。用于工作温度小于100℃的连接

161

直接锁住防松	结构形式和应用	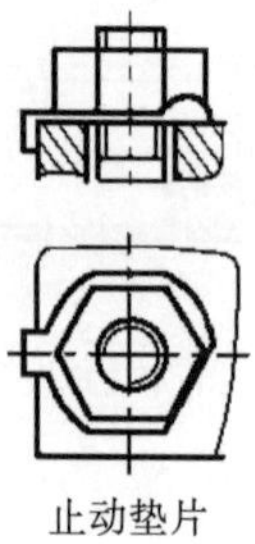 止动垫片	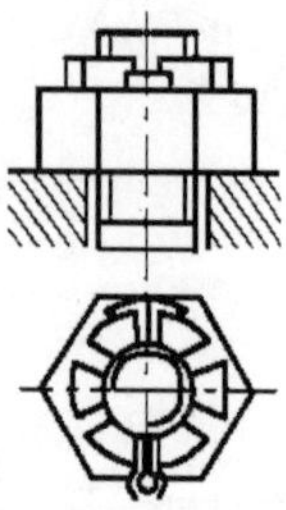 槽形螺母和开口销	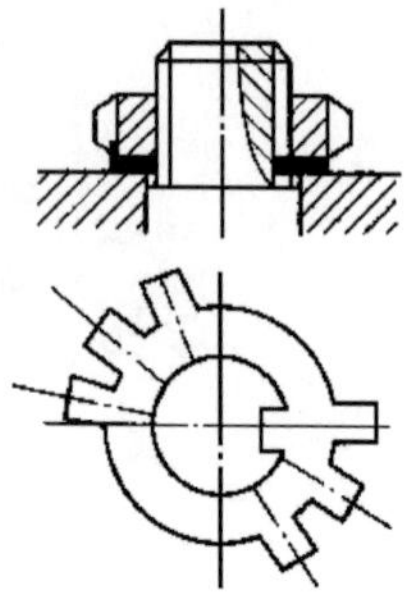 圆螺母和止动垫片
	原理	垫片一部分压入被连接件，另一部分翻起，同时约束垫片和螺母运动	槽形螺母拧紧后，开口销穿过螺栓尾部小孔和螺母的槽，使螺栓螺母相互约束	使垫片内翅嵌入螺栓轴槽内，拧紧螺母后将垫片外翅之一折嵌于圆螺母的一个槽内
	特点	防松可靠，使用方便，但受到结构限制	防松可靠，适用于较大冲击、振动的连接	防松可靠
破坏螺旋副关系防松	结构形式和应用	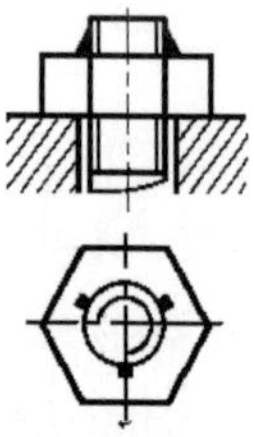 焊住	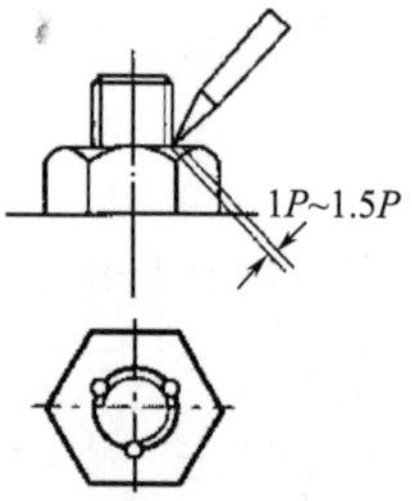 冲点 $1P\sim1.5P$	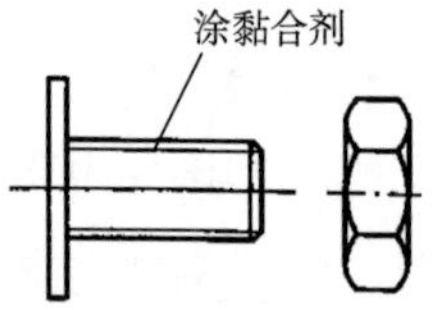 涂黏合剂 涂黏合剂
	原理	螺母拧紧后，将螺栓尾部与螺母点焊成一体	螺母拧紧后，利用冲头在螺栓尾部与螺母末端旋合处打冲2~3个点	用黏合剂涂于螺纹旋合表面，拧紧螺母待黏合剂自行固化后，黏接成一体
	特点	防松可靠，但不能拆卸	适用于不需拆卸的连接	适用于有较大冲击及重要连接处

应当指出，表11-4中所列举的防松方法仅是机械设备中最简单、最常用、最传统的一小部分。具体的防松方法种类甚多，应用也各不相同。近年来，国内外的防松技术及防松方法，也有了很大发展，以适应日益增强的防松能力的需要、有利于安装方便性的需要以及适应自动化装配作业的需要。比如，传统的黏接法防松虽具有简单方便，可靠性高的特点，但黏接法会使连接不可重复使用。随着化学工业的发展，已经出现了多种不同规格、不同性能的防松黏接剂，只要所选黏接剂的抗剪强度低于连接件的抗剪强度，拆卸后的连接件就不会被破坏，而且能重复使用。又如近年来在螺杆结构上采取措施的各种防松方法，也取得了不同程度的防松效果。

【思考题】

试举出 1~2 例新型防松措施。

11.5　螺栓组连接的结构设计

工作中的螺纹连接件大多是成组使用的。在进行螺栓的设计之前，先要进行螺栓组连接的结构设计。螺栓组连接结构设计的目的是：合理确定连接结合面的几何形状和螺栓的布置形式，使各螺栓和结合面间受力均匀，便于加工和装配。因此，螺栓组连接的结构设计原则，有以下几个方面：

（1）连接结合面的几何形状尽可能简单。

常使结合面设计成轴对称的简单几何形状，且螺栓对称布置，螺栓组的对称中心与连接结合面的形心重合，如图 11-7 所示。这样便于加工和安装，易于保证连接结合面受力均匀，结合牢固。

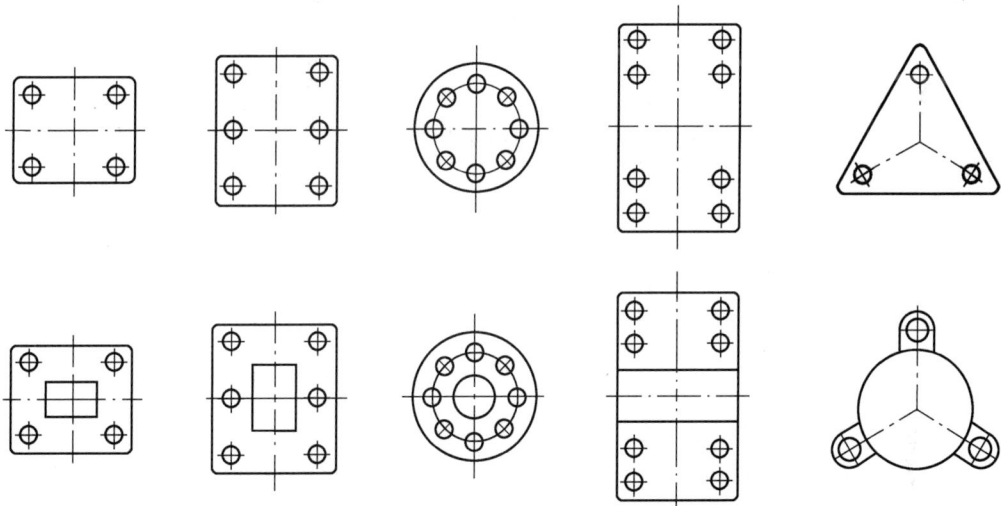

图 11-7　螺栓组连接结合面常用形状及螺栓布置方案

（2）螺栓布置力求使各螺栓受力合理。

主要设计原则为对称布置螺栓，使螺栓组的对称中心和连接结合面的形心重合，保证连接结合面受力比较均匀，如图 11-8（a）所示。当螺栓组承受横向载荷时，为了使各螺栓受力尽量均匀，不要在平行于工作载荷的方向上成排设计 8 个以上的螺栓，如图 11-8（b）所示。当螺栓组承受弯矩或转矩时，为了减少螺栓的受力，应使螺栓的位置尽量靠近连接结合面的边缘，如图 11-8（c）所示，而不是图 11-8（d）。

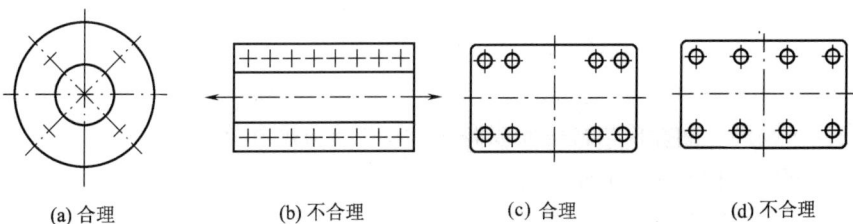

（a）合理　　　　（b）不合理　　　　（c）合理　　　　（d）不合理

图 11-8　螺栓分布排列设计

（3）螺栓排列应有合理的边距与间距。

螺栓布置时，要在螺栓轴线间以及螺栓与机体壁面间留有足够的扳手活动空间，如图 11-9 所示。扳手空间的尺寸可查阅有关机械设计手册。对于压力容器等紧密性要求高的重要连接，螺栓间距的最大值 t_0 有规定，设计时应大于表 11-5 所推荐的数据。

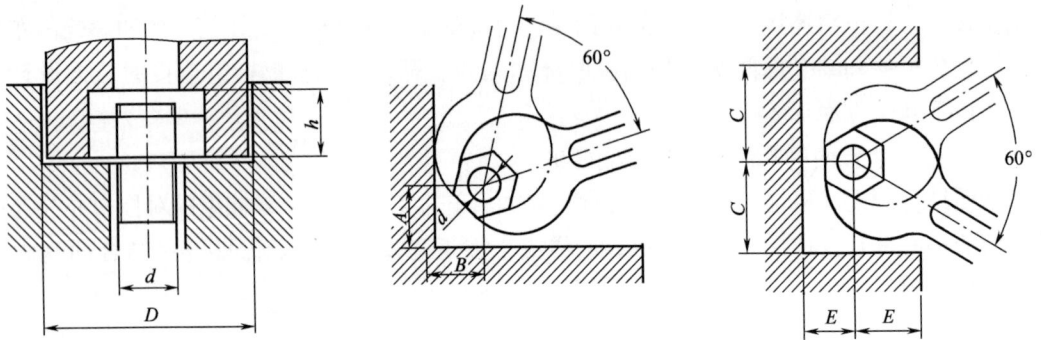

图 11-9　扳手空间

表 11-5　有紧密性要求的螺栓连接的螺栓间距 t_0

工作压力 p/MPa	螺栓间距 t_0/mm	工作压力 p/MPa	螺栓间距 t_0/mm
≤1.6	<7d	>10~16	<4d
>1.6~4	<5.5d	>16~20	<3.5d
>4~10	<4.5d	>20~30	<3d

（4）避免螺栓承受附加弯曲载荷。

被连接件上的螺母和螺栓头部的支承面应平整并与螺栓轴线垂直。对于在铸件等粗糙表面上安装螺栓时，应制成凸台或沉头座；当支承面为倾斜面时，应采用斜垫片等，如图 11-10 所示。

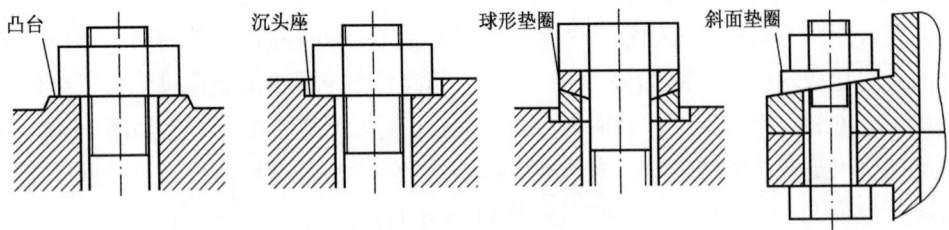

图 11-10　避免偏心的措施

（5）便于加工和装配。

分布在同一圆周上的螺栓数目应取成偶数，以便于分度和划线；同一螺栓组的螺栓的材料、直径和长度均应相同，以便于装配。

11.6　螺栓连接的强度计算

螺栓组连接的结构设计完成后，对于重要的螺栓连接都要进行强度计算。

螺栓连接的强度计算，主要是根据连接的类型、装配情况（是否预紧、是否控制预紧力）、载荷状态等条件，确定螺栓的受力，然后按相应的强度条件，计算螺栓危险截面的直径（螺纹的小径 d_1）或校核其强度。根据强度条件确定 d_1 后，即可按国家标准选定螺栓的公称直径（螺纹的大径 d）及其他参数尺寸。螺栓的连接形式、载荷性质不同，螺栓的强度条件就不同，下面分别介绍。

11.6.1　受拉松螺栓连接

受拉松螺栓连接在装配时不必把螺栓拧紧，螺栓只在承受工作载荷时才受到力的作用，图 11-11 为起重滑轮的螺栓连接即为受拉松螺栓连接。螺栓工作时只有载荷 F 起拉伸作用（忽略自重），工作载荷即为螺栓所受的拉力，故其设计准则是保证螺栓的抗拉强度。

强度条件为：

$$\sigma = \frac{F}{\frac{\pi}{4}d_1^2} \leqslant [\sigma] \qquad (11-9)$$

设计公式为：

$$d_1 \geqslant \sqrt{\frac{4F}{\pi[\sigma]}} \qquad (11-10)$$

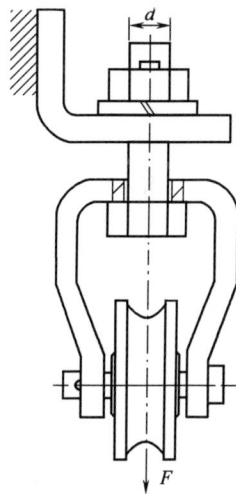

图 11-11　起重滑轮
螺栓连接

式中：F——工作拉力，N；

　　d_1——螺栓的小径，mm；

　　$[\sigma]$——螺栓材料的许用拉应力，MPa，对钢制螺栓 $[\sigma] = \sigma_s/S$；

　　σ_s——螺栓材料的屈服极限，见表 11-6；

　　S——安全系数，见表 11-7。

表 11-6　螺栓（螺钉、螺柱）螺母的性能等级

（摘自 GB/T 3098.1—2010 和 GB/T 3098.2—2015）

螺栓（螺钉、螺柱）					相配螺母	
性能等级	σ_b/MPa	σ_s/MPa	材料及热处理	最低硬度 HBS	性能等级	材料
3.6	300	180	Q215、Q235、10	90	4（d>M16） 5（d≤M16）	10、Q215
4.6	400	240	Q235、10、15	109		
4.8	400	320	Q235、15	113		
5.6	500	300	Q235、35	134	5	
5.8	500	400	Q235、15	140		

螺栓（螺钉、螺柱）					相配螺母	
性能等级	σ_b/MPa	σ_s/MPa	材料及热处理	最低硬度 HBS	性能等级	材料
6.8	600	480	35、45	181	6	10、Q235
8.8　$d \leqslant M16$	800	640	低碳合金钢（如硼、锰、铬等）、优质中碳钢，淬火并回火	232	8	35
8.8　$d > M16$	800	640		248	9（$M16 < d \leqslant M39$）	35
9.8	900	720		269	9（$d \leqslant M16$）	
10.9	1000	900	低、中碳合金钢，淬火并回火	312	10	40Cr、15MnVB
12.9	1200	1080	合金钢，淬火并回火	365	12（$d \leqslant M39$）	30CrMnSi

表 11-7　受拉螺栓连接的许用应力、安全系数

载荷情况	许用应力 $[\sigma]$/MPa	紧螺栓连接安全系数 S					松螺栓连接安全系数 S
		不控制预紧力时				控制预紧力时	
		材料	M6~M16	M16~M30	M30~M60	M6~M60	
静载	$[\sigma] = \sigma_s/S$	碳钢	4~3	3~2	2~1.3	1.2~1.5	1.2~1.7
		合金钢	5~4	4~2.5	2.5		
变载	$[\sigma] = \sigma_s/S$	碳钢	10~6.5	6.5	10~6.5		
		合金钢	7.5~5	5	7.5~6		

11.6.2　受拉紧螺栓连接

受拉紧螺栓连接装配时必须拧紧，在承受工作载荷之前，螺栓已经受到预紧力的作用。这是螺栓连接应用最广泛的情况。按其载荷性质的不同分为下列两种情况。

11.6.2.1　受横向载荷的紧螺栓连接

图 11-12 所示为由 z 个螺栓组成的受横向载荷 F_Σ 的螺栓组连接。受载特点 F_Σ 的作用线

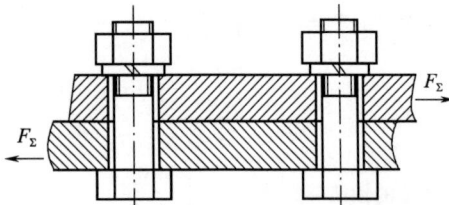

图 11-12　受横向载荷的紧螺栓组连接

与螺栓轴线垂直，并通过螺栓组的对称中心。当采用普通螺栓连接时，螺栓杆与孔壁间有间隙。螺栓预紧后，靠各螺栓的预紧力在结合面间产生的摩擦力抵抗横向载荷。设计时，应保证连接预紧后结合面间所产生的最大摩擦力大于或等于横向载荷，即：

$$f F_0 z i \geqslant K_s F_\Sigma$$

式中：F_0——各螺栓所需的预紧力，N；

　　　i——结合面数（图 11-12 中，$i=1$）；

　　　K_s——防滑系数，$K_s = 1.1 \sim 1.3$；

　　　z——螺栓数目；

　　　f——结合面摩擦系数，见表 11-8。

由此得预紧力 F_0 为：

$$F_0 \geqslant \frac{F_S F_\Sigma}{fzi} \tag{11-11}$$

表 11-8　连接结合面的摩擦系数 f

被连接件	结合面的表面状态	摩擦系数 f
钢或铸铁零件	干燥的加工表面	0.10~0.16
	有油的加工表面	0.06~0.10
钢结构件	轧制表面，钢丝刷清理浮锈	0.30~0.35
	涂富锌漆	0.35~0.40
	喷砂处理	0.45~0.55
铸铁对砖料、混凝土或木材	干燥表面	0.40~0.45

紧螺栓连接在装配时必须拧紧，拧紧螺母时，螺栓即受由 F_0 产生的拉力作用，还因螺纹力矩 T 而受扭转作用，故螺栓处于既受拉应力 σ 又受扭转切应力 τ 的复合应力状态。螺栓危险剖面的拉应力 σ 和扭转切应力 τ 分别为：

$$\sigma = \frac{F}{\frac{\pi}{4}d_1^2} \tag{11-12}$$

$$\tau = \frac{F_0 \tan(\lambda + \phi_V)\frac{d_2}{2}}{\frac{\pi}{16}d_1^3} = \frac{\tan\lambda + \tan\phi_V}{1 - \tan\lambda \tan\phi_V} \cdot \frac{2d_2}{d_1} \cdot \frac{4F_0}{\pi d_1^2} \tag{11-13}$$

对于 M10~M64 的普通螺栓，取 d_2、d_1 及 λ 的平均值，并取 $\phi_V \approx 0.17$，代入式（11-13）则可得 $\tau \approx 0.5\sigma$。根据第四强度理论可求得螺栓在预紧状态下危险剖面的计算应力为：

$$\sigma_{ca} = \sqrt{\sigma^2 + 3\tau^2} = \sqrt{\sigma^2 + 3(0.5\sigma)^2} \approx 1.3\sigma \tag{11-14}$$

则螺栓危险剖面的强度条件为：

$$\sigma_{ca} = 1.3\sigma = \frac{1.3F_0}{\frac{\pi}{4}d_1^2} \leqslant [\sigma] \tag{11-15}$$

设计公式为：

$$d_1 \geqslant \sqrt{\frac{4 \times 1.3F_0}{\pi[\sigma]}} \tag{11-16}$$

式（11-16）中各符号的意义及单位同前。

承受横向载荷的螺栓连接，为保证连接的可靠性，通常所需的预紧力较大，从而使螺栓的结构尺寸增大。为此，可采用各种减载零件来承担横向载荷，如图 11-13 所示。

11.6.2.2　受轴向载荷的紧螺栓连接

图 11-14 所示为一受轴向载荷为 F_Σ 的气缸盖螺栓组连接。受载特点为 F_Σ 的作用线与螺栓轴线平行，并通过螺栓组的对称中心。

由于螺栓均布，有 z 个螺栓，所以每个螺栓所受的轴向工作载荷 F 相等，即：

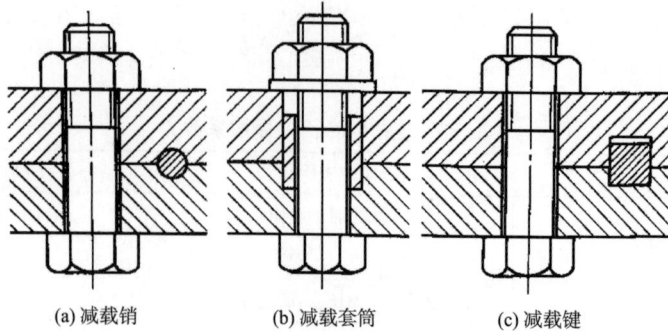

(a) 减载销　　　　　(b) 减载套筒　　　　　(c) 减载键

图 11-13　承受横向载荷的减载零件

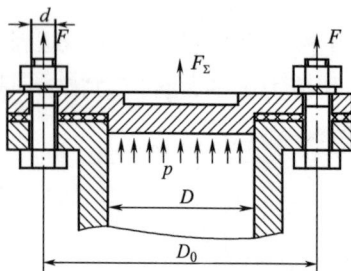

图 11-14　气缸盖螺栓组连接

$$F = \frac{F_\Sigma}{z} \qquad (11-17)$$

由于螺栓即受预紧力 F_0 作用又受工作拉力 F 作用，应首先确定出螺栓的总拉力 F_2，再做强度计算。特别指出的是：当螺栓承受工作拉力时，由于螺栓和被连接件弹性变形的影响，螺栓的总拉力 F_2 并不仅与预紧力 F_0 和工作拉力 F 有关，还与螺栓刚度 C_b 和被连接刚度 C_m 有关，即 $F_2 \neq F_0 + F$。这属于静力不定问题，根据静力平衡条件和变形协调条件分析（详见机械设计教材）可知，此时螺栓的总拉力 F_2、工作拉力 F、预紧力 F_0 满足下列关系：

$$F_2 = F_0 + CF = F_0 + \frac{C_b}{C_b + C_m}F \qquad (11-18)$$

$$F_2 = F_1 + F \qquad (11-19)$$

其中，$C = C_b/(C_b + C_m)$ 为螺栓的相对刚度，大小与螺栓及被连接件的材料、尺寸和结构形状有关，其值在 0~1，可通过实验或计算确定。设计时可按表 11-9 选取；F_1 为残余预紧力，对于不同要求的连接，建议残余预紧力 F_1 按表 11-10 推荐值选取。

表 11-9　螺栓连接的相对刚度 $C_b/(C_b + C_m)$

垫片材料	金属垫片或无垫片	皮革垫片	铜皮石棉垫片	橡胶垫片
$C_b/(C_b + C_m)$	0.2~0.3	0.7	0.8	0.9

表 11-10　残余预紧力 F_1 推荐值

连接性质		残余预紧力 F_1 推荐值	连接性质	残余预紧力 F_1 推荐值
紧固连接	一般连接	$(0.2~0.6)F$	冲击载荷	$(1.0~1.5)F$
	变载荷	$(0.6~1.0)F$	压力容器或重要连接	$(1.5~1.8)F$

由此可得，对于图 11-14 所示气缸盖螺栓组连接，在设计时，应先根据连接的受载情况，按式（11-17）求出螺栓的工作拉力 F，再根据连接要求选取预紧力 F_0 或残余预紧力 F_1 值，按式（11-18）或式（11-19）计算出螺栓的总拉力 F_2 后，即可进行螺栓强度计算。

此时螺栓仍处于既受拉应力 σ 又受扭转切应力 τ 的复合应力状态，螺栓在危险剖面的强度条件为：

$$\sigma_{ca} = \frac{1.3F_2}{\frac{\pi}{4}d_1^2} \leq [\sigma] \tag{11-20}$$

设计公式为：

$$d_1 \geq \sqrt{\frac{4 \times 1.3F_2}{\pi[\sigma]}} \tag{11-21}$$

式中各符号的意义及单位同前。

11.6.3　受剪螺栓连接

图 11-15 所示为一由 z 个螺栓组成的受横向载荷为 F_Σ 的螺栓组连接。受载特点与受横向载荷的紧螺栓连接相同。但此处不是采用普通螺栓连接，而是采用铰制孔螺栓连接，外载荷直接作用在每个螺栓上，靠螺栓杆受剪切和挤压来抵抗横向载荷。

这种连接形式不依靠摩擦力承受工作载荷，连接所需的预紧力很小，所以计算时可忽略预紧力和摩擦力矩的影响。若每个螺栓所承受的横向工作载荷均为 F，则有：

$$F = \frac{F_\Sigma}{z} \tag{11-22}$$

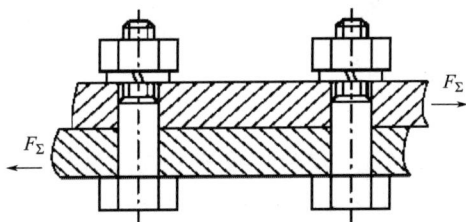

图 11-15　受剪螺栓组连接

所以，螺栓杆的剪切强度条件：

$$\tau = \frac{F}{\frac{\pi}{4}d_0^2} \leq [\tau] \tag{11-23}$$

设计公式为：

$$d_0 \geq \sqrt{\frac{4F}{\pi[\sigma]}} \tag{11-24}$$

螺栓杆与孔壁的挤压强度条件为：

$$\sigma_P = \frac{F_2}{d_0 L_{min}} \leq [\sigma_p] \tag{11-25}$$

设计公式为：

$$d_0 = \frac{F}{L_{min}[\sigma_p]} \tag{11-26}$$

式中：F——螺栓所受的工作剪力，N，可根据连接的受载情况由式（11-22）确定；

d_0——螺栓剪切面的直径，mm（可取为螺栓孔的直径）；

L_{min}——螺栓杆与孔壁挤压面的最小高度，mm，设计时应使 $L_{min} \geq 1.25d_0$；

$[\tau]$——螺栓材料的许用切应力，MPa；

τ——螺栓杆所受剪切应力，MPa；

$[\sigma]$——螺栓材料的许用拉应力，MPa；

$[\sigma_p]$——螺栓或孔壁材料的许用挤压应力，MPa。

【思考题】

1. 试找出表11-6中的性能等级、σ_b、σ_s三者之间的关系。

2. 表11-7表明，安全系数可根据螺纹直径选择，但直径的计算中又需要用到安全系数，这是否矛盾？设计计算中如何解决这个问题呢？

11.7　提高螺纹连接强度的措施

影响螺栓连接强度的因素很多，如材料、结构、尺寸、工艺、螺纹牙受力、载荷分布、载荷特性等，而螺栓连接的强度又主要取决于螺栓的强度。因此，研究影响螺栓强度的因素和提高螺栓强度的措施，对提高连接的可靠性具有重要的意义。

螺纹牙的载荷分配、附加弯曲应力、应力集中和制造工艺等几个方面是影响螺栓强度的主要因素。下面仅以工程上常用的受拉螺栓为例，分析各种因素对受拉螺栓强度的影响和提高强度的措施。

11.7.1　改善螺纹牙上载荷分布不均现象

受拉螺栓连接中的螺栓所受的总拉力是通过螺纹牙传送的。如果螺母和螺杆都是刚体，且制造无误差，则每圈螺纹之间的载荷分配是均匀的，如图11-16（a）所示。

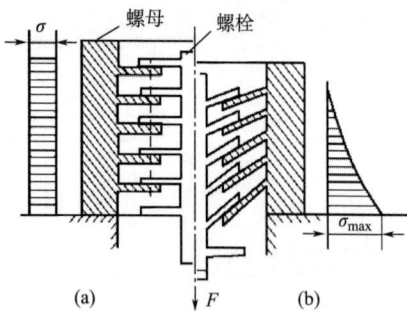

图11-16　螺纹牙间载荷分配

一般螺栓和螺母都是弹性体，螺栓、螺母的刚度和变形性质不同（螺栓受拉，螺母受压），且存在着制造和装配误差，故受力后，螺栓、螺母和各圈螺纹牙上的受力和变形也不均匀，如图11-16（b）所示。

解决的办法：降低螺母的刚度，使之容易变形；增加螺母与螺杆的变形协调性，以缓和矛盾。

常采取的方法有：①采用悬置螺母，如图11-17（a）所示；②采用环槽螺母，如图11-17（b）所示；③采用内斜螺母，如图11-17（c）所示；④采用特殊结构螺母，如图11-17（d）所示；⑤螺栓和螺母采用不同的材料匹配。

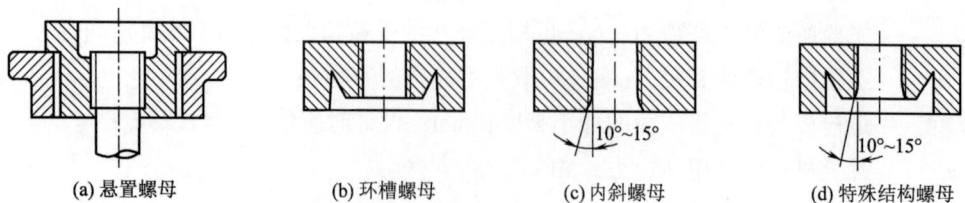

(a) 悬置螺母　　(b) 环槽螺母　　(c) 内斜螺母　　(d) 特殊结构螺母

图11-17　均载螺母结构

11.7.2　降低螺栓的应力幅

受轴向变载荷作用的螺栓连接，在最小应力不变的条件下，应力幅越小，螺栓连接的疲劳强度和连接的可靠性越高。由式（11-18）可知，在保持预紧力 F_0 不变的条件下，若减小螺栓刚度 C_b 或增大被连接件刚度 C_m，都可以减小总拉力 F_2 变动范围，即达到减小应力幅的目的。

为了减小螺栓刚度，可减小螺栓光杆部分的直径或采用空心螺杆，如图 11-18 所示，也可酌情增加螺栓的长度。如图 11-19 所示液压油缸缸体和缸盖的螺栓连接，采用长螺栓较采用短螺栓的疲劳强度高。

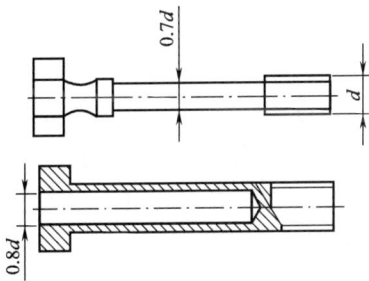

图 11-18　柔性螺栓

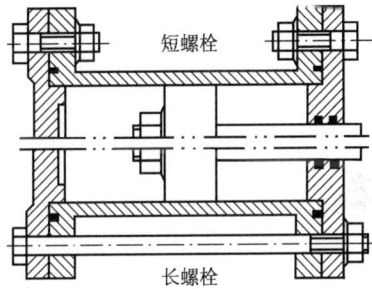

图 11-19　油缸盖、体的两种连接方式

被连接件的刚度往往是较大的，但被连接件的结合面因需要密封而采用软垫片时，会使其刚度降低，如图 11-20（a）所示，这将降低螺栓连接的疲劳强度。这时应改用刚度较大的金属薄垫片或密封环，如图 11-20（b）所示，即可保持被连接件原来的刚度值。

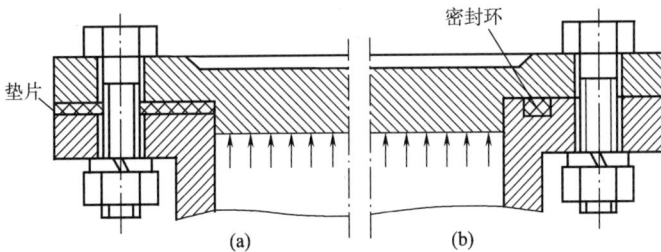

图 11-20　两种密封方式的比较

11.7.3　避免附加弯曲应力

螺纹牙根部对弯曲十分敏感，故附加弯曲应力是螺栓断裂的重要因素。避免或减小附加弯曲应力的根本方法是使螺纹孔轴线与被连接件各支撑面垂直。为此，可采用如图 11-21 所示的几种结构措施。

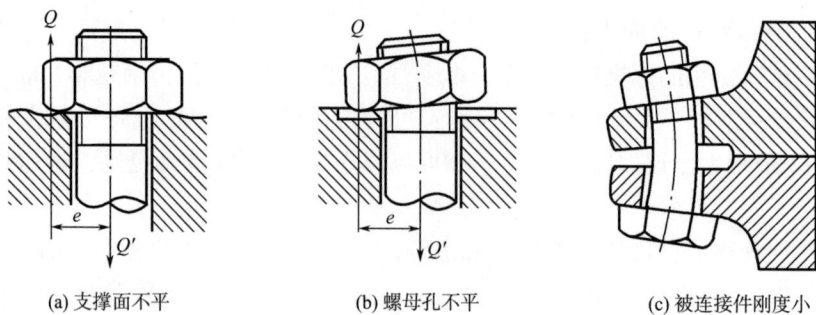

(a) 支撑面不平　　　　(b) 螺母孔不平　　　　(c) 被连接件刚度小

图 11-21　螺栓的附加弯曲应力

11.7.4　减小应力集中的影响

螺栓的螺纹牙根、螺纹收尾、螺栓头部与螺栓杆的过渡圆角处等均可能产生应力集中，是影响螺栓疲劳强度的主要因素之一。为了减小应力集中的程度，可适当加大螺纹牙根的过渡圆角。另外，在螺栓头部与螺栓杆交接处采用较大的过渡圆角［图 11-22（a）］、切制卸载槽［图 11-22（b）（c）］，以及使螺纹收尾处平缓过渡等都是减小应力集中的有效办法。目前，航空、航天用的螺纹采用的新发展的 MJ 螺纹，就是采用增大牙根圆角半径的方法减小应力集中的。

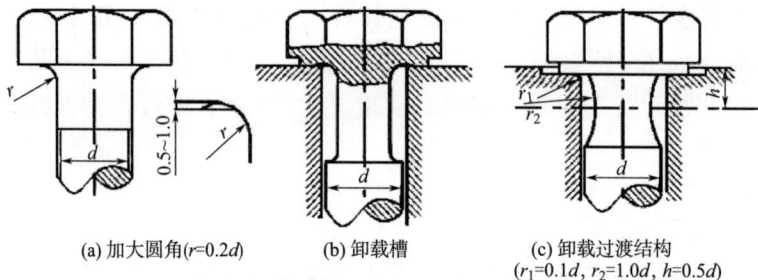

(a) 加大圆角($r=0.2d$)　　　　(b) 卸载槽　　　　(c) 卸载过渡结构
($r_1=0.1d$, $r_2=1.0d$, $h=0.5d$)

图 11-22　减小应力集中的方法

11.7.5　采用合理的制造工艺

制造工艺对螺栓的疲劳强度有重要的影响。采用冷镦头部和滚压螺纹的螺栓，由于材料的冷作硬化作用、表层存在残余压应力及材料纤维连续，金属流线合理等原因，其疲劳强度比车制螺栓高 35% 左右。如果热处理后再进行滚压螺纹，效果更佳，螺栓的疲劳强度可提高近一倍。此制造工艺具有优质、高产、低消耗的功效。

喷丸、氰化、氮化等热处理工艺能使螺栓表面冷作硬化，表层有残余压应力，可明显提高螺栓的疲劳强度。

习题

11-1 常用螺纹按牙型分为哪几种？各有何特点？举例说明它们的应用。

11-2 常用螺栓的螺纹是左旋还是右旋？是单线还是多线？为什么？

11-3 螺栓连接有哪几种类型？各有何特点？试用实例说明各类连接的应用场合。

11-4 在什么情况下需要采取防松措施？防松的根本问题是什么？常用的防松方法（按防松原理）有哪些？各举一例说明螺纹连接的防松措施。

11-5 为什么在重要的普通螺栓连接中，不宜采用直径小于 M12 的螺栓？

11-6 螺栓组连接中螺栓在什么情况下会产生附加应力？为避免附加应力的产生，应从结构和工艺上采取哪些措施？

11-7 题图 11-1 所示为一螺旋拉紧装置，旋转中间零件，可使两端螺杆 A 及 B 向中央移近，从而将两零件拉紧。已知 A 及 B 材料的许用拉伸应力 $[\sigma]$ = 80MPa，螺纹副间摩擦系数 f = 0.15。试计算：

（1）允许施加于中间零件上的最大转矩 $T_{\max}$；

（2）旋紧时螺旋的效率 η。

11-8 如题图 11-2 所示，某机械上的拉杆端部采用普通螺栓连接，已知拉杆受最大载荷 F = 15kN，载荷很少变动，拉杆材料为 Q235 钢，试确定拉杆螺纹的直径。

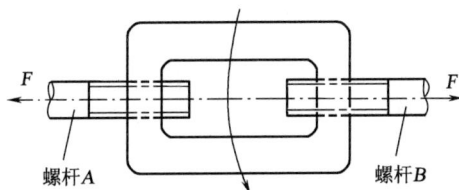

题图 11-1

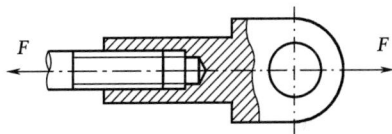

题图 11-2

11-9 如题图 11-3 所示，带式输送机的凸缘联轴器用 M16 的普通螺栓连接，D_0 = 125mm，传递的转矩 T = 1500N·m，螺栓材料为 45 钢，联轴器结合面上的摩擦系数 f = 0.15，试确定螺栓数目。

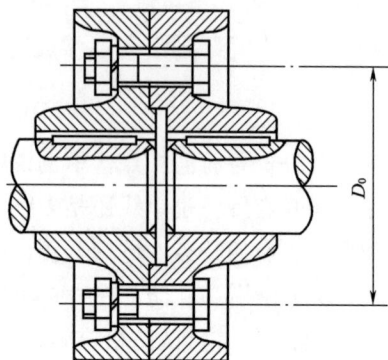

题图 11-3

11-10　如图 11-14 所示压力容器，气压 $p=0.5$MPa，容器内径 $D=280$mm，要用 10 个直径 $d=16$mm 的螺栓均布在直径为 D_0 的圆周上，螺栓材料为 45 钢，取残余预紧力 $F_1=1.5F$（F 为工作载荷），试校核此螺栓强度。

11-11　试找出题图 11-4 所示螺纹连接结构的错误，说明原因，并在图中改正。

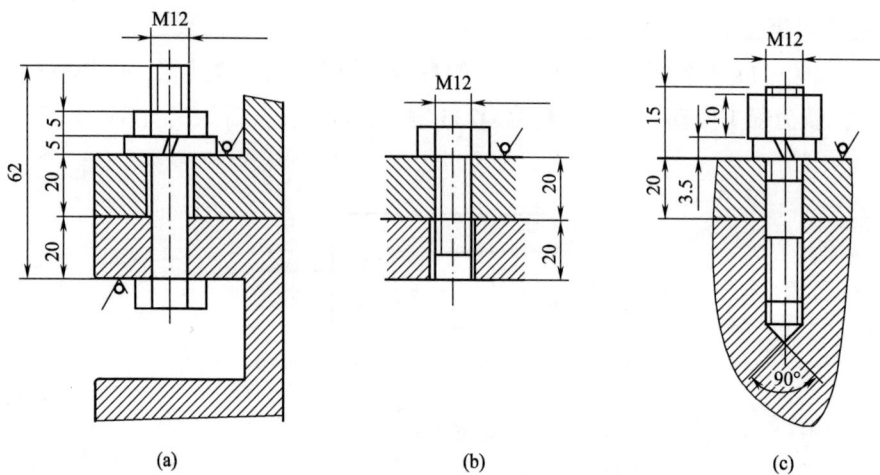

(a)　　　　　　　　　(b)　　　　　　　　　(c)

题图 11-4

第12章 轴系零部件设计

【知识要点】

1. 轴的分类、材料、结构设计及强度校核。

2. 滚动轴承的结构和类型、代号、类型选择及寿命计算。

3. 滑动轴承的类型和结构，非液体摩擦滑动轴承的校核计算。

4. 联轴器和离合器的类型、结构、特点及其选用。

5. 键连接类型的选择及其强度校核。

6. 轴系的结构设计，包括轴向定位、位置调整、滚动轴承的配合与装拆及其润滑与密封等。

【知识探索】

1. 观察减速器的结构，并思考减速器中各轴的最小直径间存在什么关系，原因是什么。

2. 观察玩具"溜溜球"中的轴承和轮滑鞋中的轴承，并说明可以从哪些方面对滚动轴承进行评价。

3. 汽车里哪些位置需要使用联轴器和离合器？为何种类型？有何区别？

轴系是组成机器的重要部分，主要功能是支承机器中作回转运动的零件（如齿轮、带轮、链轮、凸轮等）；保证回转零件有确定的轴向与周向工作位置；实现轴与轴之间的运动和动力传递。通常把支承作回转运动的轴、支承轴的轴承、连接轴的联轴器、轴毂连接所用的键统称为轴系零、部件。

图 12-1 为图 11-1 所示的减速器的大齿轮的轴系装配图。图中的齿轮轴通过一对轴承支承作回转运动；键使轴与齿轮（联轴器）之间实现周向定位，即轴毂连接；联轴器可将轴与另一轴（图中未显示）连接在一起实现同步转动；而轴上零件的轴向定位则是依靠轴系中的轴承盖、套筒及轴肩等完成的。

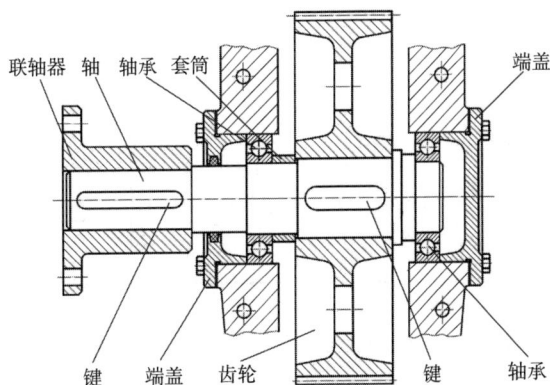

图 12-1　轴系零部件装配图

12.1 轴的设计

12.1.1 概述

12.1.1.1 轴的分类

轴是机器中最重要的零件之一，它的作用是支承作回转运动的零件，保证回转零件有确定的轴向工作位置。轴一般按工作时的载荷情况分为转轴、心轴和传动轴三类。其受载特点及应用见表12-1。

表 12-1 轴的类型及应用

类型		受载特点	受力简图	应用举例
转轴		既承受弯矩又承受转矩，是机器中最常用的一种轴	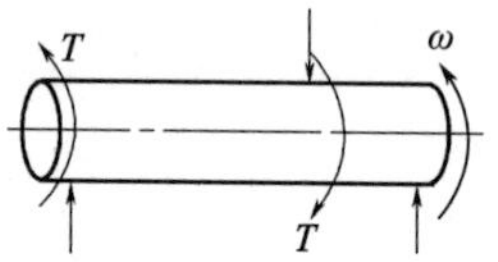	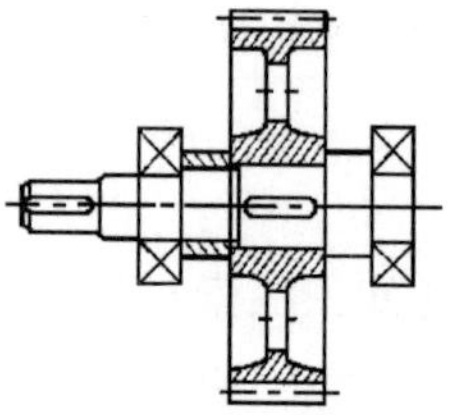
心轴	转动心轴	只承受弯矩，不承受转矩；转动心轴受变应力作用	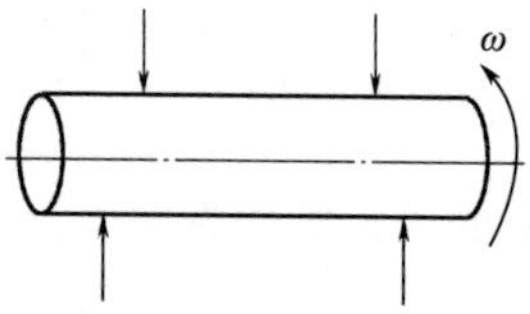	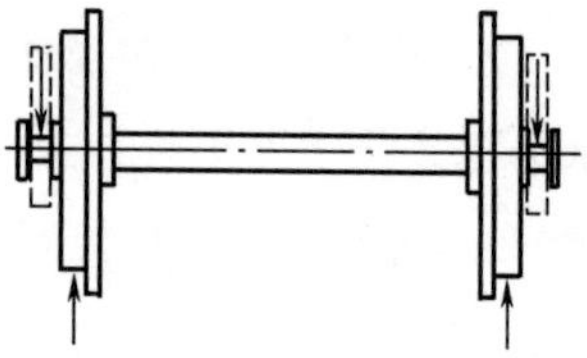
	固定心轴	只承受弯矩，不承受转矩；固定心轴受静应力作用	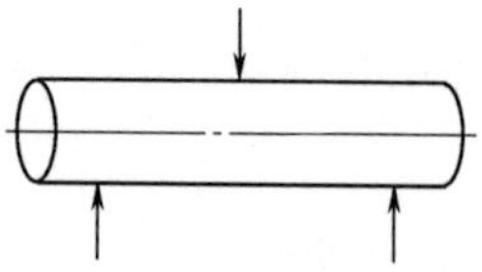	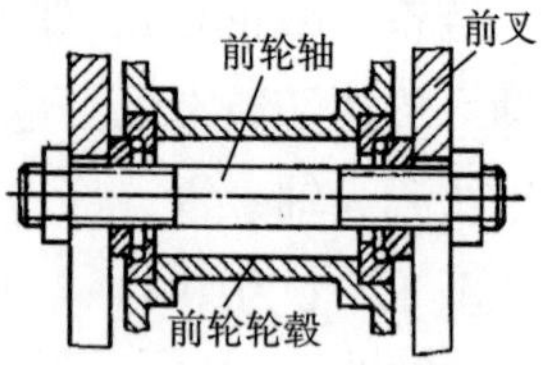 前轮轴　前叉 前轮轮毂
传动轴		主要承受转矩，不承受弯矩或弯矩很小	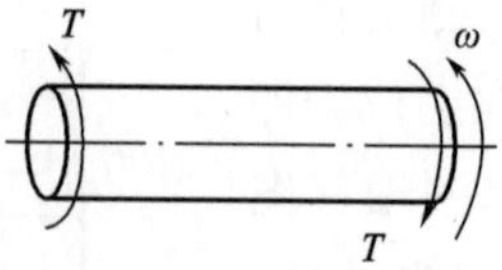	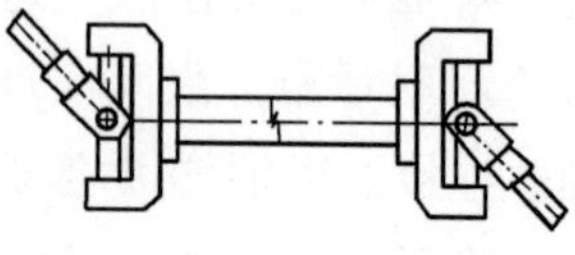

按照轴的轴线形状又可分为直轴［包括光轴、阶梯轴、实心轴、空心轴，如图12-2（a）所示］、曲轴和挠性轴［图12-2（b）］。本节将以机器中最为常见的实心阶梯转轴为研究对象，讨论轴的有关设计问题。心轴和传动轴可看作是当转轴的转矩 $T=0$ 和弯矩 $M=0$ 时的特例。曲轴和挠性轴属专用零件，不在本课程的研究范围。

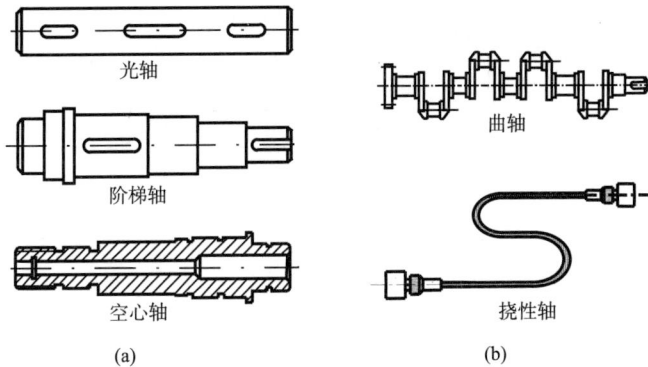

图 12-2　按轴线形状对轴分类

12.1.1.2　轴的材料

轴的力学模型是梁，多数要转动，其应力通常是对称循环，可能的失效形式有疲劳断裂、过载和弹性变形过大等。因此要求轴的材料应具有足够的强度、较小的应力集中敏感性和良好的加工工艺性，有的轴还有耐磨性要求。

轴的材料主要是碳素钢和合金钢，多采用碳素钢。

常用的碳素钢有 30、40、45 和 50 钢，其中以 45 钢最常用。碳素钢虽然比合金钢强度低，但价格低廉，对应力集中的敏感性低，可通过调质处理、正火处理以改善材料的综合机械性能，对于不重要或受载较小的轴可采用 Q235A、Q255A、Q275A 等普通碳素钢，无须热处理。

合金钢与碳素钢相比具有较高的力学性能和更好的热处理性能，但对应力集中比较敏感，价格较贵，一般用作受载大并要求尺寸紧凑、重量轻或耐磨性、抗磨性要求高以及处于非常温度下工作的轴的材料。常用的合金钢材料有：20Cr、40Cr、20CrMnTi、35SiMn、40MnB 等。

应该注意，常温下合金钢与碳素钢的弹性模量相差无几，热处理对其影响也很小，因此，用合金钢代替碳素钢或通过热处理的方法都不能提高轴的刚度。

轴也可采用高强铸铁和球墨铸铁。它们具有优良的工艺性，制造时不需用锻压设备，吸振性和耐磨性好，对应力集中的敏感性低，而且价格低廉，适用于制造复杂形状的轴。但因铸造品质不易控制，故可靠性不如钢材。

轴的常用材料、主要力学性能及用途见表 12-2。

表 12-2　轴的常用材料、主要力学性能及用途

材料及热处理	毛坯直径/mm	硬度/HBS	力学性能/MPa					应用
			抗拉强度极限 σ_b	屈服强度极限 σ_s	弯曲疲劳极限 σ_{-1}	剪切疲劳极限 τ_{-1}	许用弯曲应力 $[\sigma_{-1}]$	
Q235-A			440	240	200	100	40	用于不重要及受力不大的轴
Q275			580	280	230	130	42	

续表

材料及热处理	毛坯直径/mm	硬度/HBS	力学性能/MPa					应用
			抗拉强度极限 σ_b	屈服强度极限 σ_s	弯曲疲劳极限 σ_{-1}	剪切疲劳极限 τ_{-1}	许用弯曲应力 $[\sigma_{-1}]$	
35 正火	≤100	149~187	520	270	250	125	45	用于一般的轴
45 正火	≤100	170~217	600	300	275	140	55	用于较重要的轴，应用最广泛
45 调质	≤200	217~255	650	360	300	155	60	
35CrMo 调质	≤100	207~269	735	540	345	195	70	用于重载荷或齿轮轴
	>100		685	490	315	180		
40Cr 调质	≤100	241~286	735	540	355	200	70	用于载荷较大且无很大冲击的重要轴
	>100		685	490	335	185		
40MnB 调质	25	207	785	540	365	210	70	用于重要的轴
	≤200	241~286	735	490	330	190		
20Cr 淬火，回火	15	表面 56~62HRC	850	550	375	220	75	用于强度、韧性及耐磨性均较高的轴
	≤60		640	390	305	160	60	
QT600-3		190~270	600	370	215	185	40	用于外形复杂的轴

【思考题】

1. 一减速器通过联轴器与电动机轴相连接，试分析减速器中的各轴属于何种类型。

2. 常用的轴材料有哪几种？如果碳素钢材料的轴刚度不够，是否可采用高强度的合金钢来提高轴的刚度？为什么？

12.1.2　轴的结构设计

轴主要由轴颈、轴头、轴身三部分构成，如图 12-3（a）所示。轴上与轴承配合的部分叫轴颈，如图 12-3（a）中的③，其直径尺寸必须符合轴承内径尺寸；安装轮毂的部分叫轴头，如图 12-3（a）中的①④，其直径尺寸必须符合标准直径；两相邻直径变化处称为轴肩；两侧都是递减轴肩且长度较小处称为轴环，它通常是轴的最大直径。

轴的结构设计就是合理确定轴的结构外形和全部尺寸。由于影响轴结构形状和尺寸的因素很多，所以轴结构设计具有较大的灵活性和多样性。设计时必须根据不同情况进行具体分析，特别是要把轴的结构设计放在轴系中整体中考虑。

总的设计原则是：使轴和装在轴上的零件有准确的工作位置（定位）和可靠的相对固定；轴上零件要便于装拆和调整；轴的结构具有良好的制造工艺性。

实际中，多数轴为阶梯轴。因为从受力的角度看，阶梯轴更接近等强度条件，而且阶梯轴容易加工，便于轴上零件的定位和装拆。

下面结合图 12-3 所示阶梯转轴对轴结构设计中的主要问题加以说明。

12.1.2.1　轴上零件装配方案的确定

轴的结构合理性和装配工艺性与轴上零件的装配方案有关。因此，确定轴上零件的装配方案是进行轴的结构设计的前提。所谓装配方案，就是考虑和预定轴上主要零件的装配方

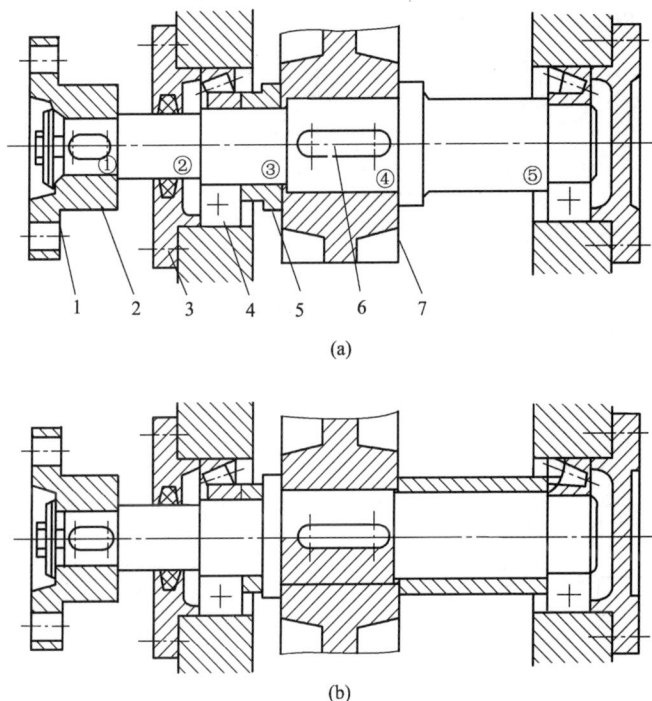

图 12-3　轴的结构及各部分的名称
1—轴端挡板　2—联轴器　3—轴承盖　4—轴承　5—套筒　6—键　7—齿轮

向、顺序和相互关系。由于装配方案不同，会有不同的轴的结构形状，因此在拟定装配方案时，一般应多考虑几个方案，进行分析比较后选择。现以图 12-3 所示齿轮减速器输出轴的两种布置方案为例进行对比分析。图 12-3（a）的装配方法是：依次从轴的左端安装齿轮、套筒、左端轴承、轴承盖、半联轴器，右端只装轴承及端盖。而图 12-3（b）的装配方案是：依次从轴的左端安装左端套筒、轴承、轴承盖、半联轴器，而依次从轴的右端安装齿轮、右端套筒、轴承、端盖。相比之下，图 12-3（b）的装配方法较图 12-3（a）多了一个用于轴向定位的长套筒，使轴上的零件增多，质量增大，所以图 12-3（a）的装配方案较为合理。

12.1.2.2　轴上零件的定位和固定

轴上零件的定位是指零件在轴上要有准确的工作位置；轴上零件的固定是要求工作时，零件不能改变这个工作位置，即要求零件与轴之间能被牢靠地固定。

零件的定位和固定分为轴向和周向。

（1）轴向定位与固定。

轴上零件轴向定位和固定的目的是使零件能够在轴线方向定位并承受轴向载荷。常用的轴向定位与固定方法、特点和应用见表 12-3。

轴上零件一般应作双向固定，这时可将表 12-3 所列各种方法联合使用。注意：为了保证可靠的定位和固定，与轴上零件相配合的轴段长度应比轮毂宽略短 1~3mm，如表 12-3 中套筒结构简图，$l = b - (1~3)$ mm。

表 12-3　轴上零件的轴向定位与固定方法

轴向定位与固定方法与结构简图	特点和应用	设计注意要点
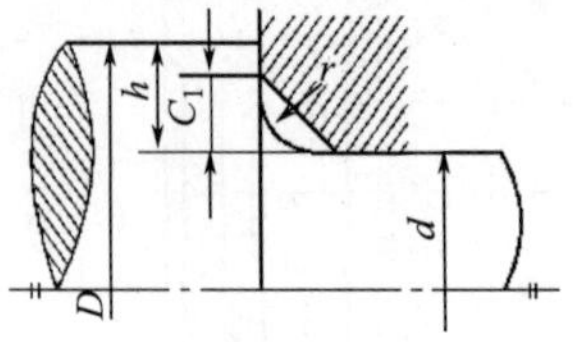 轴肩与轴环 (a) 轴肩定位 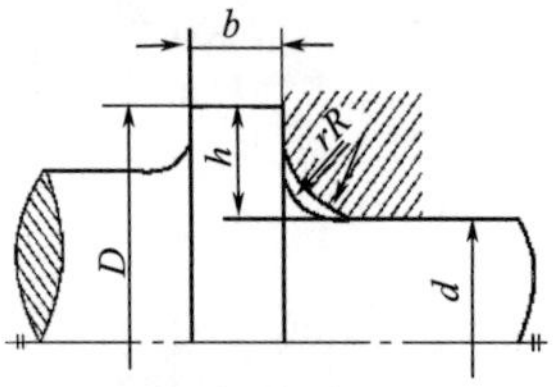 (b) 轴环定位	简单可靠，不需附加零件，能承受较大的轴向力。广泛应用于各种轴上零件的定位和固定。该方法会使轴径增大，阶梯处产生应力集中，且阶梯过多使轴结构复杂，不利于加工	为保证零件与定位面靠紧，轴上过渡圆角半径 r 应小于零件圆角半径 R 或倒角 C，即 $r<C<h$、$r<R<h$ 一般取定位高度 $H=(0.07\sim0.1)\,d$，轴环宽度 $b=1.4h$
套筒	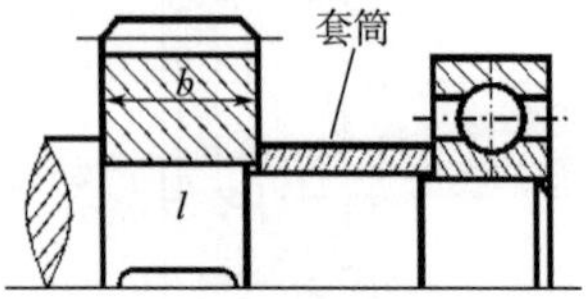 结构简单，定位可靠，简化了轴的结构且不削弱轴的强度。常用于轴上两个近距离零件间的相对固定，不宜用于高转速轴	套筒内径与轴的配合较松，套筒结构、尺寸可视需要灵活设计
轴端挡圈	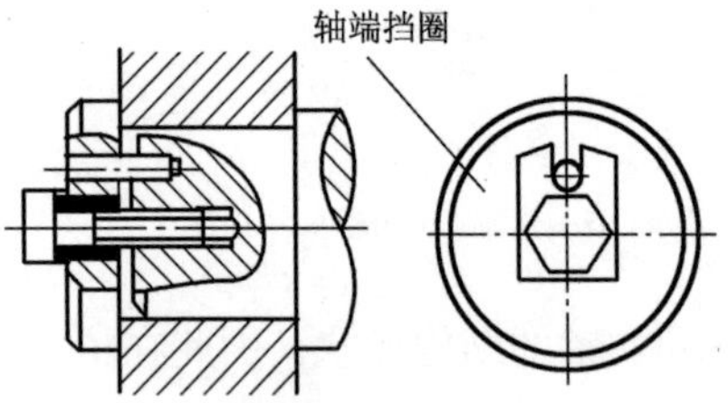 工作可靠，结构简单，能承受较大轴向力，应用广泛	标准件（GB/T 891—1986，GB/T 892—1986），用于固定轴端零件，应采用止动垫片、防转螺钉等防松措施
锥面	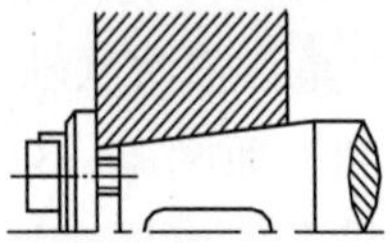 装拆方便，能消除轴与轮毂间的径向间隙，可兼作周向固定。适用于高速、冲击和对中性要求较高的场合	只用于轴端零件的固定，常与轴端挡圈联合使用，实现零件的双向固定
圆螺母	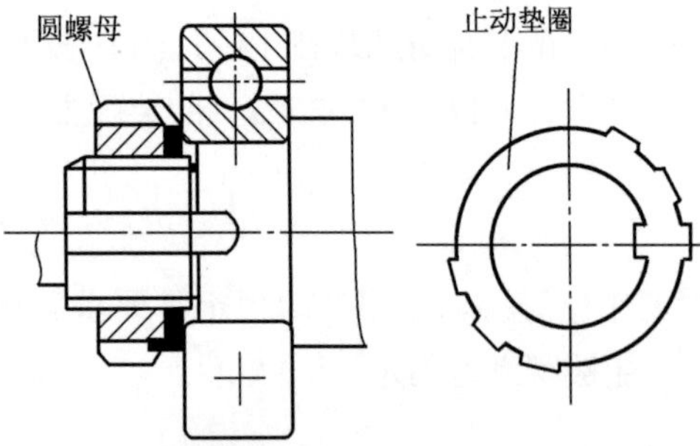 固定可靠，装拆方便，可承受较大轴向力，能实现轴上零件的间隙调整。常用于轴上两零件间距较大处及轴端零件处	标准件（圆螺母 GB/T 812—1988，止动垫圈 GB/T 858—1988），为减小对轴的强度的削弱，常采用细牙双螺母。为防松，需加止动垫圈或使用双螺母
弹性挡圈	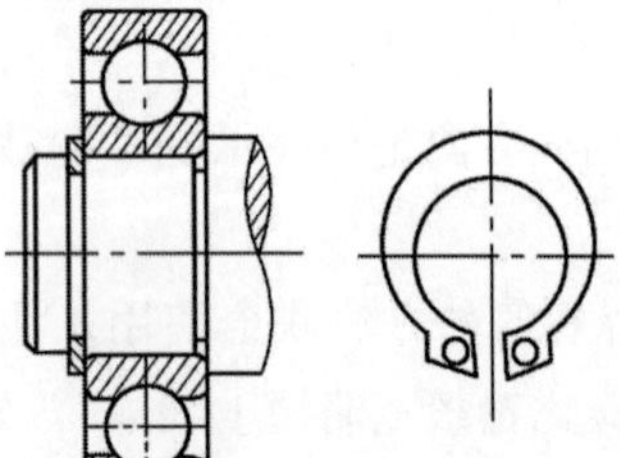 结构紧凑、简单、装拆方便，但受力较小，且轴上切槽将引起应力集中。常用于轴承的固定	标准（GB/T 894—2017），轴上切槽尺寸见 GB/T 894.1—2017

180

续表

轴向定位与固定方法与结构简图	特点和应用	设计注意要点
紧定螺钉与锁紧挡圈	结构简单，同时起周向固定作用，但承载能力较小，且不适于高速场合	标准件（紧定螺钉 GB/T 71—2018，锁紧挡圈 GB/T 884—1986），紧定螺钉用孔的结构尺寸见 GB/T 71—2018，锁紧挡圈的结构尺寸见 GB/T 884—1986

（2）周向定位与固定。

轴上零件周向定位和固定的目的是使零件能同轴一起转动，传递转矩。周向固定的方式很多，常用的有键、花键、过盈配合等连接形式，详见 12.5 轴毂连接的相关内容。

【思考题】

1. 轴的结构设计的内容和流程是什么？

2. 试分析图 12-3（a）所示轴系中，轴上主要零件的轴向定位和固定的方法。

12.1.2.3　轴各段直径和长度的确定

零件在轴上的装配方案及定位方式确定后，可初步估算轴所需的最小直径 $d_{\min}$（通常位于轴端），进而确定轴各段的直径、长度和配合类型。轴的初步估算常用如下两种方法。

（1）按扭转强度初估轴径。

轴强度条件为：

$$\tau_T = \frac{T}{W_T} = \frac{9.55 \times 10^6 P}{W_T n} \leqslant [\tau_T] \qquad (12-1)$$

式中：T——轴所传递的转矩，N·mm；

τ_T——转矩 T 在轴上产生的扭转切应力，MPa；

$[\tau_T]$——材料的许用扭转切应力，MPa，见表 12-4；

W_T——抗扭截面模量，mm³；

P——轴所传递的功率，kW；

n——轴的转速，r/min。

对于实心圆轴，$W_T = \pi d^3/16 \approx 0.2d^3$，代入式（12-1），经整理可得满足扭转强度条件的最小轴径的估算式为：

$$d \geqslant \sqrt[3]{\frac{9.55 \times 10^6}{0.2[\tau_T]}} \sqrt[3]{\frac{P}{n}} = A_0 \sqrt[3]{\frac{P}{n}} \qquad (12-2)$$

式中：A_0——由轴的材料和承载情况确定的常数，见表 12-4。

表 12-4　轴常用材料的 $[\tau_T]$ 和 A_0 值

轴的材料	Q235-A、20	Q275、35	45	40Cr、35SiMn、35CrMo、20Cr、20CrMnTi
$[\tau_T]$（MPa）	12~20	20~30	30~40	40~52

轴的材料	Q235-A、20	Q275、35	45	40Cr、35SiMn、35CrMo、20Cr、20CrMnTi
A_0	135~160	118~135	107~118	97~106

注 当弯矩较小或只受转矩作用、载荷较平稳、无轴向载荷或只有较小的轴向载荷、轴只做单向旋转时，$[\tau_T]$ 取较大值，A_0 取较小值；反之，$[\tau_T]$ 取较小值，A_0 取较大值。

若所计算的轴段上开有键槽，应适当增大该轴段的直径，以补偿键槽对轴强度的削弱，见表12-5。

表12-5　轴上有键槽时轴直径增加值 单位：mm

轴的直径 d	<30	30~100	>100
有一个键槽时的增加值	7	5	3
有两个键槽（相隔180°）时的增加值	15	10	7

（2）按经验公式估算轴径。

对一般减速器中的高速级输入轴，可按 $d_{min} = (0.8 \sim 1.2)D$ 估算（D 为电动机的轴径）；相应各级低速轴的最小直径可按同级齿轮中心矩 a 估算，$d_{min} = (0.3 \sim 0.4)a$。

估算出轴的最小直径后，按轴上零件的装配方案和定位要求，从轴端起逐一确定各段轴的直径。需要注意的是：当轴段有配合需求时，应尽量采用推荐的标准直径。安装标准件（如滚动轴承、联轴器等）部位的轴径尺寸，应取为相应的标准值。另外，为了使齿轮、轴承等有配合要求的零件装拆方便，避免配合表面的刮伤，应在配合段前（非配合段）采用较小的直径，或在同一轴段的两个部位上采用不同的配合公差值。

轴的各段长度主要是根据各零件与轴配合部分的轴向尺寸和相邻零件必要的空隙来确定。为了保证轴上零件轴向定位可靠，如齿轮、带轮、联轴器等轴上零件相配合部分的轴段长度应比轮毂宽度短 2~3mm。

12.1.2.4　轴的加工和装配工艺性

对轴进行结构设计时，应尽可能使轴的形状简单、便于加工、便于轴上零件的装配，在满足使用要求的前提下，轴的结构越简单，工艺性越好。因此轴的结构设计还应考虑以下几个问题。

①轴的直径变化应尽可能小，并应尽量限制轴的最大直径与各轴段的直径差，这样既能改善轴的力学性能，减小应力集中，又能节省材料，减少切削量。

②当轴上有多个键槽时，应将它们开在同一母线上，以便一次装夹后全部加工完成（图12-4）。

③轴上有需磨削和切制螺纹处，要留有砂轮越程槽和螺纹退刀槽（图12-5），以保证加工完整。

④如有可能，应使轴上各过渡圆角、倒角、键槽、砂轮越程槽、退刀槽及中心孔等尺寸分别相同，并符合标准和规定，以利于加工和检验。

⑤与标准件相配合的轴段直径应满足标准件的要求，取标准值。例如，与滚动轴承配合的轴径应按滚动轴承内径尺寸选取；轴上的螺纹部分直径应符合螺纹标准等。

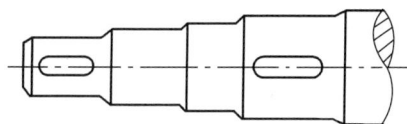

图 12-4　键槽的布置

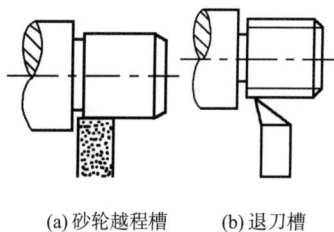

(a) 砂轮越程槽　　(b) 退刀槽

图 12-5　砂轮越程槽和退刀槽

⑥轴上各阶梯轴肩高度，除用作轴上零件轴向固定的定位轴肩可按表 12-3 确定外，其余仅为便于安装而设置的非定位轴肩，其轴肩高度常可取 3~5mm。

⑦轴端应倒角，以去掉毛刺、便于导向装配；过盈配合零件的装入端应加工出导向锥面，以便零件顺利压入（图 12-6）。

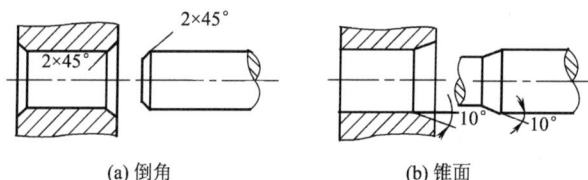

(a) 倒角　　　　　　　　　　(b) 锥面

图 12-6　倒角和锥面

⑧固定滚动轴承的轴肩高度应小于轴承内圈厚度，以便拆卸。该高度要满足轴承标准中的安装尺寸要求。

12.1.2.5　提高轴的疲劳强度采取的措施

大多数轴工作时承受变应力，因此，从结构方面采取措施提高轴的疲劳强度是十分必要的。常采取的措施有：

①尽量使轴径变化处过渡平缓，并采用较大的过渡圆角。如相配合零件内孔倒角或圆角很小时，可采用凹切圆角 ［图 12-7 （a）］ 或过渡肩环 ［图 12-7 （b）］。

②过盈配合处的应力集中会随过盈量的增大而增大。当过盈量较大时，可采用增大配合处轴径 ［图 12-7 （c）］、轴上开设卸载槽 ［图 12-7 （d）］ 及轮毂上开设卸载槽 ［图 12-7 （e）］ 等结构，以改善应力状况。

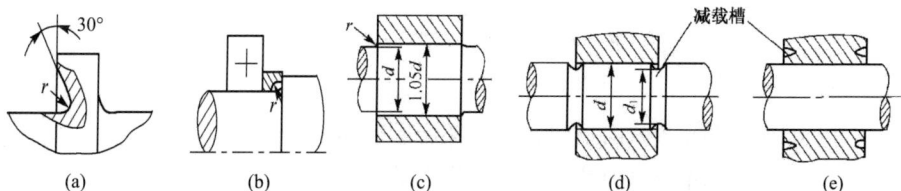

(a)　　　　(b)　　　　(c)　　　　(d)　　　　(e)

图 12-7　减小应力集中的措施

③键槽端部与阶梯处距离不宜过小（图12-8），太小会损伤过渡圆角，引起更大的应力集中。

④尽量选用应力集中小的定位方法。比如采用套筒代替圆螺母，避免在轴上切制螺纹，可以有效降低应力集中。

⑤表面越粗糙，轴的疲劳强度越低。因此，可以采用精车或磨削的加工方法，减小轴的表面粗糙度值。此外，采用滚压、喷丸或渗碳、液体碳氮共渗、渗氮、高频感应加热淬火等表面强化处理方法，可以大大提高轴的疲劳强度。

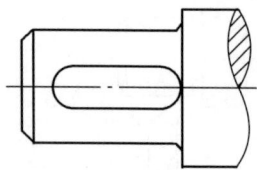

图12-8　键槽的不合理位置

12.1.3　轴的强度校核

在轴的结构设计完成以后，轴上零件的位置、载荷的大小和方向、支点跨距等都已确定，轴各截面的弯矩即可求出，对于受弯扭联合作用的转轴，此时就可按弯扭合成强度条件校核轴的强度。

按弯扭合成强度条件对轴进行强度校核的步骤如下：

①绘出轴的计算简图，按作用力所在空间位置标出作用力的大小、方向和作用点。

②取定坐标系，将轴上作用力分解为水平分力和垂直分力，求出水平面 H 及垂直面 V 的支反力。

③分别绘出水平面和垂直面的弯矩图（M_H 和 M_V）。

④计算合成弯矩 $M=\sqrt{M_H^2+M_V^2}$，绘出合成弯矩图。

⑤计算扭矩 T，绘出扭矩图。

⑥根据弯矩、转矩最大或弯矩、转矩较大而相对轴径尺寸较小的原则选出一个或几个危险剖面。

⑦求危险剖面的计算弯矩。

根据第三强度理论（最大剪应力理论），可推得实心圆剖面轴的弯扭合成计算弯矩（又称当量弯矩）为：

$$M_{ca}=\sqrt{M^2+(\alpha T)^2}$$

式中：α——校正系数。

考虑转矩与弯矩循环特性不同而设的应力校正系数，对于不变的转矩，取 $\alpha=0.3$；对于脉动循环的转矩，取 $\alpha=0.6$；对于对称循环的转矩，取 $\alpha=1$。如果转矩变化规律不清楚，一般按脉动循环处理。

⑧对危险剖面进行弯矩合成强度校核。

$$\sigma_{ca}=M_{ca}/W=\sqrt{M^2+(\alpha T)^2}/W\leqslant[\sigma_{-1}] \tag{12-3}$$

式中：σ_{ca}——轴的弯扭合成计算应力，MPa；

　　　W——危险剖面的抗弯截面系数，对于实心圆轴 $W\approx0.1d^3$，mm^3；

　　　$[\sigma_{-1}]$——轴在对称循环变应力状态下的许用弯曲应力，MPa，见表12-2。

对于一般用途的轴，按上述方法计算已足够精确。对于重要的轴，还要考虑影响轴疲劳强度的一些因素（如应力集中、轴表面质量、轴的截面形状等），对轴用安全系数法进行疲劳强度的精确校核，其方法可查阅有关资料。

【思考题】

1. 轴的尺寸设计中为何要先按照扭矩强度初步估算轴的最小直径？

2. 当某轴的运转状态为常启停、频繁正反转时，强度校核公式中的应力校核系数 α 如何取值？

12.2　轴承类型及选择

12.2.1　概述

轴承是轴系中的重要部件之一，它的作用是支承轴及轴上零件，并保证轴的旋转精度和减少轴与支承间的摩擦、磨损。

根据轴承工作时的摩擦性质，轴承可分为滑动摩擦轴承（简称滑动轴承）和滚动摩擦轴承（简称滚动轴承）两大类。按其所允许承受载荷的性质，又可分为承受径向载荷的向心轴承，承受轴向载荷的推力轴承及同时承受径向载荷和轴向载荷的向心推力轴承。

滑动轴承按其工作表面的摩擦状态可分为液体摩擦滑动轴承和非液体摩擦滑动轴承。液体摩擦滑动轴承的摩擦系数很小，一般仅为 $0.001 \sim 0.008$，摩擦功耗极小；非液体摩擦滑动轴承中有油膜存在，但该油膜不具有承载能力，轴承表面局部凸起部分仍会发生金属直接接触，摩擦系数较大，容易磨损。

选用滑动轴承还是滚动轴承，主要取决于对轴承的工作性能要求和机器设计制造、使用维护中的综合技术经济要求。滚动轴承具有摩擦阻力小、启动灵活、工作效率高、润滑、维护方便、标准件互换性好、成本低等优点，所以在一般机器中获得广泛应用。但滚动轴承的抗冲击能力较差，高速重载时轴承寿命较低，转速高时振动及噪声较大，且旋转精度比滑动轴承低，故在高速、重载、高精度、要求具有缓冲减振能力以及轴承结构要求剖分的场合下，液体摩擦滑动轴承就显示出它的优良性能。因此在内燃机、汽轮机、铁路机车、大型电动机、机床、仪表及精密仪器中多采用滑动轴承。此外，在低速、重载、有冲击振动的机器，如水泥搅拌机、剪床、破碎机等机器中常采用非液体摩擦滑动轴承。

12.2.2　滚动轴承

12.2.2.1　滚动轴承的结构、类型及特性

（1）滚动轴承的结构。

滚动轴承是一个组合标准部件，其基本结构如图 12-9 所示，它主要由外圈 1、内圈 2、滚动体 3 和保持架 4 四部分组成。内圈用来与轴颈装配，外圈装在座孔或零件的轴承孔内。多数情况下外圈不转，内圈随轴颈一起转动。当内、外圈相对转动时，滚动体即在内、外圈的滚道间滚动，形成滚动摩擦。轴承内、外圈上的滚道，起降低接触应力和限制滚动体轴向移动的作用。保持架的作用是均匀地隔开滚动体，避免滚动体之

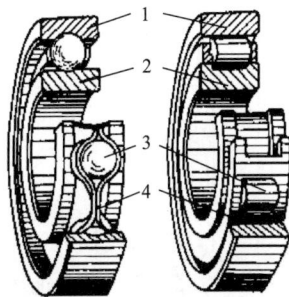

图 12-9　滚动轴承的结构

间直接接触和磨损。

常见滚动体的基本类型有：球、圆柱滚子、圆锥滚子、球面滚子、滚针、非对称球面滚子等几种，如图 12-10 所示。滚动体的形状、数量、大小对滚动轴承的承载能力有很大影响。

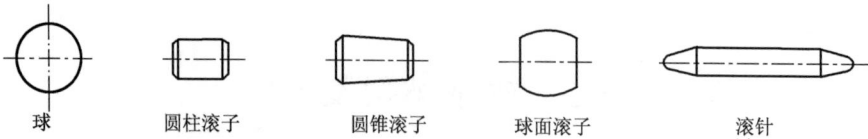

| 球 | 圆柱滚子 | 圆锥滚子 | 球面滚子 | 滚针 |

图 12-10　滚动体的形状

除了以上 4 种基本零件外，有些滚动轴承还增加有其他特殊零件，如带密封、带防尘盖或在外圈加上止动环等。

滚动体为球形的轴承称为球轴承。由于球和内外圈滚道都为点接触，所以承载能力和刚度较低，且不耐冲击，但球的制造工艺简单，极限转速高，价格便宜。

滚动体为圆柱或圆锥体的轴承统称为滚子轴承。滚子与内外圈滚道为线接触，有较高的承载能力及刚度，耐冲击能力强，但制造工艺较球轴承复杂，极限转速低，价格也比球轴承高。

滚动轴承的内外圈和滚动体应具有较高的硬度和接触疲劳强度、良好的耐磨性和冲击韧性。一般用轴承钢制造，常用材料有 GCr15、GCr15SiMn、GCr6、GCr9 等，热处理后硬度一般不低于 60HRC。保持架常用低碳钢板冲压后铆接或焊接而成。

（2）滚动轴承的主要类型及特性。

滚动轴承的公称接触角 α 是指滚动体与外圈接触处的公法线与轴承径向平面之间的夹角。公称接触角越大，滚动轴承承受轴向载荷的能力越大。向心轴承的公称接触角 $\alpha = 0°$，从理论上讲只能承受径向载荷；推力轴承的公称接触角 $\alpha = 90°$，只能承受轴向载荷；向心推力轴承的公称接触角 $0° < \alpha < 45°$，能同时承受径向载荷和轴向载荷。常用滚动轴承的类型及特性见表 12-6。

表 12-6　常用滚动轴承的类型、代号及其特性

类型代号	简图	结构代号	类型名称	基本额定动载荷比	极限转速比	轴向承载能力	性能和特点
1		10000	调心球轴承	0.6～0.9	中	少量	能自动调心，允许内圈对外圈轴线偏斜量 2° 或不超过 3°，不宜承受纯轴向载荷
2		20000	调心滚子轴承	1.8～4	低	少量	性能与调心球轴承相同，但具有较大的径向承载能力，允许内圈对外圈轴线偏斜量≤2.5°
		29000	推力调心滚子轴承	1.6～2.5	低	很大	承受以轴向载荷为主的轴向、径向的联合载荷，安装时需要轴向预紧，允许内圈对外圈轴线偏斜量≤2.5°

类型代号	简图	结构代号	类型名称	基本额定动载荷比	极限转速比	轴向承载能力	性能和特点
3		30000	圆锥滚子轴承 α=10°~18°	1.5~2.5	中	较大	可同时承受径向与轴向载荷的联合作用，30000 以径向载荷为主，30000B 以轴向载荷为主；内外圈可分离，安装时需调整游隙
		30000B		1.1~2.1	中	很大	
5		51000	推力球轴承	1	低	承受单向轴向载荷	一般与径向轴承组合使用，当只承受轴向载荷时，可单独使用
		52000	双向推力球轴承	1	低	承受双向轴向载荷	
6		60000	深沟球轴承	1	高	少量	承受径向载荷为主，可同时承受少量的轴向载荷，允许内圈对外圈轴线偏斜量≤16′，价格最低
7		7000C	角接触球轴承	1.0~1.4	高	一般	可同时承受径向载荷与轴向载荷，需成对使用
		7000AC		1.0~1.3		较大	
		7000B		1.0~1.2		更大	
N		N0000	外圈无挡边的圆柱滚子轴承	1.5~3	高	无	内圈（外圈）可分离，不能承受轴向载荷，有较大的径向承载能力，可以不带外圈或内圈
		NU0000	内圈无挡边的圆柱滚子轴承				
NA		NA0000	滚针轴承	—	低	无	工作时允许内外圈有少量的轴向错位，有较大的径向承载能力，一般不带保持架

注　1. 基本额定动载荷比：指同一尺寸系列（直径及宽度）各种类型和结构形式的轴承的基本额定动载荷与单列深沟球轴承的基本额定动载荷之比。

2. 极限转速比：指同一尺寸系列 0 级公差的各轴承脂润滑时的极限速度与单列深沟球轴承脂润滑时极限速度之比。

3. 高、中、低的意义为：高为单列深沟球轴承极限速度的 90%~100%；中为单列深沟球轴承极限速度的 60%~90%；低为单列深沟球轴承极限速度的 60%以下。

12.2.2.2　滚动轴承的代号及类型选择

（1）滚动轴承的代号。

滚动轴承的代号是用数字加字母来表示轴承的类型、结构、尺寸、公差等级及技术性能等特征的。按照国家标准 GB/T 272—2015 的规定，滚动轴承的代号由前置代号、基本代号、后置代号三部分组成。其表示方法为：前置代号+基本代号+后置代号。滚动轴承代号的构成见表12-7。

表 12-7　滚动轴承代号的构成

前置代号	基本代号					后置代号							
	五	四	三	二	一	内部结构代号	密封与防尘结构代号	保持架及其材料代号	特殊轴承材料代号	公差等级代号	游隙代号	多轴承配置代号	其他代号
轴承的分部件代号	类型代号	尺寸系列代号		内径代号									
		宽度系列代号	直径系列代号										

①基本代号。

基本代号由数字或大写字母+数字组成，从右向左共五位，分别表示轴承的内径、尺寸系列和类型。

内径代号由基本代号右起第1、2位数字表示。它表示轴承内径的大小，见表12-8。

表 12-8　滚动轴承内径代号

内径代号	00	01	02	03	04~96
轴承内径 d/mm	10	12	15	17	代号数×5

注　内径为22、28、32或≥500mm和≤10mm的轴承用内径直接表示，并用"/"与尺寸系列代号之间隔开。

尺寸系列代号由基本代号右起第3、4位数字表示，用于表达内径尺寸相同但外径和宽度不同的轴承。右起第3位为直径系列代号，表示轴承在结构、内径相同的情况下受力大的轴承由于采用大直径的滚动体时，轴承外径和宽度增加的尺寸系列。分别为特轻（0、1）、轻（2）、中（3）、重（4）等。右起第4位为宽度系列代号，表示轴承在结构、内径和直径系列都相同时，受力大的轴承按宽度增加的尺寸系列，分别为特宽（3、4）、宽（2）、正常（1）、窄（0）等。当宽度系列代号为0时，多数轴承在代号中可不标出宽度系列代号0（调心滚子轴承和圆锥滚子轴承仍应标出）。部分轴承直径系列和宽度系列之间的尺寸对比如图12-11所示。

类型代号由基本代号右起第五位数字或字母表示，其表示方法见表12-7。

②前置代号和后置代号。

前置代号用大写字母表示，用以说明成套轴承部件的特点。如 L 代表可分离轴承的可分离内圈与外圈，具体可参阅《机械设计手册》。前置代号可省略。

后置代号用大写字母或大写字母+数字表示，与基本代号有半个汉字间隔或用"/"与基本代号分开。后置代号的内容很多，常用的几个代号如下。

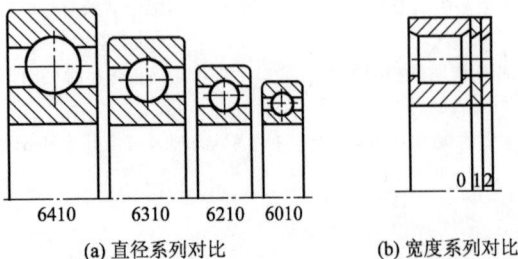

6410	6310	6210	6010		0 1 2
(a) 直径系列对比					(b) 宽度系列对比

图 12-11　轴承的直径系列和宽度系列对比

a. 内部结构代号。表示同一类轴承的不同内部结构，如角接触球轴承后置代号中的 C、AC 和 B 分别代表公称接触角为 15°、25°和 40°的内部结构变化。

b. 公差等级代号。轴承的公差等级分为 2、4、5、6、6X 和 0 级六个级别，依次由高级到低级排列，其代号分别为/P2、/P4、/P5、/P6、/P6X 和/P0。其中 6X 级仅适用于圆锥滚子轴承，0 级为普通级，在轴承代号中不标注。

c. 游隙代号。游隙指内、外圈之间延径向或轴向的相对位移量，常用的轴承游隙系列分为 1、2、0、3、4、5 共六组，游隙依次由小到大。0 组为基本游隙，一般不标注，其他的在轴承代号中分别用/C1、/C2、/C3、/C4、/C5 表示。

例 12-1　试说明轴承代号 62212、7303AC/P6 的含义。

解：代号 62212 轴承的含义：6 为深沟球轴承；2 为宽度系列的宽系列；2 为直径系列的轻系列；12 为内径 $d = 60\text{mm}$；普通公差等级，基本游隙组别，无特殊内部结构。

7303AC/P6 轴承的含义：为角接触球轴承；窄宽度系列（省略）；中直径系列；内径为 17mm；公称接触角 $\alpha = 25°$；公差等级 6 级，基本游隙组别。

其他关于滚动轴承详细的代号方法和含义，可查阅 GB/T 272—2017。

（2）滚动轴承的类型选择。

滚动轴承类型的选择，应根据滚动轴承的工作载荷（包括大小、方向和性质）、转速、调心性能及其他要求等，参考以下一般原则进行。

①载荷。轴承所承受载荷的大小、方向和性质是选择轴承类型的主要依据。相同尺寸的滚子轴承的承载能力大于球轴承，故对于载荷较大或有冲击时宜选用滚子轴承。轴承仅受径向载荷时，应选用向心轴承；只受轴向载荷时，则选用推力轴承；同时承受径向和轴向载荷时，可选用角接触球轴承或圆锥滚子轴承；当轴向载荷较大时，可选用接触较大的向心推力轴承。

②转速。各种类型、尺寸的轴承都有极限转速 n_{lim} 值。球轴承比滚子轴承的极限转速高。较小载荷且较高转速时宜优先选用球轴承；较低转速且较大载荷或冲击载荷时，宜选用滚子轴承；高速时，宜选用较轻直径系列的轴承。

③调心性能。当轴的支点跨度较大、工作中弯曲变形较大或由于加工安装误差等原因，使轴承的内外圈有较大倾斜、两轴承座孔的中心线不一致时，宜选用具有调心功能的调心轴承。要注意：同一轴上调心式轴承不要与其他轴承混合使用，以免失去调心作用。

④装调性能。便于装拆也是在选用轴承类型时应考虑的一个因素。如在轴承座没有剖分面而必须沿轴线安装和拆卸轴承部件或需调整间隙、有游动要求时，应优先选用外圈可分离的轴承（如 N0000、NA0000、30000 等）。

⑤经济性。在满足使用要求的情况下，尽量选用价格低的轴承。一般情况下球轴承的价格低于滚子轴承。在一般机械中，P0 级精度的轴承应用最为广泛。

【思考题】

机械高速运转时，宜选用较轻直径系列的轴承，试分析其原因。

12.2.2.3　滚动轴承的寿命计算

（1）滚动轴承的主要失效形式。

①疲劳点蚀。滚动轴承在工作过程中，滚动体与内、外圈不断接触并转动，接触表面间产生循环接触应力。在接触应力超过某一限值和时间后，接触表面间（滚动体和内、外圈滚道表面间）将发生疲劳点蚀，因而引起振动、噪音和发热，严重时会使表层金属成片剥落，形成凹坑，轴承很快失效。

②塑性变形。对于极低转速（$n \leq 10r/min$）条件下工作的滚动轴承，表面接触应力变化次数少，不会出现疲劳破坏。但在过大的静载荷或冲击载荷作用下，若滚动体和滚道接触处的局部应力超过材料的屈服极限时，会使轴承的工作表面发生较大的塑性变形，轴承的摩擦阻力增大，旋转精度降低，从而导致轴承失效。

除上述失效形式外，当轴承在润滑、密封不良，装拆、维护不当时也会造成轴承元件破裂、磨损、锈蚀等失效，而在正常情况下，这些失效一般不会发生。

（2）滚动轴承的设计准则。

对一般转速（$n > 10r/min$）的轴承，主要失效形式是疲劳点蚀，所以对此类轴承的设计准则就是要防止因点蚀引起的疲劳破坏而进行疲劳计算，在轴承中称为寿命计算。

对静止或低速转动（$n \leq 10r/min$）的轴承，主要失效形式是塑性变形，因此应进行静强度计算。

（3）滚动轴承的寿命计算。

①滚动轴承的寿命和基本额定寿命。轴承的寿命是指轴承任一元件首次出现疲劳点蚀前轴承实际运转的总转数或一定转速下的工作小时数。

但由于制造误差、材质和热处理均匀度等因素的影响，即使是同一型号、同一类型、尺寸以及同一批生产的轴承，在完全相同的条件下工作，它们的寿命也会有较大差异，表现出很大的离散性，最高和最低寿命间可相差十几倍到几十倍，故不能以单个轴承寿命作为计算依据。为此引入在一定概率条件下的基本额定寿命作为轴承计算依据。

基本额定寿命是指一组相同的轴承在相同工作条件下运行，其中90%的轴承不发生疲劳点蚀前所运转的总转数 L_{10}（以 10^6 为单位）或一定转速下的工作小时数 L_h（单位为小时，h）。

②滚动轴承的基本额定动载荷。轴承的寿命值与所承受载荷的大小密切相关。在工程实际中，通常以轴承的基本额定动载荷来衡量轴承的承载能力。轴承的基本额定动载荷是指使轴承基本额定寿命恰好为 10^6 转时轴承所能承受的最大载荷，用 C 表示。它反映了轴承抗疲劳点蚀的能力。基本额定动载荷分为两类，包括径向基本额定动载荷 C_r 和轴向基本额定动载荷 C_a。轴承的基本额定动载荷可在滚动轴承手册或轴承样本中查到。

③滚动轴承寿命的计算公式。滚动轴承的寿命随着载荷的增大而降低。大量的实验表明，滚动轴承的寿命与载荷 P 的关系如图 12-12 所示，以方程表示为：

$$L_{10} = \left(\frac{C}{P}\right)^\varepsilon \qquad (12\text{-}4)$$

式中：L_{10}——基本额定寿命，10^6 转；

　　　ε——寿命指数，球轴承 $\varepsilon = 3$，滚子轴承 $\varepsilon = 10/3$；

P——轴承当量动载荷，N，其含义和计算公式见 12.2.2.3（3）④。

式（12-4）为滚动轴承寿命计算的基本公式。实际计算时，用给定轴承的转速 n（r/min）下的工作小时数 L_h 来表示轴承的寿命较方便，故上式可写为：

$$L_h = \frac{10^6}{60n} = \frac{10^6}{60n}\left(\frac{C}{P}\right)^\varepsilon \text{（h）} \qquad (12-5)$$

考虑到轴承工作温度高于 100℃时，轴承的基本额定动载荷 C 有所降低，故引入温度系数 f_t 对 C 值予以修正，f_t 值可查表 12-9 得到。考虑到实际工作情况（如冲击力、振动、惯性力等）的影响，引入载荷系数 f_p 对当量动载荷 P 进行修正，f_p 可查表 12-10 得到。

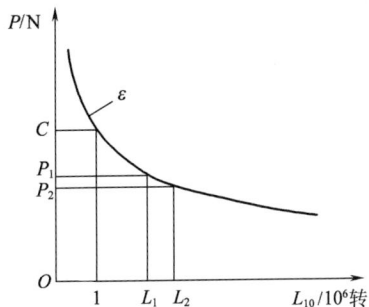

图 12-12　滚动轴承载荷—寿命关系曲线

表 12-9　温度系数 f_t

工作温度/℃	≤100	125	150	175	200	225	250	300	350
温度系数 f_t	1	0.95	0.9	0.85	0.80	0.75	0.70	0.60	0.5

表 12-10　载荷系数 f_p

载荷性质	举例	f_p
无冲击或轻微冲击	电动机、汽轮机、水泵、通风机	1.0~1.2
中等冲击	机床、车辆、内燃机、冶金机械、起重机械、减速器	1.2~1.8
强大冲击	轧钢机、破碎机、钻探机、剪床	1.8~3.0

修正后的寿命计算公式可写为：

$$L_h = \frac{10^6}{60n}\left(\frac{f_t C}{f_p P}\right)^\varepsilon \text{（h）} \qquad (12-6)$$

当已知轴承的转速 n、工作载荷 P 及轴承的预期寿命 L_h' 时，则所需轴承的基本额定动载荷 C' 可根据式（12-6）计算得出：

$$C' = \frac{f_p P}{f_c} \sqrt[\varepsilon]{\frac{60nL_h'}{10^6}} \text{（N）} \qquad (12-7)$$

常用机械中滚动轴承的预期寿命 L_h' 可参照表 12-11 确定。

表 12-11　常用机械中滚动轴承的预期寿命 L_h'

机器种类	举例	预期寿命 L_h'/h
不经常使用的仪器及设备	阀门开闭装置及门窗开闭装置	300~3000

续表

机器种类		举例	预期寿命 L'_h/h
短期或间接使用的机械	中断使用不致引起严重后果	手动机械、农业机械、装配吊车等	500～2000
	中断使用的机器引起严重后果	升降机、发电站辅助设备、输送机、吊车、流水化作业传动设备等	8000～12000
每天工作8h的机器	利用率不高、不满载工作	一般传动装置、电动机、起重机等	12000～25000
	利用率高、满载工作	机床、工程机械、木材加工机械、印刷机械等	20000～30000
24h连续工作的机器	正常使用	压缩机、电动机、水泵、纺织机械、轧机齿轮装置等	40000～60000
	中断使用有严重后果	高可靠性的电站设备、给排水装置、矿用泵、矿用通风机等	>100000

④滚动轴承的当量动载荷。滚动轴承的基本额定动载荷 C 是在一定条件下确定的。当轴承工作时同时承受径向载荷和轴向载荷时（如深沟球轴承、角接触球轴承、圆锥滚子轴承等），必须将实际载荷转换为与 C 值相同条件的载荷后，才能与基本额定动载荷 C 进行比较。式（12-6）和式（12-7）中的 P 值就是换算后的一种假定载荷，称为当量动载荷。在当量动载荷作用下的轴承寿命与实际载荷作用下轴承的寿命是相同的。

当量动载荷 P 的一般计算公式为：

$$P = XF_r + YF_a \tag{12-8}$$

式中：F_r、F_a——轴承的实际径向载荷和实际轴向载荷，N；

X、Y——轴承的径向动载荷系数和轴向动载荷系数，其值见表12-12。

对只能承受径向载荷 F_r 的轴承：

$$P = F_r \tag{12-9}$$

对只能承受轴向载荷 F_a 的轴承：

$$P = F_a \tag{12-10}$$

对同时承受径向载荷 F_r 和轴向载荷 F_a 的轴承：

当 $F_a/F_r > e$ 时：

$$P = XF_r + YF_a$$

当 $F_a/F_r \leqslant e$ 时：

$$X = 1, \ Y = 0, \ P = F_r$$

式中：e——判断系数。

e 是判断轴向载荷 F_a 对当量动载荷 P 影响程度的参数，其值见表12-12。

表12-12　当量动载荷的 X、Y 值

轴承类型		相对轴向载荷	判断系数	$F_a/F_r > e$		$F_a/F_r \leqslant e$	
名称	代号	F_a/C_0	e	X	Y	X	Y
深沟球轴承	60000 型	0.014	0.19	0.56	2.30	1.0	0
		0.028	0.22		1.99		
		0.056	0.26		1.71		

续表

轴承类型		相对轴向载荷	判断系数	$F_a/F_r>e$		$F_a/F_r \leqslant e$	
名称	代号	F_a/C_0	e	X	Y	X	Y
深沟球轴承	60000 型	0.084	0.28	0.56	1.55	1.0	0
		0.11	0.30		1.45		
		0.17	0.34		1.31		
		0.28	0.38		1.15		
		0.42	0.42		1.04		
		0.56	0.44		1.00		
角接触球轴承	70000C 型	0.015	0.38	0.44	1.47	1.0	0
		0.029	0.40		1.40		
		0.058	0.43		1.30		
		0.087	0.46		1.23		
		0.12	0.47		1.19		
		0.17	0.50		1.12		
		0.29	0.55		1.02		
		0.44	0.56		1.00		
		0.58	0.56		1.00		
	70000AC 型	—	0.68	0.41	0.87	1.0	—
	70000B 型	—	1.14	0.35	0.57	1.0	0
圆锥滚子轴承	30000 型	—	见轴承手册	0.4	见轴承手册	1.0	0
调心球轴承	10000 型	—	见轴承手册	0.65	见轴承手册	1.0	见轴承手册

注 C_0 是轴承基本额定静载荷,具体可以查阅轴承手册。

⑤角接触轴承轴向载荷 F_a 的计算。

a. 内部派生轴向力 F_s 的确定。角接触轴承(角接触球轴承和圆锥滚子轴承)在承受径向载荷时,由于结构的原因,会产生内部派生轴向力 F_s,如图 12-13 所示。内部派生轴向力的大小可由表 12-13 中公式近似计算,方向为由外圈的宽边指向窄边。

b. 轴向载荷 F_a 的计算方法。轴承所承受的轴向载荷 F_a 的值,与两轴承的径向载荷 F_{r1}、F_{r2} 所产生的内部派生轴向载荷 F_{s1}、F_{s2} 和作用在轴上的轴向外载荷 F_A 的大小有关。

在图 12-14 中,F_R 和 F_A 分别为作用于轴上的径向和轴向外载荷,两轴承的径向载荷为 F_{r1} 和 F_{r2},其产生的内部派生轴向力为 F_{s1} 和 F_{s2}。若规定:将内部派生轴向力的方向与轴向外载荷 F_A 的方另一端标记为 1,取轴与轴承内圈为分离体,根据力的平衡原理,当轴处于平衡状态时,应满足:

$$F_{s2}+F_A=F_{s1}$$

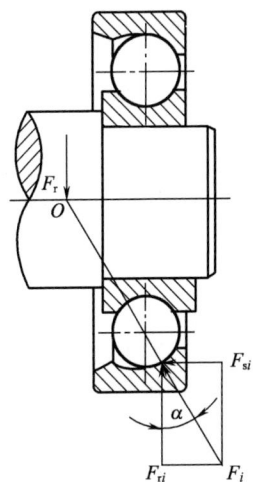

图 12-13 角接触轴承的内部派生轴向力 F_s

表 12-13　角接触轴承的内部派生轴向力 F_s

轴承类型	角接触球轴承			圆锥滚子轴承
	70000C（$\alpha=15°$）	70000AC（$\alpha=25°$）	70000B（$\alpha=40°$）	30000
F_s	$0.40F_r$	$0.68F_r$	$1.14F_r$	$F_r/2Y$（Y 是 $F_a/F_r>e$ 时的轴向动载荷系数，可由表 12-11 查出）

此时轴承外圈通过滚动体对分离体的轴向力即轴承的轴向载荷 $F_{a1}=F_{s1}$，$F_{a2}=F_{s2}$。

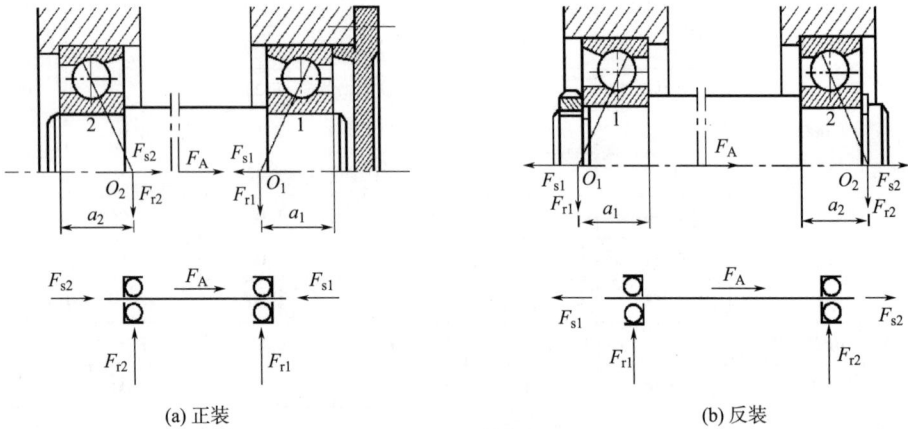

(a) 正装　　　　　　　　　　　(b) 反装

图 12-14　角接触球轴承的安装形式

当轴向力不满足上述关系时，可能出现下面两种情况：

若 $F_A+F_{s2}>F_{s1}$ 时，轴有向左移动的趋势，即轴承 1 被压紧，轴承 2 被放松，根据力的平衡条件，两轴承的轴向载荷分别为：

$$F_{a1}=F_A+F_{s2}$$

$$F_{a2}=F_{s2}$$

若 $F_A+F_{s2}<F_{s1}$ 时，轴有向右移动的趋势，即轴承 1 被放松，轴承 2 被压紧，同前理，两轴承的轴向载荷分别为：

$$F_{a1}=F_{s1}$$

$$F_{a2}=F_{s1}-F_A$$

综上所述，计算角接触轴承轴向载荷的方法可归纳为以下几个步骤：

a. 按轴承的安装（正装、反装）方式，确定内部派生轴向力 F_{s1}、F_{s2} 的大小、方向及轴承标注 1、2。

b. 根据轴向外载荷 F_A 和 F_{s1}、F_{s2} 的合力指向，判定被压紧和被放松的轴承。

c. 被压紧端轴承的轴向载荷等于除自身内部派生轴向力外的其余轴向力的代数和。

d. 被放松端轴承的轴向载荷等于自身的内部派生轴向力。

【思考题】

1. 为什么角接触轴承一般要成对使用？安装形式有哪些？

2. 以轴及轴承的内圈、滚动体作为研究对象，它在哪几个力的作用下保持平衡？

例 12-2 如图 12-14（a）所示，轴上正装安装一对 7209C 型轴承。轴承工作转速 $n=400r/min$，两轴承的径向载荷分别为：$F_{r左}=1200N$，$F_{r右}=30000N$，轴所受轴向外载荷 $F_A=1000N$，方向如图所示，运转时有中等冲击，试计算该对轴承的寿命。

解： 由滚动轴承手册查得 7209C 型轴承的基本额定动载荷 $C=38500N$，基本额定静载荷 $C_0=28500N$。

（1）确定轴承的内部派生轴向力。

对于 7209C 型轴承，由表 12-12 可知，轴承的内部派生轴向力 $F_s \approx 0.4F_r$，得：

$$F_{s左} \approx 0.4F_{r左} = 0.4 \times 1200 = 480 （N）$$

$$F_{s右} \approx 0.4F_{s右} = 0.4 \times 3000 = 1200 （N）$$

载荷方向如图所示，把与轴向外载荷 F_A 方向一致的轴承标为 2，另一轴承标为 1，如图 12-15（a）所示，则有：

$$F_{r1} = F_{r左} = 1200N$$

$$F_{r2} = F_{r右} = 30000N$$

$$F_{s1} = F_{s左} = 480N$$

$$F_{s2} = F_{s右} = 1200N$$

（2）计算轴承的轴向载荷 F_{a1}、F_{a2}。

因为：$F_A + F_{s2} = 1000 + 1200 = 2200 （N）> F_{s1}$，根据前述受力分析知，轴承 1 被压紧，轴承 2 被放松，故有：

$$F_{a1} = F_A + F_{s2} = 1000 + 1200 = 2200N$$

$$F_{a2} = F_{s2} = 1200N$$

（3）计算轴承的当量动载荷 P_1、P_2。

因为：$F_{a1}/C_0 = 2200/28500 = 0.077$，查表 12-11，介于 $0.058 \sim 0.087$，对应的 e 值为 $0.43 \sim 0.46$，用线性插值法求得：$e_1 = 0.45$；根据 $F_{a1}/F_{r1} = 2200/1200 = 1.833 > e_1 = 0.45$，由表 12-11 求得：$X_1 = 0.44$，$Y_1 = 1.25$。

同理：$F_{a1}/C_0 = 1200/28500 = 0.042$，查表 12-11，用线性插值法求得：$e_2 = 0.413$，根据 $F_{a2}/F_{r2} = 1200/3000 = 0.40 < 0.413$，由表 12-11 查得：$X_1 = 1.0$，$Y_1 = 1.0$。则各轴承的当量动载荷为：

$$P_1 = X_1 F_{r1} + Y_1 F_{a1} = 0.44 \times 1200 + 1.25 \times 2200 = 3278 （N）$$

$$P_2 = X_2 F_{r2} + Y_2 F_{a2} = 1.0 \times 3000 + 0 \times 1200 = 3000 （N）$$

（4）计算轴承寿命。

由于 $P_1 > P_2$，所以按轴承 1 确定该对轴承的寿命。查表 12-8，取温度系数 $f_t = 1$，查表 12-10，$f_p = 1.2 \sim 1.8$，取 $f_p = 1.5$，球轴承 $\varepsilon = 3$，代入公式（12-6）得：

$$L_\mathrm{h}=\frac{10^6}{60n}\left(\frac{f_\mathrm{t}C}{f_\mathrm{p}P}\right)^\varepsilon=\frac{10^6}{60\times400}\left(\frac{1\times38500}{1.5\times3278}\right)^3=20001.86\ (\mathrm{h})$$

所以该对轴承的寿命为 20001.86h。

12.2.3　滑动轴承

12.2.3.1　滑动轴承的类型、结构及特点

（1）滑动轴承的类型。

滑动轴承的类型很多，按其承受载荷方向的不同，可分为径向滑动轴承（只承受径向载荷）和止推滑动轴承（只承受轴向载荷）；根据轴承工作表面间摩擦状态的不同，可分为非液体摩擦滑动轴承和液体摩擦滑动轴承两类。本节主要介绍非液体摩擦滑动轴承。关于液体摩擦滑动轴承将在12.2.4节（1）中予以介绍。

（2）滑动轴承的结构及特点。

①整体式径向滑动轴承。整体式径向滑动轴承的结构如图12-15所示，由轴承座1和以减摩材料制成的整体轴套2组成。轴承座上设有安装注油油杯的螺纹孔4。轴套上开有油孔3，并在其内表面开油沟以输送润滑油。这类轴承构造简单，成本低廉。其缺点是轴套磨损后无法调整轴承间隙从而使旋转精度降低。另外，轴颈只能从端部装入，对于粗重的轴或具有中轴颈的轴安装不便。所以这种轴承多用于低速，轻载或间歇性工作的机器中。这种轴承所用的轴承座叫作有衬滑动轴承座，其标准 JB/T 2560—2007。

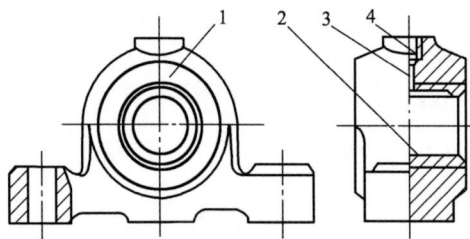

图 12-15　整体式滑动轴承

②剖分式径向滑动轴承。剖分式径向滑动轴承的结构形式如图12-16所示，由轴承座1、轴承盖2、双头螺柱3、剖分式轴瓦7等组成。轴瓦是轴承直接和轴颈相接触的零件，常在轴瓦内表面上贴附一层轴承衬。在轴瓦内壁不负担载荷的表面上开设油槽，润滑油通过油孔和油槽流进轴承间隙。轴承盖和轴承座的剖分面常作成阶梯形，以便定位和防止工作时错动。这种轴承装拆方便，并且轴瓦磨损后可用减少剖分面处的垫片厚度来调整轴承间隙。这种轴承所用的轴承座叫作对开式正滑动轴承座，其标准 JB/T 2561—2007（二螺栓式）JB/T 2562—2007（四螺栓式）。

另外，还可将轴承轴瓦的背面制成凸球面，并将其支承面制成凹球面，从而组成具有调心作用的径向滑动轴承，用于支承挠度较大或多支点的长轴。

③止推滑动轴承。止推滑动轴承由轴承座和止推轴颈组成，常用的结构形式有：空心端面［图12-17（a）］、单止推面［图12-17（b）］和多止推面［图12-17（c）］几种。工作时润滑油用压力从底部注入，并从上部油管流出。单止推面是利用轴颈的环形端面止推，结构简单，润滑方便，广泛用于低速、轻载场合。多止推面不仅能承受较大的轴向载荷，有时还可承受双向轴向载荷。

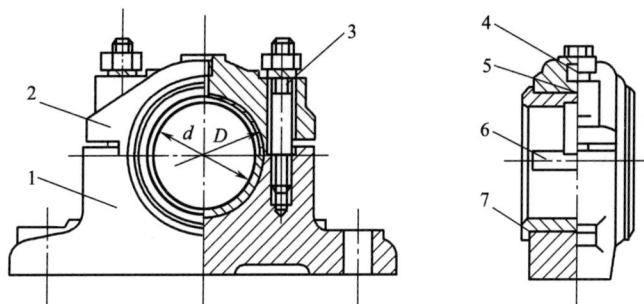

图 12-16　剖分式径向滑动轴承

1—轴承座　2—轴承盖　3—双头螺柱　4—油杯　5—油孔

6—油槽　7—轴瓦

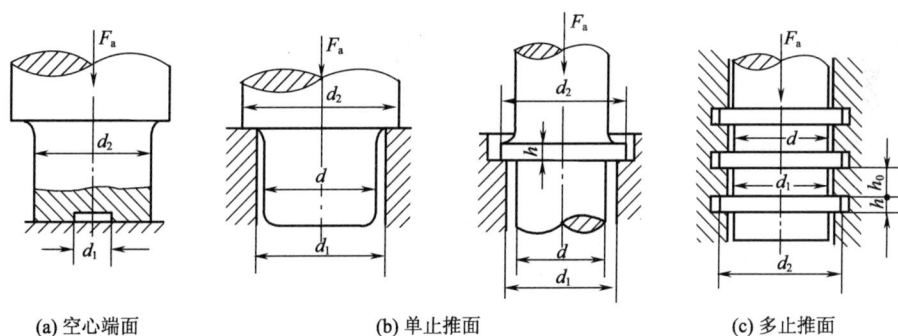

(a) 空心端面　　　　　　(b) 单止推面　　　　　　(c) 多止推面

图 12-17　止推滑动轴承

【思考题】

日常生活和生产中哪些地方使用了滑动轴承？试举几个实例。

12.2.3.2　滑动轴承的材料

轴瓦和轴承衬的材料统称为轴承材料。

对滑动轴承材料性能要求是：具有足够的抗压强度、抗疲劳能力和抗冲击能力；具有良好的减摩性和耐磨性；具有良好的跑合性、可塑性和嵌藏性；具有良好的导热性、工艺性和经济性。

常用的轴承材料可分为三大类：金属材料、粉末冶金材料和非金属材料。

（1）轴承合金（又称巴氏合金）。

轴承合金主要由锡、铅、锑、铜等组成。分为锡基轴承合金和铅基轴承合金两类。轴承合金的嵌藏性、磨合性和顺应性最好，很容易和轴颈跑合，但机械强度和熔点低，价格高，不宜单独做轴瓦使用，只能贴附在青铜、钢或铸铁的轴瓦上作轴承衬使用。

（2）铜合金。

铜合金有锡青铜、铅青铜和铝青铜三种。铜合金硬度高，承载能力、耐磨性和导热性均高于轴承合金，是最常用的轴承材料。青铜的疲劳强度优于轴承合金，耐磨性和减摩性较好，能在较高温度下工作。但可塑性差，不易跑和，宜用于中速重载、中速中载及低速重载场合。

（3）铸铁。

球墨铸铁或含有钼、钛、铜等元素的耐磨铸铁，均可作为轴承材料。其耐磨性好，硬度高，价格低廉，但质脆、跑和性差，仅适用于轻载、低速和无冲击的场合。

（4）粉末冶金材料。

粉末冶金材料又称金属陶瓷。这是用不同金属粉末经制压制、高温烧结而成的多孔质金属材料。这种材料组织内部空隙占总体积的 10%~35%。使用前将其浸入润滑油，运转时由于润滑油的热膨胀和轴颈的抽吸作用使润滑油自动进入润滑表面，故又叫含油轴承。这种轴承一次浸油可长时间使用。它具有自润滑性能。宜用于平稳无冲击载荷，中低速工作且不易经常添加润滑剂的场合。

（5）非金属材料。

非金属材料中应用最多的是各种塑料，还有石墨、橡胶和木材等也可作轴承材料。非金属材料的主要特点是摩擦系数小，耐腐蚀，但导热性能差，易变形。多用于温度不高，载荷不大，有振动的工作条件下。

常用的轴瓦（轴衬）材料的性能及用途见表 12-14。

表 12-14　常用轴瓦（轴衬）材料的性能及用途

轴承材料		最大许用值			最高工作温度/℃	轴颈硬度/HBS	性能及用途
材料	牌号（名称）	$[p]$/MPa	$[v]$/$(m \cdot s^{-1})$	$[pv]$/$(MPa \cdot m \cdot s^{-1})$			
轴承合金	ZSnSb11Cu6 ZSnSb8Cu4 （锡基合金）	平稳载荷			150	150	用于高速、重载工作的重要轴承。变载荷下易于疲劳，价贵
		25	80	20			
		冲击载荷					
		20	60	15			
	ZPbSb15Sn5Cu3Cd2	5	8	5	150		用于中速、中载、不宜受显著冲击的轴承
	ZPbSb16Sn16Cu2	15	12	10	150		
铜合金	ZCuSn10P1 （10-1 锡青铜）	15	10	15	280	45HRC	用于中速、重载及受变载荷的轴承
	ZCuPb30 （30 铅青铜）	25	12	30	280	45HRC	用于高速、重载轴承，能承受变载荷和冲击
	ZCuAl10Fe3 （10-3 铝青铜）	15	4	12	280	45HRC	宜于润滑充分的低速重载轴承
铸铁	HT150~HT250 （灰铸铁）	1~4	2~0.5	—	—	—	用于低速、轻载、不受冲击、不重要的轴承
	HT300（耐磨铸铁）	0.1~6	3~0.75	0.3~4.5	150	<150	
粉冶末金	铁质陶瓷 （含油轴承）	21	0.125	1.8~4		50~85	用于载荷平稳、低速及加油不便处，轴颈最好淬火

轴承材料		最大许用值			最高工作温度/℃	轴颈硬度/HBS	性能及用途
材料	牌号（名称）	$[p]$ / MPa	$[v]$ / $(m \cdot s^{-1})$	$[pv]$ / $(MPa \cdot m \cdot s^{-1})$			
非金属材料	酚醛塑料	39.2	12	0.53	110	—	用于重载大型轴承，耐水、酸、碱，导热性差，需用水或油充分润滑
	加强聚四氟乙烯	16.7	5	0.36	280	—	摩擦因数低，自润滑性好，耐化学侵蚀，但成本高、承载能力低
	碳—石墨	3.9	12	0.53	420	—	有自润滑性、高温稳定性好、耐化学侵蚀，常用于要求清洁工作的机器中

12.2.3.3　非液体摩擦滑动轴承的校核计算

（1）失效形式和计算准则。

非液体摩擦滑动轴承工作时，由于摩擦表面间存在着金属的直接接触，所以其主要失效形式是磨损和胶合。这类轴承的计算准则是：防止轴承过度磨损；防止轴承因温升过高而发生胶合，具体计算内容包括：

①限制轴承的平均压强 p，避免过度磨损。

②限制轴承的压强和速度的乘积 pv 值，防止因发热产生胶合。

③限制滑动速度 v，防止过大的速度造成的轴瓦加速磨损。

（2）径向滑动轴承的校核计算。

设计非液体摩擦径向滑动轴承时，通常已知轴径 d（mm）、轴的转速 n（r/min）、轴承的径向载荷 F（N）和工作条件等，然后进行以下校核计算。

①验算轴承平均压力 p。

$$p = \frac{F}{Bd} \leqslant [p] \tag{12-11}$$

式中：B——轴承宽度，mm，根据宽径比 B/d 确定，一般取 $B/d = 0.5 \sim 1.5$；

$[p]$——轴瓦材料的许用压力，MPa，其值见表 12-13。

②验算轴承的 pv 值。轴承的发热量与其单位面积上的摩擦功耗 fpv 成正比（f 为摩擦系数），限制 pv 值就是限制轴承的温升，从而避免产生胶合。

$$pv = \frac{F}{Bd} \times \frac{\pi dn}{60 \times 1000} = \frac{Fn}{19100B} \leqslant [pv] \tag{12-12}$$

式中：v——轴颈的圆周速度，mm/s；

$[pv]$——轴瓦材料的许用 pv 值，MPa·m·s^{-1}，其值见表 12-13。

③验算速度 v。

由于安装误差或轴的弹性变形，使轴颈与轴瓦边缘接触，即使 p 和 pv 值都在允许范围内，也可能由于滑动速度过高导致轴瓦边缘急剧磨损或胶合，因此要求：

$$v \leq [v] \tag{12-13}$$

式中：$[v]$ ——许用滑动速度，m/s。

止推滑动轴承的校核设计与径向滑动轴承相似，但由于止推滑动轴承的速度一般较低，故不需进行轴承圆周速度的验算，主要进行 p 值和 pv 值的校核计算即可。其 $[p]$ 值和 $[pv]$ 值也与径向滑动轴承不同，可查阅有关手册。

【思考题】

非液体摩擦滑动轴承使用时已经润滑，为何不能形成液体润滑？

12.2.3.4　轴承的润滑和密封

（1）轴承的润滑。

①轴承润滑的目的。轴承润滑的目的是降低摩擦和磨损，提高效率和延长使用寿命，同时起到冷却、吸振、防锈等作用。

②润滑剂的种类及其性能。润滑剂分为润滑油、润滑脂和固体润滑剂三类。

a. 润滑油是轴承中应用较广的润滑剂。目前使用的润滑油多为矿物油。润滑油的黏度是选择润滑油的主要依据。选择润滑油的黏度应考虑速度、载荷、温度和工作情况等因素。原则上低速、重载、高温的轴承宜用黏度大的润滑油，反之选用黏度小的润滑油。

b. 润滑脂是润滑油和各种稠化剂（如钙、钠、锂等）混合稠化而成的。润滑脂不易流失，密封简单，不需经常添加，对载荷和速度的变化有较大的适应范围，但摩擦损耗大，主要用在速度低（$v < 2\text{m/s}$）、载荷大、使用要求不高的场合。目前使用较多的有钙基润滑脂、钠基润滑脂和锂基润滑脂。

c. 在高温、高压、防止污染等一些特殊场合，还可以使用固体润滑剂（如石墨、MoS_2）或气体作为润滑剂。

轴承润滑剂的具体选择方法及常用润滑剂的牌号、性能及用途等可查阅有关的机械设计手册。

③润滑方式及润滑装置。当采用油润滑时，润滑方式有间歇供油和连续供油两种。

间歇供油只适用于低速、不重要的和间歇工作的轴承润滑。如图 12-18（a）所示为压注油杯，由人工定期用油壶注油；图 12-18（b）所示为旋套式注油杯，打开旋套可将润滑油通过油孔注入轴承。

对于重要的轴承必须采用连续供油方式。图 12-19（a）所示为油芯式滴油润滑；图 12-19（b）所示为针阀式注油润滑；图 12-19（c）为浸油式油环润滑。此外，还有

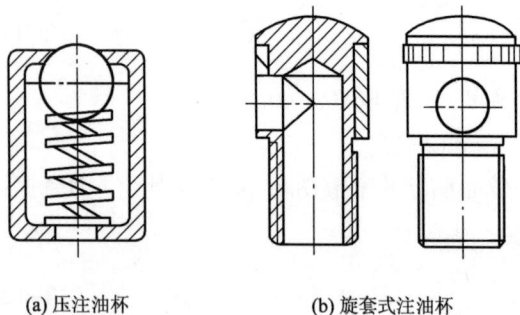

(a) 压注油杯　　　(b) 旋套式注油杯

图 12-18　间歇供油装置

一些其他的连续润滑方式，如将轴承直接浸在油池中，即浸油润滑；利用浸在油中的传动零件的旋转将油飞溅到箱体内壁，流到轴承中，即飞溅润滑；利用外来压力（油泵）供油压力循环润滑等。

润滑脂只能间接供给。常用的装置如图 12-20 所示。图 12-20（a）所示为旋盖注油油杯，它通过旋紧杯盖将杯内润滑脂压入轴承工作面；图 12-20（b）所示为压注油杯，它靠油枪压注润滑脂至轴承工作面。

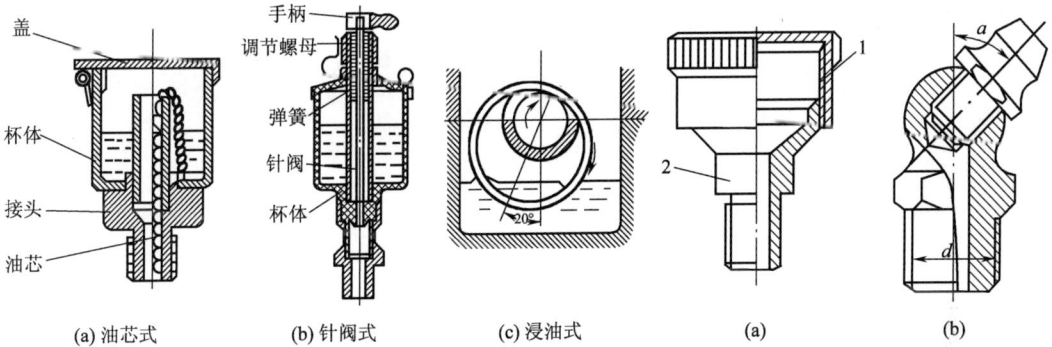

(a) 油芯式　　　(b) 针阀式　　　(c) 浸油式　　　　　(a)　　　　　(b)

图 12-19　连续供油装置　　　　　　　图 12-20　注油油杯

1—杯盖　2—杯体

另外，滚动轴承的润滑方式还可以根据 dn 值来确定。这里 d 是轴承内径，n 是轴承转速，dn 值间接地反映了轴颈的圆周速度。各种润滑方式下滚动轴承的允许 dn 见表 12-15 所示。

表 12-15　滚动轴承润滑方式的选择

轴承类型	$dn/（\mathrm{mm \cdot r \cdot min^{-1}}）$				
	浸油润滑飞溅润滑	滴油润滑	喷油润滑	油雾润滑	脂润滑
深沟球轴承 角接触球轴承 圆柱滚子轴承	$\leq 2.5 \times 10^5$	$\leq 4 \times 10^5$	$\leq 6 \times 10^5$	$> 6 \times 10^5$	$\leq (2 \sim 3) \times 10^5$
圆锥滚子轴承	$\leq 1.6 \times 10^5$	$\leq 2.3 \times 10^5$	$\leq 3 \times 10^5$		
推力球轴承	$\leq 0.6 \times 10^5$	$\leq 1.2 \times 10^5$	$\leq 1.5 \times 10^5$		

（2）轴承的密封。

轴承的密封一是防止润滑剂流失，二是防止外界杂物侵入轴承。这里主要介绍滚动轴承的密封问题。

滚动轴承的密封有接触式密封和非接触式密封两类。常见各类密封形式的结构、特点及适用范围见表 12-16。

表 12-16　滚动轴承密封方式

密封形式		简　图	原理及特点	应用范围
接触式密封	黏圈密封	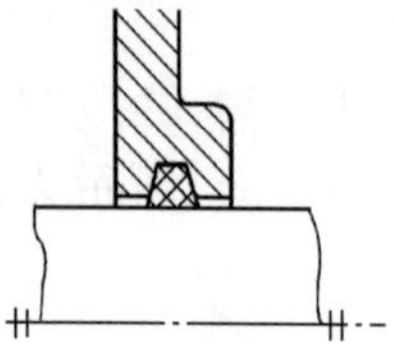	将矩形截面黏圈嵌入梯形截面槽内，压紧在轴上，黏圈能吸油，可自润滑	主要用于脂润滑，接触处速度 $v<5m/s$，环境清洁的场合
	密封圈密封	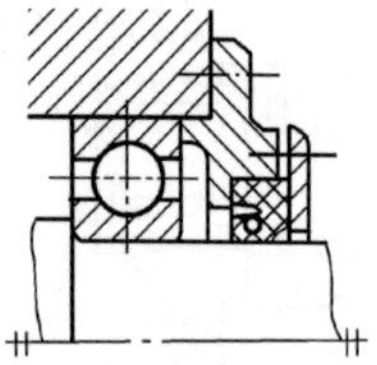	密封圈由耐油橡胶和塑料制成，有 O、J、U 等形式，靠弹性压紧在轴上，带骨架的密封性更好	可用于润滑脂和润滑油，接触处速度 $v<12m/s$ 的场合
非接触式密封	环槽式	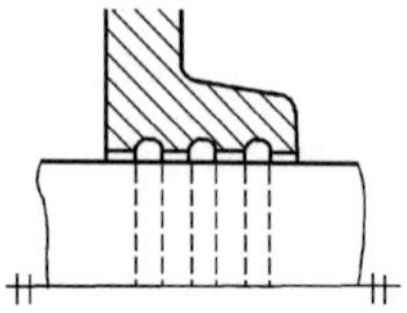	在轴和轴盖的通孔壁间留 0.1~0.3mm 的缝隙并填满润滑油。如果在轴盖上车出环槽，可以提高密封效果	多用于环境清洁的脂润滑条件。密封效果较差，结构简单
	迷宫式	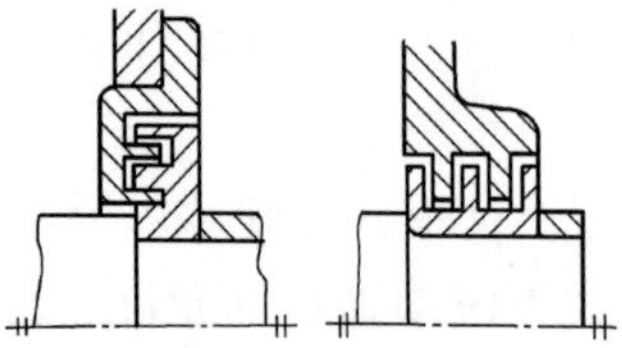	将旋转的和固定的密封零件间的间隙制成迷宫（曲路）形式，缝隙间填满润滑脂以加强密封效果	多用于接触处速度 $v<30m/s$ 的润滑脂和油润滑，当环境比较脏时，其密封效果仍相当可靠

12.2.4　其他类型轴承

（1）液体摩擦滑动轴承。

液体摩擦滑动轴承的摩擦表面间有充足的润滑油，在一定的条件下能够形成厚度达几十微米以上的压力油膜，它能将做相对运动的两金属表面完全隔开。此时，只有液体之间的摩擦，称为完全液体摩擦状态，又称为完全液体润滑状态，故能显著地减少摩擦和磨损。

要形成液体摩擦状态，必须具备一定的条件。根据压力油膜形成原理的不同，液体摩擦滑动轴承又分为液体动压滑动轴承和液体静压滑动轴承两大类。

①液体动压滑动轴承。如图 12-21（a）所示，轴颈与轴承孔之间有一弯曲的楔形间隙，间隙中充满润滑油，此时轴静止不动，轴颈与轴承孔的最下部分直接接触。当轴开始转动时[图 12-21（b）]，轴颈沿轴承孔内壁向上爬，同时因润滑油具有黏度和吸附性，润滑油被带进楔形间隙。由于润滑油是从大间隙带入而从小间隙流出，因而受到挤压而具有一定的压力，但此压力还不足以将轴抬起。随着转速增加，带进的油量随之增多，润滑油内的压力也逐渐增大，轴颈与轴承孔下部逐渐形成压力油膜，当该油膜厚度大于两接触表面不平度之和时，轴颈与轴承孔之间就完全被油膜所隔开。此时，摩擦力迅速下降，在压力油膜各点压力的合力作用下，轴颈便向左下方漂移。当轴达到工作转速时，油膜压力与外载荷平衡，轴颈便处于图 12-21（c）的位置稳定运转。

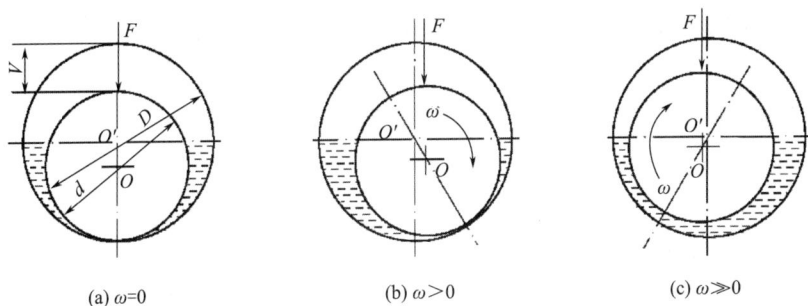

(a) ω=0　　　　　(b) ω>0　　　　　(c) ω≫0

图 12-21　动压轴承压力油膜的形成过程

由上述可知，液体动压滑动轴承形成压力油膜的条件是：一是要存在一个收敛的楔形间隙；二是楔形间隙的两表面要有一定的相对速度；三是楔形间隙间要有一定黏度的润滑油，且供油充分。

②液体静压滑动轴承。根据液体动压滑动轴承压力油膜的形成条件可知，对于经常启动、换向运转、低速、重载，特别是需要负载启动的机器，使用液体动压滑动轴承是不合适的。这时可采用液体静压滑动轴承。液体静压滑动轴承是利用外部供油系统，把具有一定压力的润滑油送入轴颈与轴承孔之间，强制形成压力油膜平衡外载荷，从而实现完全液体摩擦。

图 12-22 所示是液体静压滑动轴承的工作原理。在轴承内表面上开有 4 个对称的油腔。高压油经节流器进入油腔。节流器具有阻尼性能，能使来自油泵的压力油产生压力降，从而起到调压作用。

液体静压滑动轴承的压力油膜的形成与相对速度无关，承载能力主要取决于油泵的供油压力，可在极广的转速范围内正常工作，轴承磨损小，使用寿命长；油膜刚度大，具有良好的吸振性，旋转精度高；并且其承载能力可通过供油压力调节，故低转速下也能满足重载的工作要求。但液体静压滑动轴承需要一套复杂的供油系统，故设备费用高，维护管理也较麻烦。

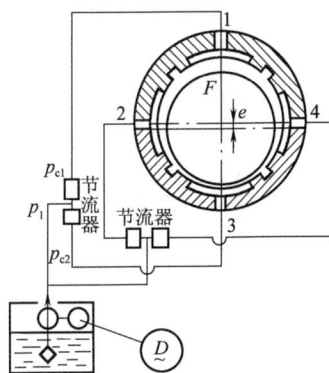

图 12-22　液体静压滑动
轴承工作原理

（2）气体摩擦滑动轴承。

当转速很高时，若选用液体摩擦滑动轴承，工作时将会出现轴承过热，摩擦损失较大，机器的效率降低等问题。此时可考虑采用气体摩擦滑动轴承。常用的气体润滑剂有空气，还可用氢气、氮气等。

气体摩擦滑动轴承由于气体的黏度极低，气体的摩擦阻力很小，功耗小，且空气黏度几乎不受温度变化的影响，但承载能力低。因此，气体摩擦滑动轴承适用于很高转速（可达百万转）或很大的温度范围内、载荷较轻的场合，如精密测量仪器、纺织设备、超高速离心机等。

（3）关节轴承。

关节轴承是球面滑动轴承中的一种，主要适用于摆动、倾向运动和旋转运动，或者是上述运动的组合。关节轴承是典型的空间运动副，被支承的两零件可以在三维空间内作任意相对摆动和转动，多用于各种机器人的机械结构中。

如图 12-23 所示，关节轴承主要由内圈和外圈两部分组成，通过内圈的球形外表面与外圈的球形内表面形成球面接触方式。根据其承受载荷性质的不同，可以其分为：向心关节轴承 ［图 12-23（a）］、角接触关节轴承 ［图 12-23（b）］、推力关节轴承 ［图 12-23（c）］ 和杆端关节轴承 ［图 12-23（d）］。其中，杆端关节轴承主要用于结构件之间的连接，可承受径向和轴向的组合载荷。

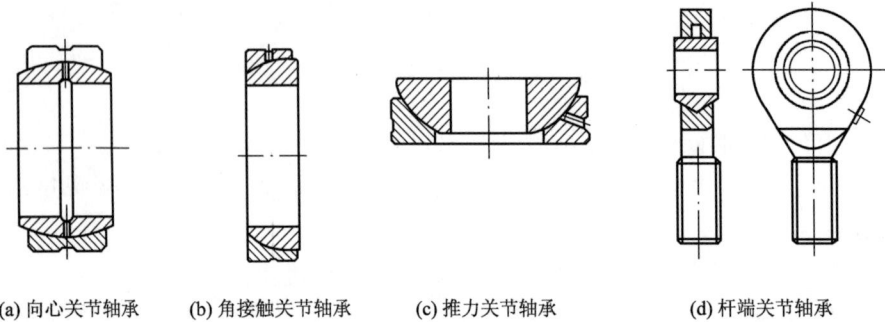

(a) 向心关节轴承　　(b) 角接触关节轴承　　(c) 推力关节轴承　　(d) 杆端关节轴承

图 12-23　关节轴承

与滚动轴承相似，关节轴承的类型、尺寸、结构形式、材料和游隙组别等由关节轴承的代号表示，选用时可查阅国家标准 GB/T 304.2—2015。

（4）直线运动轴承。

直线运动轴承是在普通轴承的基础上演变而来的。根据轴承接触部位的摩擦性质，直线运动轴承可分为直线运动滑动轴承和直线运动滚动轴承。其中，直线运动滚动轴承可以制成一个独立部件，国家已制定了标准并由专业厂家生产。

根据滚动体形状的不同，直线运动滚动轴承可分为直线运动球轴承、直线运动滚子轴承、直线运动滚针轴承三类。工作中滚动体在若干条封闭的滚道内循环运动，保证零部件实现规定的直线运动。图 12-24 所示为直线运动球轴承的一种结构形式，它由外套、钢球、保持架及挡圈等构成，外套内壁有数条（不少于三条）纵向滚道，钢球在外套与导杆之间沿保持架的沟槽循环滚动。这种轴承只能承受径向载荷，作直线往复运动，径向间隙不可调整。

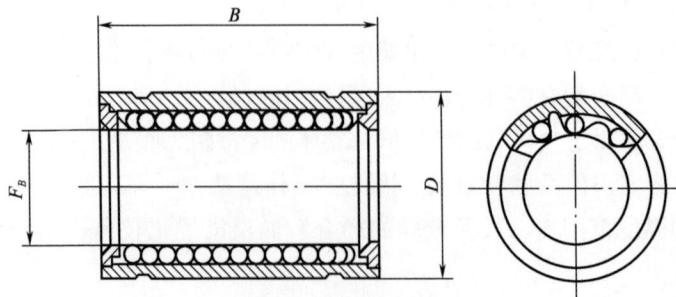

图 12-24　直线运动球轴承

直线运动轴承具有摩擦系数小、消耗功率少、传动精度高、运动平稳、轻便灵活、无爬行或振动、驱动力极小等优点，主要应用于数控机床和自动化程度较高的精密机械设备中。

12.3　轴间连接

12.3.1　概述

不同部件的两根轴连接成一体，以传递运动和动力的连接称为轴间连接。轴间连接通常采用联轴器和离合器来实现。它们是机械中的常用部件，如图 12-25 所示输送机传动装置中就有联轴器和离合器的应用。

联轴器和离合器都能把不同部件的两根轴连接成一体，但两者的区别是：联轴器是一种固定连接装置，在机器运转过程中被连接的两根轴始终一起转动而不能脱开，只有在机器停止运转并把联轴器拆开的情况下，才能把两轴分开。图 12-25 中电动机与减速器之间即用联轴器连接的。而离合器则是一种能随时将两轴接合或分离的可动连接装置，可根据工作时的需要，操纵机器传动系统的断续、变速、换向等。图 12-25 中减速器与卷筒之间即是用离合器连接的，当滚筒需要暂停转动时，不用关电动机，可操纵离合器使之与传动系统脱开。

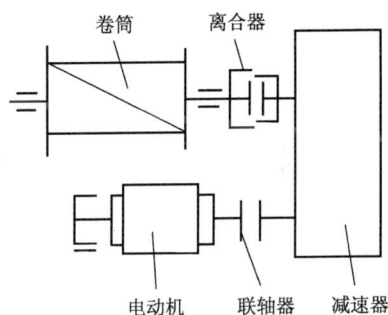

图 12-25　输送机传动装置

联轴器和离合器大多已标准化，设计者的主要任务是选用而不是设计。一般选择步骤：

①根据机器的工作条件和使用要求选择合适的类型。

②按轴的直径、工作转矩和转速选定具体的型号。

③必要时对其易损零件进行强度校核。

由于机器启动时的动载荷和运转中可能出现过载现象，所以在确定联轴器和离合器所需传递的转矩时，应当按轴上的最大转矩计算，称为计算转矩 T_{ca}：

$$T_{ca} = K_A T \tag{12-14}$$

式中：T_{ca}——公称转矩，N·m；

K_A——工作情况系数，见表 12-17。

表 12-17　工作情况系数 K_A

工作机		K_A			
		原动机			
分类	工作情况及举例	电动机汽轮机	四缸和四缸以上内燃机	双缸内燃机	单缸内燃机
I	转矩变化很小，如发电机、小型通风机、小型离心泵	1.3	1.5	1.8	2.2

续表

	工作机	K_A			
		原动机			
分类	工作情况及举例	电动机汽轮机	四缸和四缸以上内燃机	双缸内燃机	单缸内燃机
Ⅱ	转矩变化小，如透平压缩机、木工机床、运输机	1.5	1.7	2.0	2.4
Ⅲ	转矩变化中等，如搅拌机、增压泵、有飞轮的压缩机、冲床	1.7	1.9	2.2	2.6
Ⅳ	转矩变化和冲击载荷中等，如织布机、水泥搅拌机、拖拉机	1.9	2.1	2.4	2.8
Ⅴ	转矩变化和冲击载荷大，如造纸机、挖掘机、起重机、碎石机	2.3	2.5	2.8	3.2
Ⅵ	转矩变化大并有极强烈冲击载荷，如压延机、无飞轮的活塞泵、重型初轧机	3.1	3.3	3.6	4.0

联轴器和离合器的类型很多，本节仅介绍几种常用类型的典型结构、工作原理及性能特点。

【思考题】

结合工程实际，讨论如何正确选用联轴器或离合器以及其主要参数。

12.3.2 联轴器

联轴器所连接的两轴，由于制造及安装误差、运转时零件的变形、轴承的磨损和温度变化的影响等都有可能使被连接的两轴相对位置发生变化，产生某种程度的相对位移。图 12-26 为被连接两轴可能发生相对位移的情况。这就要求设计联轴器时，要从结构上采取各种不同措施，使之具有适应一定范围对相对位移的补偿能力，避免在轴、轴承、联轴器上产生附加载荷，有时还要求它具有一定的缓冲减振能力。因此，根据联轴器对各种相对位移有无补偿能力，联轴器分为无补偿能力的刚性联轴器和有补偿能力的挠性联轴器两大类。挠性联轴器又可按是否具有弹性元件分为无弹性元件的挠性联轴器和有弹性元件的挠性联轴器两个类别，后者既有位移补偿能力同时还有缓冲、减振能力。联轴器的分类见表 12-18。

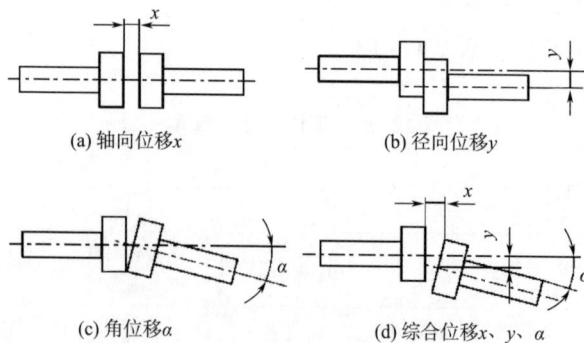

(a) 轴向位移 x　　　　(b) 径向位移 y

(c) 角位移 α　　　　(d) 综合位移 x、y、α

图 12-26　联轴器所连两轴的偏移形式

表 12-18　联轴器的分类

刚性联轴器		套筒联轴器、凸缘联轴器、夹壳联轴器		
挠性联轴器	无弹性元件的挠性联轴器	滑块联轴器、齿式联轴器、万向联轴器、滚子链联轴器等		
	有弹性元件的挠性联轴器	非金属弹性元件	弹性套柱销联轴器、弹性柱销联轴器、梅花联轴器、轮胎联轴器等	
		金属弹性元件	能缓冲	蛇形弹簧
			能减振	叠片弹簧

本节仅介绍几种典型的、常用的联轴器。

12.3.2.1　刚性联轴器

刚性联轴器由刚性元件组成，各元件之间无相对运动。它具有结构简单、制造成本低、质量轻、传动精度高等优点，但无补偿两轴相对位移和缓冲减振能力。因此，对所连两轴的对中精度要求很高，通常要求相对径向偏移量小于 0.05mm，相对角度偏移量小于 1″。适用于两轴对中精确、载荷平稳或只有轻微冲击的场合。

常用的刚性联轴器包括套筒联轴器、凸缘联轴器、夹壳联轴器等。

（1）套筒联轴器。

这是一种最简单的联轴器，它利用一个公用套筒以键、花键或锥销等刚性连接件实现两轴的连接。这种联轴器径向尺寸小，结构简单，成本低，但装拆时须轴向移动所连的轴，给拆装工作带来不便。通常用于转速 $n \leqslant 250r/min$、轴径 $d \leqslant 100mm$（采用半圆键连接时 $d \leqslant 35mm$）、转矩 $T \leqslant 5600N \cdot m$（采用半圆键连接时 $T \leqslant 450N \cdot m$，采用圆锥销连接时 $T \leqslant 4000N \cdot m$），即低速、轻载、无冲击和小尺寸轴的轴系传动中。图 12-27 给出的是套筒联轴器的几种典型结构。

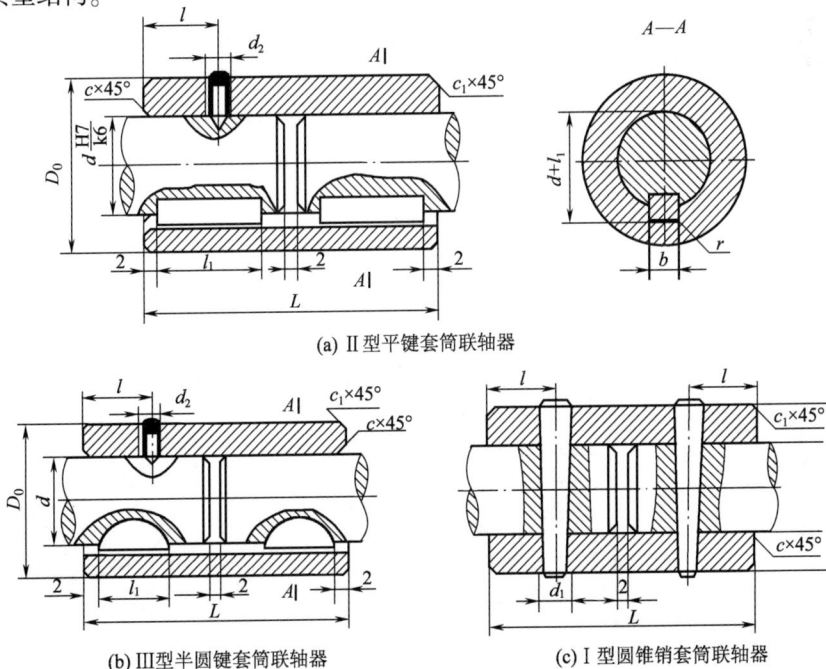

(a) Ⅱ型平键套筒联轴器

(b) Ⅲ型半圆键套筒联轴器

(c) Ⅰ型圆锥销套筒联轴器

图 12-27　套筒联轴器的几种典型结构

（2）凸缘联轴器。

图 12-28　凸缘联轴器

凸缘联轴器也称法兰联轴器（图 12-28），它是利用螺栓连接两凸缘（法兰）盘式半联轴器，两个半联轴器分别用键与两轴连接，实现两轴的连接，传递运动和转矩。

如图 12-29 为凸缘联轴器（GB/T 5843—2003）的两种典型结构。其中图 12-29（a）（GY 型）采用铰制孔螺栓实现两半联轴器的连接对中精度；图 12-29（b）（GYS 型）采用半联轴器端面上的凸肩和凹孔的相互配合保证被连接两轴的对中精度。拆装时轴不需作轴向移动。

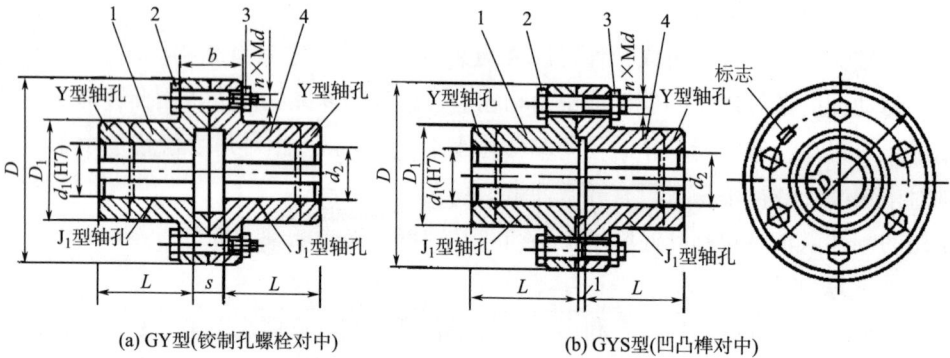

(a) GY 型(铰制孔螺栓对中)　　(b) GYS 型(凹凸榫对中)

图 12-29　凸缘联轴器的两种典型结构

1，4—半联轴器　2—螺栓　3—尼龙锁紧螺母

（3）夹壳联轴器。

图 12-30 所示 GJ 型夹壳联轴器由两个沿轴向剖分的夹壳组成，两夹壳借拧紧螺栓时的夹紧力紧压在被连接两轴的表面上，借助两半联轴器与轴表面间的摩擦力实现两轴的连接，传递运动和转矩，而利用平键作辅助连接。这种联轴器的优点是在拆装时比较方便，轴不需作轴向移动，缺点是用它连接两轴时，两轴线的对中精度较低。此外，夹壳联轴器结构和外形复杂，制造及平衡精度较低，通常只适用于低速（外缘的速度低于 5m/s）、载荷平稳的场合。

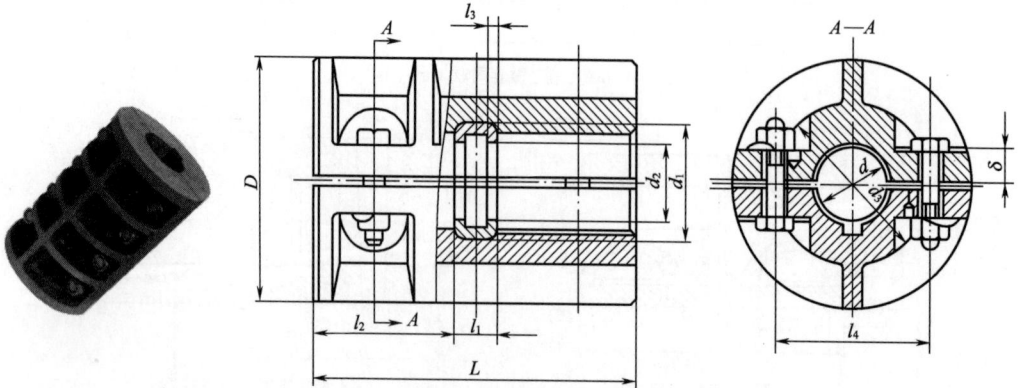

图 12-30　GJ 型夹壳联轴器

12.3.2.2　无弹性元件的挠性联轴器

无弹性元件的挠性联轴器由可做相对移动或滑动的刚性件组成，利用连接元件间的相对可移性以补偿被连接两轴的相对位移。此类联轴器大部分需在良好的润滑和密封条件下工作，其特点是有一定的补偿能力，承载能力大，但不具有缓冲减振能力，因此不适用于有冲击、振动的轴系传动中。

常用的无弹性元件的挠性包括滑块联轴器、齿式联轴器、万向联轴器等。

（1）滑块联轴器。

如图 12-31 所示，滑块联轴器是由两个端面带槽的半联轴器 1、3 和两个侧面各具有凸块的浮动滑块 2 组成的，两侧的凸块相互垂直，利用中间浮动滑块在其两侧半联轴器端面的径向相对运动来补偿两轴相对位移。用滑块联轴器连接的两轴允许有较大的径向位移和不大的偏角及轴向位移。由于滑块偏心运动产生的离心惯性力无法平衡，故噪声大、磨损快、效率低，一般仅适用于转速低（$n \leqslant 250 \text{r/min}$），转矩较大的轴系传动中。

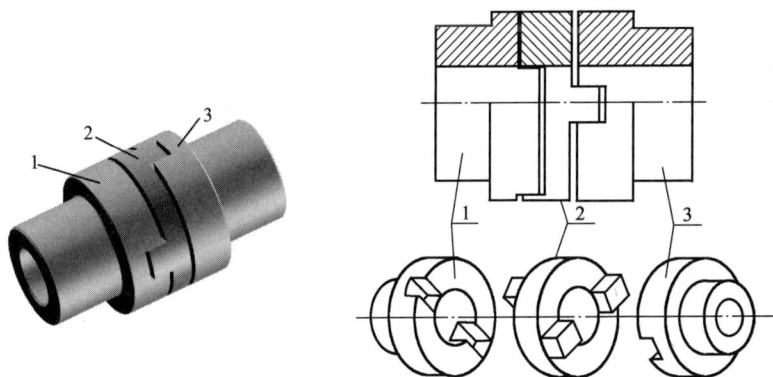

图 12-31　滑块联轴器

1, 3—半联轴器　2—滑块

当传递的转矩较小时，浮动滑块可制成非金属的方形滑块形式，如图 12-32 所示。由于滑块质量轻、惯性小，适应较高转速，尤其是如图 12-33 所示的尼龙滑块联轴器（JB/ZQ 4384—2006）。这种结构的滑块联轴器适用于功率不大，中等转速，冲击较小的工作场合。

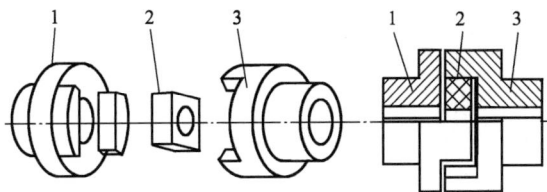

图 12-32　非金属方形滑块联轴器

1, 3—半联轴器　2—滑块

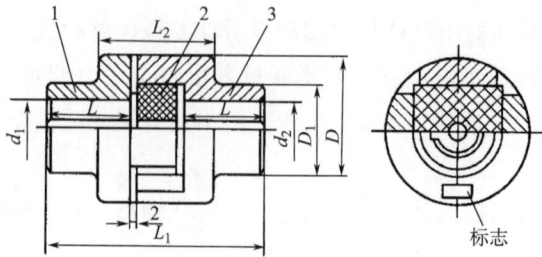

图 12-33　尼龙滑块联轴器

1, 3—半联轴器　2—尼龙滑块

（2）齿式联轴器。

如图 12-34 所示，齿式联轴器是由两个带有内齿和凸缘的外套筒 2、4 与两个带有外齿的内套筒 1、5 所组成。两个内套筒分别用键与主、从动轴相连接，两个外套筒 2、4 用螺栓 3 连成一体，依靠内、外齿相啮合传递转矩。密封圈 6 可以防止润滑油泄漏。

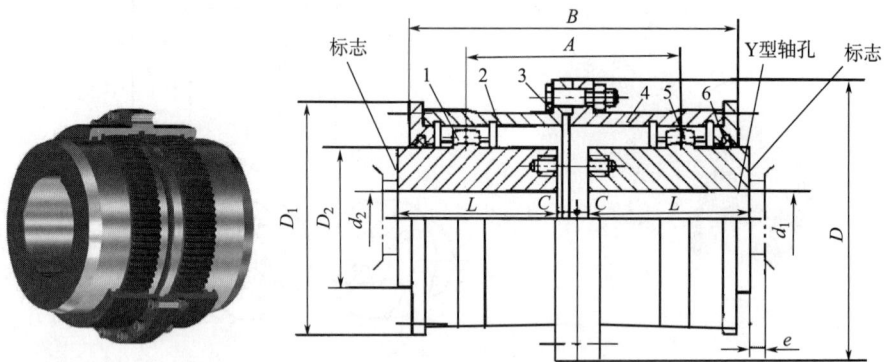

图 12-34　齿式联轴器

齿式联轴器所用齿轮的齿廓曲线为渐开线，内齿为直齿，外齿分为直齿和鼓形齿两种形式。为了补偿两轴的相对位移，内外齿轮的啮合间隙比一般齿轮大，并将外齿轮的齿顶制成半径为 R_a 的球面，如图 12-35 所示。

采用鼓形齿可允许量轴有较大的角位移，可以改善齿的接触条件，提高承载能力，延长使用寿命。由于鼓形齿性能优良，故已广泛应用于大多新设计的机械设备中。

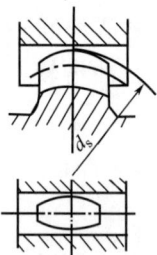

图 12-35　鼓形齿齿形图

齿式联轴器结构紧凑，承载能力大，具有综合补偿两轴相对位移的能力，且工作可靠；但结构复杂，制造成本高，反转时有冲击，需要良好的润滑和密封，通常在工作转速小于 3000r/min 的重载工况条件下的轴系传动中应用较广。

（3）万向联轴器。

图 12-36（a）所示为万向联轴器的结构示意图。主、从动轴上的轴叉 1、2 与十字轴 3 分别以铰链连接，当两轴有角向位移 α 时，轴叉 1、2 绕各自固定轴线回转，而十字轴 3 则

作空间球面运动，从而使万向联轴器可以在较大的偏斜角下工作，一般偏斜角 $\alpha \leqslant 45°$。由于 α 角的存在，当主动轴以等角速度 ω_1 回转时，从动轴角速度 ω_2 将在 $\omega_1 \cos\alpha$ 至 $\omega_1 / \cos\alpha$ 之间作变角速度转动，因而引起附加动载荷。为了消除这一缺点，常将两个万向联轴器连在一起使用，如图 12-36（b）所示，这时还必须使中间轴上的两个轴叉平面共面，而且使它的轴与主、从动轴的夹角相等，才能保证主、从动轴的瞬时角速度相同。

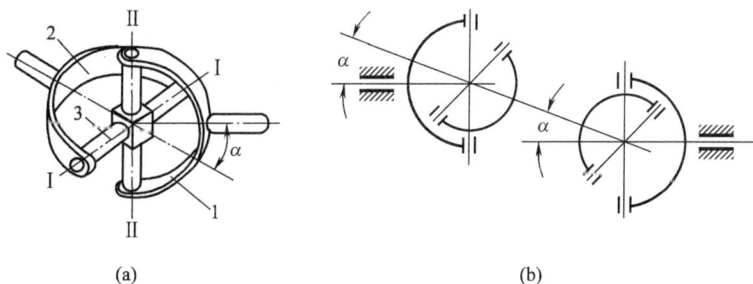

(a)　　　　　　　　　　　　(b)

图 12-36　万向联轴器

万向联轴器有多种结构形式，SWC 型整体叉头十字轴式万向联轴器（JB/T 5513—2006）为最常用的形式之一，此外还有球笼式同步万向联轴器（GB/T 7549—2008）、球铰式万向联轴器（JB/T 6139—2007）等。它们的共同特点是角位移补偿量大，所以在汽车、机床、轧钢机等机械设备的轴系传动中应用广泛。

12.3.2.3　有弹性元件的挠性联轴器

有弹性元件的挠性联轴器依靠弹性元件的变形，不仅可以补偿两轴的相对位移，而且有缓冲减振能力，故适用于频繁启动、经常正反转、变载荷及高速运转的场合。联轴器中弹性元件的材料有金属和非金属两种。金属材料制造的弹性元件主要是各种弹簧，其强度高、尺寸小、寿命长，主要用于大功率传动的连接中。非金属材料有橡胶、尼龙和塑料等，其特点是重量轻、价格低，有良好的弹性滞后性能，故减振能力强。但非金属弹性元件的寿命较短。下面介绍几种非金属弹性元件的挠性联轴器。

（1）弹性套柱销联轴器。

弹性套柱销联轴器（GB/T 4323—2017）如图 12-37 所示，与凸缘联轴器相似，不同的是用装有弹性套的柱销代替连接螺栓，弹性套的变形可以补偿两轴线的径向位移和角位移，并且有缓冲减振作用。它有两种形式，分别为 LT（基本）型和 LTZ（带制动轮）型。图 12-38 为弹性套柱销联轴器的结构。

弹性套柱销联轴器结构简单，制造容易，拆装方便，成本较低，但传递的转矩较小，弹性套使用寿命较短。它适用于载荷平稳、经常正反转、启动频繁的高速运动的轴系传动中，如电动机与减速器（或其他传动装置）之间就常用该联轴器连接。

图 12-37　弹性套柱销联轴器

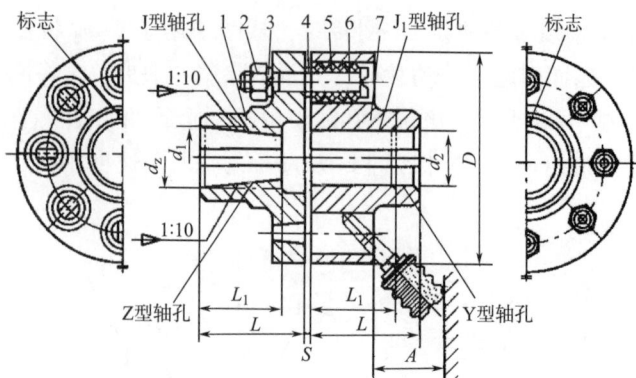

图 12-38　弹性套柱销联轴器

1,7—半联轴器　2—螺母　3—弹簧　4—挡圈　5—弹性套　6—柱销

（2）弹性柱销联轴器。

弹性柱销联轴器（图 12-39）是利用若干个 MC 尼龙 6 等非金属材料制成的柱销置于两半联轴器凸缘的轴向孔中，以实现两半联轴器的连接。如图 12-39 所示即为 LXZ（带制动轮）型弹性柱销联轴器（GB/T 5014—2017）。为了防止柱销滑出，在半联轴器外端装有挡板 3；为了增加补偿能力，常将柱销 2 的一端制成鼓形。由于尼龙的弹性低于橡胶，因而其相对位移补偿能力和缓冲减振能力不如弹性套柱销联轴器。但尼龙的强度和耐磨性高于橡胶，所以承载能力和使用寿命高于弹性套柱销联轴器。

弹性柱销联轴器结构简单，加工容易，维修方便，两半联轴器可以互换，且强度高、耐磨性好，更适用于两轴相对位移较小，冲击不大，安装精度较高，载荷平稳的中、低速及较大转矩的轴系传动中，不宜用于有冲击的场合。

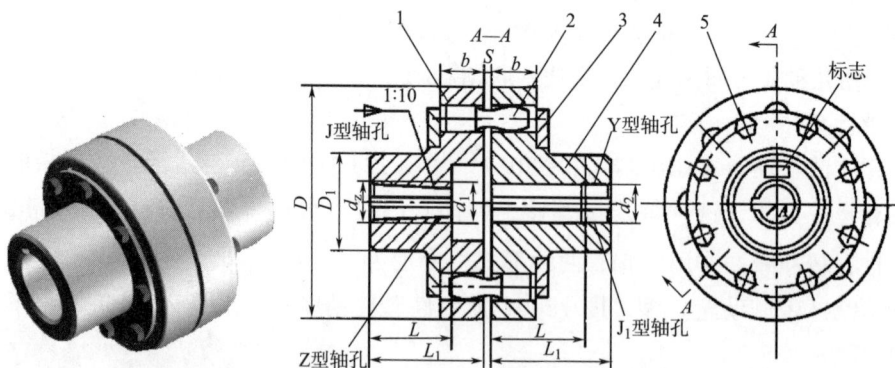

图 12-39　LXZ 型弹性柱销联轴器

1,4—半联轴器　2—柱销　3—挡板　5—螺钉

（3）轮胎式联轴器。

轮胎式联轴器是利用轮胎状橡胶元件，用螺栓将两半联轴器连接而成的，如图 12-40 所示（GB/T 5844—2002）。轮胎环中的橡胶织物元件与低碳钢制成的骨架硫化黏结在一起，

骨架上焊有螺母，装配时用螺栓与两半联轴器的凸缘连接，依靠拧紧螺栓在轮胎环与凸缘端面之间产生的摩擦力传递转矩。它的特点是：弹性强、补偿位移能力大、有良好的阻尼，而且结构简单，不需润滑，拆装和维修都较方便。但承载能力不高，径向尺寸较大，适用于启动频繁、正反转多变，冲击振动较大的轴系传动中。

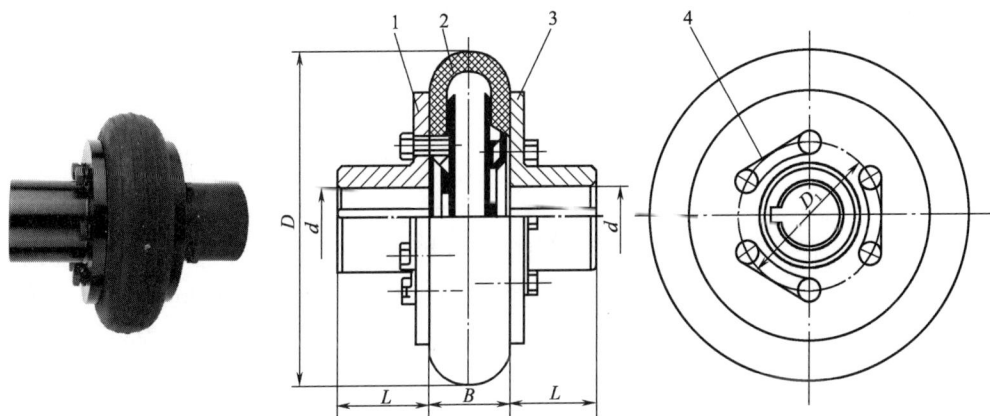

图 12-40　UL 型轮胎式联轴器

1，3—半联轴器　2—轮胎环　4—止退垫板

【思考题】

选用联轴器时，为什么有的要求严格对中，而有的则可以允许有较大的综合位移？

12.3.3　离合器

使用离合器是为了在机器运转过程中按需要随时实现两轴的接合和分离，因此，对离合器的基本要求是：接合平稳可靠、分离迅速彻底、动作快速准确、操纵省力方便、尺寸小、质量轻、耐磨及散热性好。

通过工作表面之间的啮合传递转矩的离合器称为啮合式离合器；通过摩擦力在零件之间传递转矩的离合器称为摩擦式离合器；工作中通过机械、电磁、液压和气动等形式实现接合与分离的离合器称为操纵式离合器；能够根据工作情况自动实现工作状态转换的离合器称为自动式离合器。下面简单介绍几种常用的离合器。

（1）牙嵌式离合器。

图 12-41（a）所示为牙嵌式自动离合器。通过两个半联轴器端面齿牙的啮合传递转矩。牙嵌式离合器的牙齿有：三角形、梯形、矩形和锯齿形 [图 12-41（b）]，其中梯形牙应用最广，图 12-41（a）所示的离合器的牙型即为梯形。当传递的扭矩过大时，啮合面产生的轴向推力使左侧弹簧压缩，离合器自动分离。牙嵌式离合器用于低速轻载的场合。

（2）摩擦式离合器。

利用主、从动半联轴器接触表面之间的摩擦力来传递转矩的离合器统称为摩擦式离合器。摩擦式离合器的型式很多，其中以圆盘摩擦式离合器应用最广。其结构上有单摩擦片

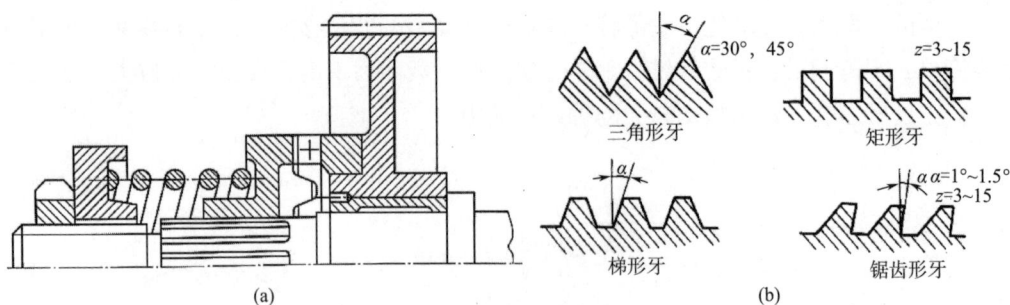

图 12-41　牙嵌式离合器

（盘）、多摩擦片（盘）等形式。根据摩擦副的润滑状态不同，又分为干式摩擦和湿式摩擦。

图 12-42 所示为多圆盘式摩擦离合器。图中主动轴 1 与外鼓轮 2 相连，从动轴 3 用键与内套筒 4 相连，外鼓轮内装有一组外摩擦片 5［图 12-42（b）］，其外圆与外鼓轮之间通过花键连接，而其内孔不与任何零件接触。套筒 4 上装有另一组内摩擦片 6［图 12-42（c）］，器外圆不与任何零件接触，而内圆与套筒 4 也通过花键连接。工作时操纵滑环 7左、右移动，通过杠杆 8、压板 9，使两组摩擦片压紧或松开，以实现离合器的接合或分离。增加摩擦片的数目，可以增大所传递的转矩。

摩擦式离合器可以在两轴有较大转速差的情况下接合和分离；接合时冲击振动很小；过载时将打滑，可保护其他零件不受损坏。但在接合和分离过程中摩擦片间的相对滑动会造成发热和磨损。摩擦式离合器适用于经常起动、制动或经常改变转速和转向的场合。

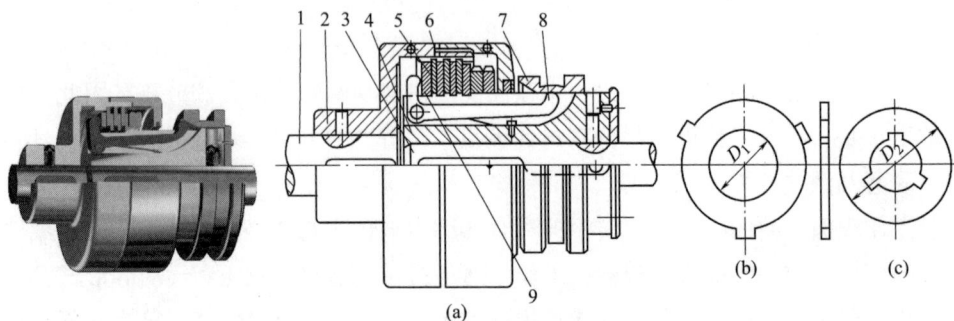

图 12-42　多圆盘式摩擦离合器
1—主动轴　2—外鼓轮　3—从动轴　4—内套筒
5—外摩擦片　6—内摩擦片　7—滑环　8—杠杆　9—压板

（3）定向离合器。

定向离合器是自动式离合器中较常用的一种。它用于实现两轴的单向接合与分离。

图 12-43 所示为滚柱式定向离合器。图中星轮 1 和外环 2 分别装在主动件和从动件上，星轮和外环间的楔形空腔内装有滚柱 3，每个滚柱都被弹簧推杆 4 以不大的推力向前推进而处于半楔紧状态。当星轮 1 为主动轮并作顺时针回转时，滚柱将被摩擦力转动而滚向空腔的

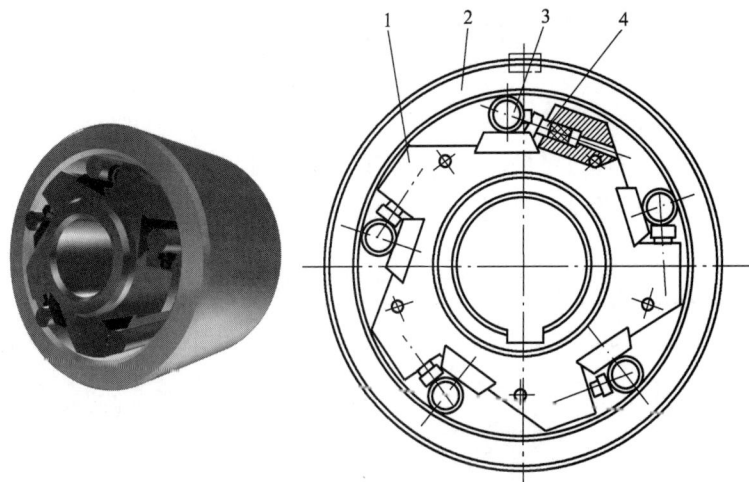

图 12-43　滚柱式定向离合器
1—星轮　2—外环　3—滚柱　4—推杆

收缩部分，并楔紧在星轮和外环间，使外环随星轮一同回转，离合器即进入接合状态。而当星轮反向回转时，滚柱即被滚到空腔的宽敞部分，这时离合器即处于分离状态。如果在外环2随星轮1旋转的同时，外环又从另一运动系统获得旋向相同但转速较大的运动时，离合器也将处于分离状态。由于它的接合和分离与星轮和外环之间的转速差有关，因此这种离合器又称为超越离合器，有时又称为差动离合器。定向式离合器广泛应用于汽车、拖拉机和机床等设备中。

【思考题】

1. 手动挡汽车中，为什么可以通过踩离合的深浅程度可以实现车速的控制？
2. 工程中，还有哪些新型离合方式？

12.4　轴毂连接

轴和轴上零件在圆周方向上形成的连接称为轴毂连接，其功能是使轴与轴上零件作周向定位和固定，以传递转矩。常用的轴毂连接有键连接、花键连接、无键连接等，如图 12-44 所示。

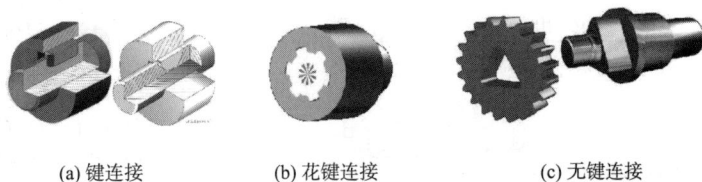

(a) 键连接　　　　(b) 花键连接　　　　(c) 无键连接

图 12-44　常用的轴毂连接

12.4.1 键连接

键连接是轴毂连接中主要的连接方式。键连接设计的主要任务是选类型、选尺寸和键的强度校核。

12.4.1.1 键连接的类型选择

键是标准连接件。它通过键使轮毂与轴得以周向固定，传递转矩。有的键连接也有轴向固定或实现轴上零件轴向移动的作用。常用键的类型、特点和应用见表 12-19。

表 12-19　常用键的类型、特点和应用

类型		图例	特点	应用
平键	普通平键	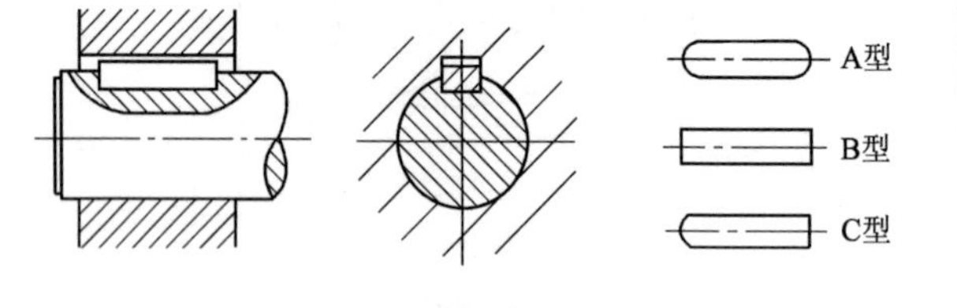	平键的侧面是工作面。定心良好，装拆方便，不能实现轴上零件的轴向固定。通常轴与键槽的配合较紧	用于静连接，适用于高精度、高速或承受变载、冲击的场合。A 型和 B 型分别用于端铣刀和盘铣刀加工的轴槽，C 型用于轴端
	导向平键	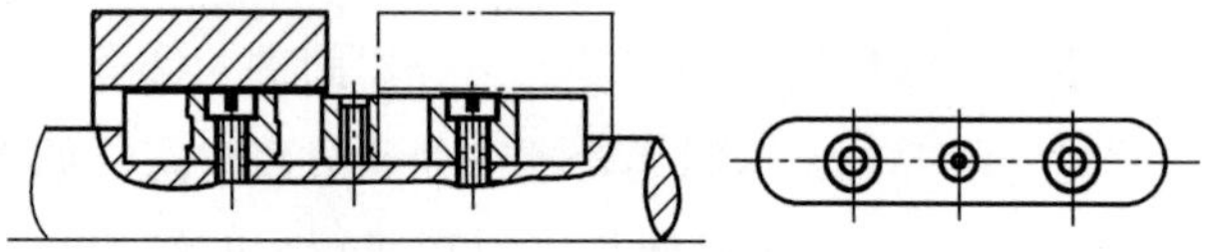	键用螺钉固定在键槽中，键与毂槽为间隙配合，能实现轴上零件的轴向移动。为起键方便，设有起键螺钉	适用于轴上零件轴向移动量不大的动连接。如变速箱中的滑移齿轮
	滑键	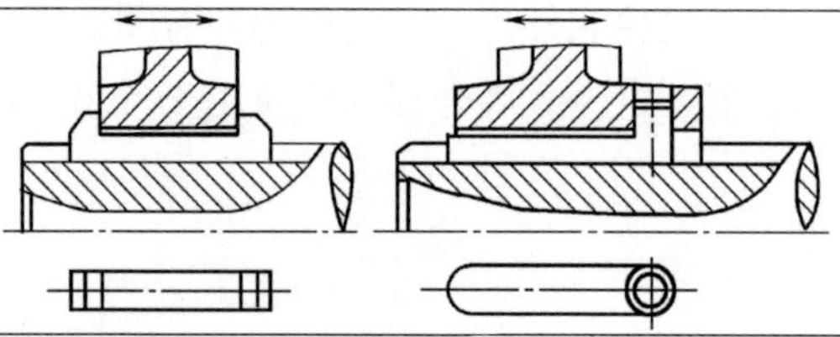	键固定在轮毂上，轴上零件能带键一起沿轴槽做轴向移动	适用轴上零件轴向移动量较大的动连接
半圆键		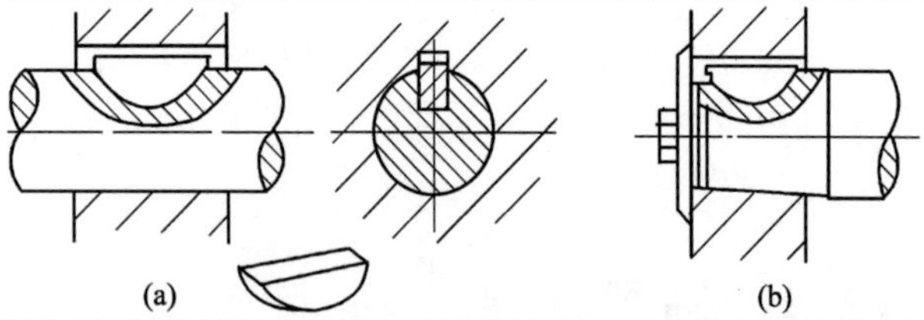	靠侧面传递转矩，不能实现轴上零件的轴向固定。半圆键在轴槽中摆动以便装配，但键槽较深对轴的削弱较大	用于静连接，主要适用于轻载荷的锥形轴端
楔键	普通楔键	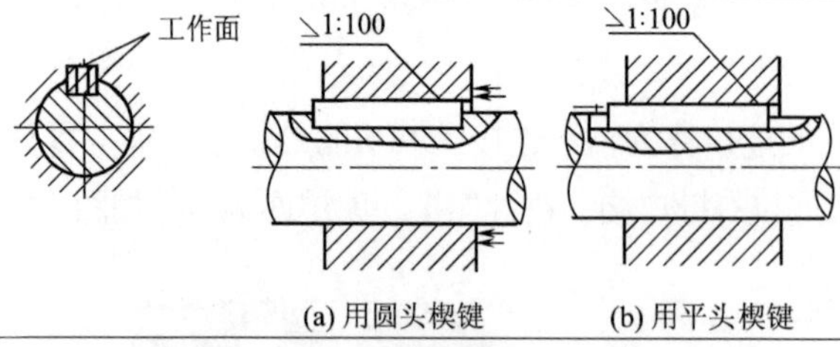	楔键的上下两面是工作面，键的上表面和毂槽底面均有 1∶100 的斜度。装配打入后，键楔紧在轴与轮毂之间，工作时靠楔紧的摩擦力传递转矩。能承受沿楔紧方向的单向轴向力，但楔紧力会使轴、轮毂间产生偏心，定心性差	用于静连接，主要适用定心精度不高、载荷平稳和低速的场合。钩头楔键的钩头供拆卸时用
	钩头楔键	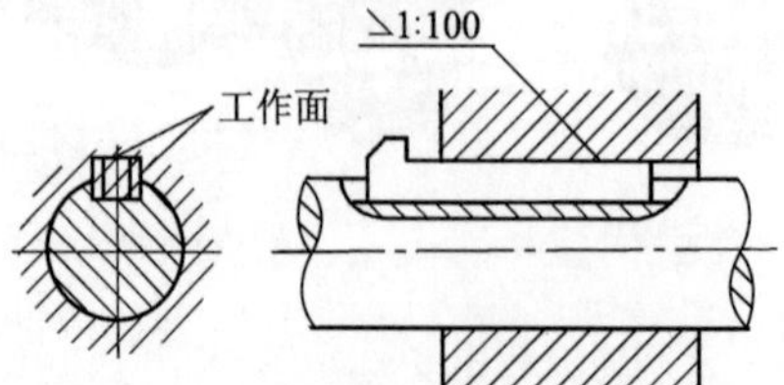		

选择键连接的类型时，应考虑的因素大致包括：载荷的类型、所需传递转矩的大小、对轴毂对中性的要求、键在轴上的位置（在轴的端部还是中部）、连接于轴上的带毂零件是否需要沿轴向滑移及滑移距离的长短、键是否要具有轴向固定零件的作用或承受轴向力等。

12.4.1.2　键连接的尺寸选择

键连接的尺寸选择就是确定键宽 b、键高 h 和键长 L。设计时，b 和 h 可根据轴的直径 d 由标准中查取；长度 L 可参照轮毂长度 B 根据标准选取，一般取 $L=B-(5\sim10)$ mm，且使 L 符合标准中规定的长度系列，见表 12-20（摘自 GB/T 1095—2003 和 GB/T 1563—2017）。

表 12-20　普通平键和普通楔键的主要尺寸　　　　　单位：mm

轴的直径 d	6~8	>8~10	>10~12	>12~17	>17~22	>22~30	>30~38	>38~44
键的尺寸 $b\times h$	2×2	3×3	4×4	5×5	6×6	8×7	10×8	12×8
轴的直径 d	>44~50	>50~58	>58~65	>65~75	>75~85	>85~95	>95~110	
键的尺寸 $b\times h$	14×9	16×10	18×11	20×12	22×14	25×14	28×16	
键的长度系列 L	6，8，10，12，14，16，18，20，22，25，28，32，36，40，45，50，56，63，70，80，90，100，…							

12.4.1.3　键连接的强度校核

键的材料通常是采用强度极限不低于 600MPa 的碳素钢制造，常用 45 钢。

必要时应对键连接的强度进行校核。下面主要介绍平键的强度校核方法，其他类型键连接强度校核的方法可查相关设计手册。

平键连接主要有以下两种失效形式：

①对于静连接，一般是键、轴或轮毂中较弱的零件的工作面被压溃。

②对于动连接，一般是键、轴或轮毂中较弱的零件的工作面的磨损。

所以，压溃和磨损是平键连接的主要失效形式，键连接的计算只进行挤压强度计算或耐磨性计算。由于轮毂上键槽深度较浅，轮毂材料的强度也最弱，所以平键连接的强度计算通常以轮毂为计算对象。

假设工作压力沿键的长度和高度均匀分布，则根据平键连接的受力情况（图 12-45）可得静连接的强度条件：

$$\sigma_{\text{p}}=\frac{2T}{dkl}\leqslant[\sigma_{\text{p}}]\qquad(12\text{-}15)$$

动连接的强度条件：

$$P=\frac{2T}{dkl}\leqslant[p]\qquad(12\text{-}16)$$

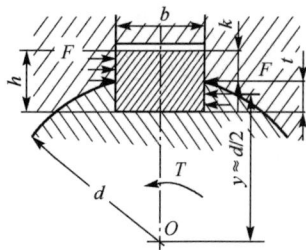

图 12-45　平键连接受力情况

式中：　T——传递的转矩，N·mm，$T=F\times y\approx F\times d/2$；

　　　　k——键与轮毂的接触高度，mm，$k=h/2$；

　　　　l——键的工作长度，mm，A 型（圆头）平键 $l=L-b$，b 型（方头）平键 $l=L$，L 为键的公称长度；

d——轴的直径，mm；

$[\sigma_p]$ $[p]$——键、轴、轮毂三者中最弱材料的许用挤压应力和许用压力，MPa，见表 12-21。

表 12-21　键连接的许用挤压应力和许用压力　　　　　　　　　单位：MPa

许用挤压应力及许用压力	连接工作方式	被连接零件材料	不同载荷性质的许用值		
			静载	轻微冲击	冲击
许用挤压应力 $[\sigma_p]$	静连接	钢	125~150	100~120	60~90
		铸铁	70~80	50~60	30~45
许用压力 $[p]$	动连接	钢	50	40	30

如果验算结果强度不够，可采取以下措施：

①适当增加键和轮毂的长度，但键的长度一般不应超过 2.25d（d 为轴径），否则，挤压应力沿键的长度方向分布不均匀。

②可采用双键，要强调的是，两平键应相隔 180° 布置，两半圆键应布置在同一条母线上，两楔键应相隔 90°~120° 布置；考虑到载荷分布的不均性，双键连接的强度是按 1.5 个键计算的。

例 12-3　在一减速器中，一个 7 级精度的直齿圆柱齿轮安装在轴径为 60mm 的轴上，齿轮与轴的材料都为锻钢，齿轮轮毂宽 85mm。连接传递的转矩为 1.6×106N·mm，载荷有轻微冲击。试设计此键连接。

解：（1）选择键的类型和尺寸。

因为是 7 级精度的齿轮，因此要求有一定的定心要求，可选用平键连接。此处为静连接，因此选用普通平键，齿轮不在轴端，可考虑采用定位好的 A 型（圆头）普通平键，取键的材料为 45 钢。

因安装齿轮处轴径 d=60mm，由 GB/T 1095—2003（或表 12-19）中可查得，当轴径 d=58~65mm 时，键的宽度 b=18mm，高度 h=11mm，由轮毂宽度并参考键的长度系列，取键长 L=80mm（略小于轮毂宽度）。

（2）校核键连接的强度。

键、轴和轮毂的材料都是钢，键的工作长度 l=L-b=80-18=62（mm），接触高度 k=0.5h=0.5×11=5.5（mm），查表 12-20 取许用挤压应力 $[\sigma]$=110MPa，由式（12-15）可得：

$$\sigma_p=\frac{2T}{dkl}=\frac{2\times1.6\times10^6}{5.5\times62\times60}\approx156.4（MPa）\leqslant[\sigma_p]=110MPa$$

经校核强度不够，且相差较大，故改用双键，相隔 180° 布置，此时双键的工作长度 l=1.5×62=93（mm），由式（12-16）得：

$$p=\frac{2T}{kld}=\frac{2\times1.6\times10^6}{5.5\times93\times60}=104（MPa）\leqslant110MPa$$

这时键连接满足挤压强度条件。

12.4.2　花键连接

花键连接由带有多个纵向键齿的轴（外花键）与带有键槽的轮毂孔（内花键）组成，如图 12-46 所示。花键可视为由多个均布在圆周上的平键组成，齿侧面为工作面，依靠内、外花键齿侧面的相互挤压传递转矩。花键连接适用于静连接及动连接。

花键连接的主要优点是：键齿数多、总接触面积大、受力均匀、承载能力高；槽浅、齿根应力集中小、对轴和毂的强度削弱较小；轴上零件与轴的对中性好、导向性好，适合于载荷较大，对中性要求高的动、静连接，在机械设备中得到了非常广泛的应用。其缺点是结构比较复杂，需要专用的设备和刀具加工，成本较高。

花键已经标准化，按剖面齿形的不同可分为两类：矩形花键和渐开线花键。

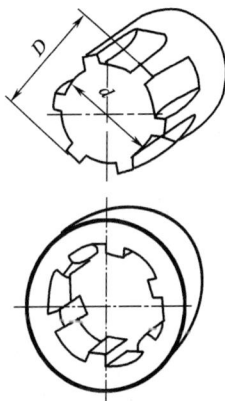

图 12-46　外花键与内花键

12.4.2.1　矩形花键

如图 12-47 所示，矩形花键形状简单，加工方便，应用广泛。按齿高的不同，矩形花键有轻、中系列，轻系列承载能力小，多用于轻载荷的静连接；中系列多用于较重载荷的静连接或零件仅在空载下移动的动连接。矩形花键在连接中按小径 d 定心，即外花键和内花键的小径 d 为配合面。由于内花键孔和花键轴均可磨削加工，因而适合于毂孔表面硬度较高（>40HRC）的连接，且定心精度高，稳定性好。

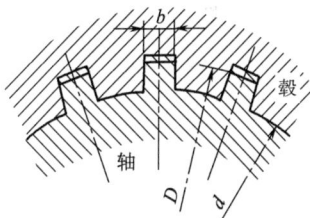

图 12-47　矩形花键连接

12.4.2.2　渐开线花键

渐开线花键的齿廓为渐开线，分度圆压力角有 30° 和 45° 两种，如图 12-48 所示。与矩形花键相比，渐开线花键有以下特点：齿根较厚、齿根圆角较大，应力集中较小，故连接强度较高、寿命长；可利用加工齿轮的各种加工方法加工渐开线花键，故工艺性较好；尺寸小时，加工花键孔的拉刀制造成本较高，因而限制了它的使用。因此，在传递较大转矩且轴颈较大时，宜采用渐开线花键。渐开线花键按齿形定心，即靠齿面上受到的压力自动平衡定心。45° 渐开线花键齿形钝而短，齿数多，模数小，故承载能力较低，多用于载荷轻、直径小或薄壁零件的连接中。

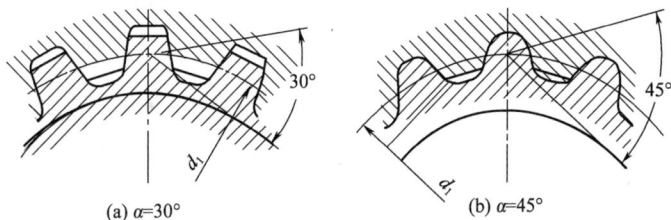

(a) $\alpha=30°$　　　　(b) $\alpha=45°$

图 12-48　渐开线花键连接

12.4.3 无键连接

凡是轴和毂的连接不用键时，统称为无键连接。无键连接包括成形连接、弹性连接和过盈连接。

12.4.3.1 成形连接

成形连接又称为形面连接，它是把轴与毂相配合的轴段部分做成非圆形截面的柱体或锥体，轮毂上制成相应的孔，利用非圆截面的轴与孔的配合构成的连接。柱形面只能传递转矩，锥形面还能传递轴向力，如图 12-49 所示。

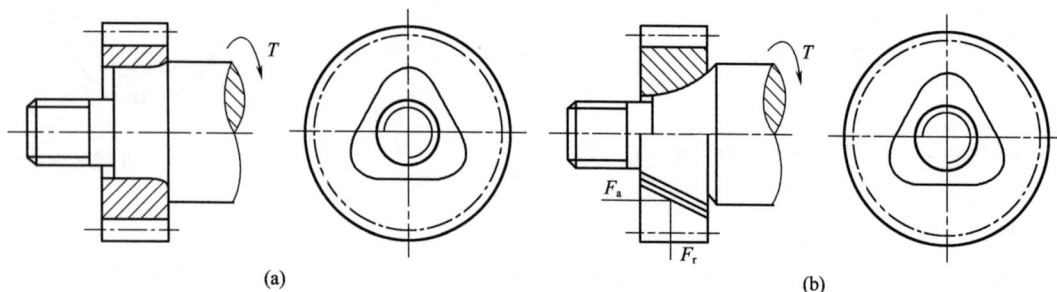

图 12-49　成形连接

成形连接定心性好，装拆方便。由于成形连接没有键槽及尖角等应力集中源，因此可传递很大的转矩。但由于制造工艺较困难，非圆截面轴先经车削，再磨削；毂孔先经钻镗或拉削，再磨削，才能保证配合精度，因此应用并不普遍。

12.4.3.2 弹性连接

弹性连接又称胀紧连接，它是利用装在轴毂之间的以锥面贴合的一对内、外弹性钢环，在对钢环施加外力后从而使轴毂被挤紧的一种连接，如图 12-50 所示。当拧紧螺母或螺钉时，两个弹性钢环在轴向力作用下压紧，内环缩小而箍紧轴，外环胀大而撑紧毂，使工作面产生很大的正压力，利用此压力引起的摩擦力矩来传递载荷。

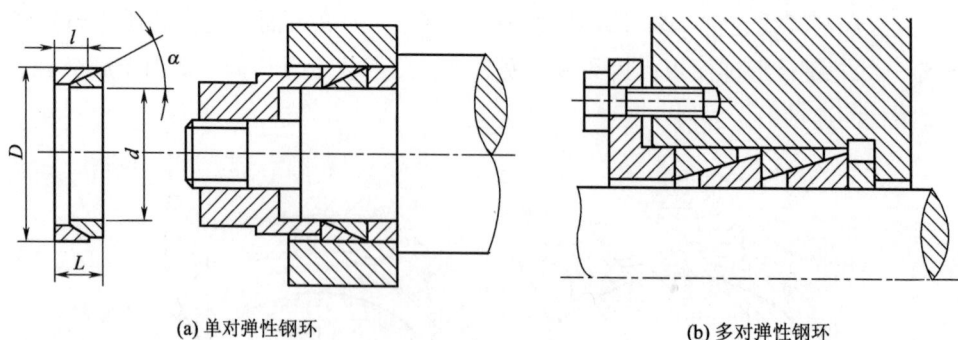

(a) 单对弹性钢环　　　　　　　　　(b) 多对弹性钢环

图 12-50　弹性连接

弹性连接中的弹性钢环又称胀套，可以是一对［图 12-50（a）］，也可以是多对［图 12-50（b）］。当采用多对组合使用时，由于摩擦力的作用，从压紧端起，轴向力和径向压力将逐渐递减，因此，环的对数不宜过多，一般不超过 3 或 4 对。

弹性连接的主要特点是：定心性好、装拆方便、应力集中小、承载能力大，具有安全保护作用。但由于要在轴与毂之间安装弹性环，受到径向尺寸的限制，其应用受到一定的限制。

12.4.3.3　过盈连接

利用两个被连接零件间的过盈配合来实现的连接称为过盈连接。组成连接的零件一个为包容体，一个为被包容体，其配合面通常为圆柱面，也可为圆锥面。由于被连接件本身的弹性和装配时的过盈量 δ，在配合面间产生很大的径向压力，工作时靠径向压力而产生的摩擦力来传递载荷。

过盈连接的装配方法有压入法和温差法两种。压入法利用压力机将被包容件压入包容件中，由于压入过程中表面微观不平度的峰尖被擦伤或压平，因而降低了连接的紧固性；温差法是通过加热包容件，冷却被包容件后进行装配的。它可避免擦伤连接表面，使连接较为牢固。

【思考题】

1. 键连接的选用时，应考虑哪些具体问题？
2. 单键连接强度不足时，可采取哪些方法满足强度要求？

12.5　轴系组合设计

为了保证轴系的正常工作，除了合理解决和考虑上述各节所涉及的问题外，还必须综合考虑轴系零、部件之间及轴系本身的固定、调整、配合、拆装等问题，即还要合理地进行轴系的组合设计。

12.5.1　轴系的轴向定位

轴系在工作时的轴向位置是靠轴承来定位的。目的是防止轴系在工作时轴向窜动，同时保证滚动轴承不因轴受热膨胀卡住。轴系的轴向固定方式有三种。

12.5.1.1　两端单向固定

轴两端的轴承各限制轴在一个方向的轴向移动，如图 12-51 所示。这种支承形式结构简单，安装和调整方便，适用于普通工作温度下（$t<70℃$）跨距小于 350mm 的短轴。考虑到轴受热后伸长，安装时应通过调整端盖与机体间垫片的厚度，使一端轴承外圈与端盖间留出补偿间隙（0.2~0.4mm）。

对于角接触轴承支承的轴系，两端单向固定有两种方式，即轴承正装和反装，如图 12-52 所示。从轴系的强度和刚度考虑，简支轴以正装为好，悬臂轴则以反装为好；从轴承的装拆和预紧考虑，正装要好些。

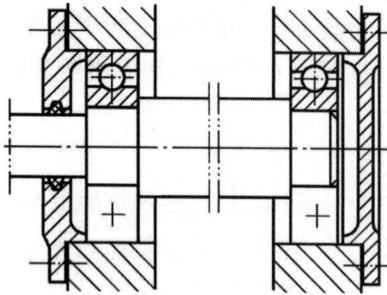

图 12-51　两端单向固定

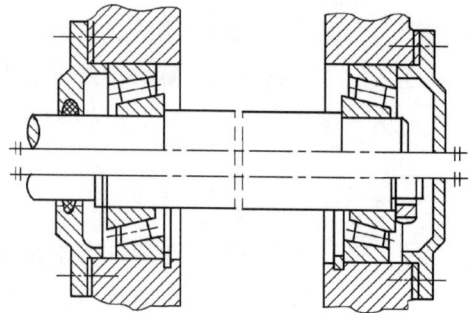

(a) 轴承正装　　　　(b) 轴承反装

图 12-52　两端单向固定的两种方式

12.5.1.2　一端双向固定，一端游动

当轴的跨距较长或轴系工作温度较高时，应采用一端双向固定，一端游动的支承形式，如图 12-53（a）所示。固定支承（左端）要承受双向轴向载荷，故内外圈在轴向都要固定。游动支承（右端）采用的是内外圈不可分离的深沟球轴承，故轴承外圈在座孔内不能轴向定位，轴承可在座孔内自由游动，以补偿轴的热膨胀。若游动支承采用可分离型的圆柱滚子轴承，则内外圈都要固定，如图 12-53（b）所示。固定端也可用两个角接触球轴承（或圆锥滚子轴承），采用正装或反装的结构组合形式，如图 12-53（c）所示。

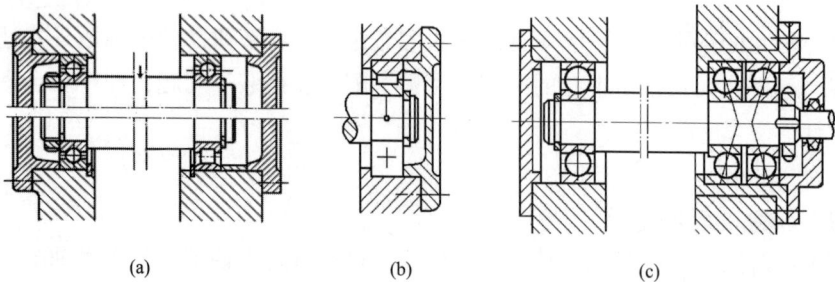

(a)　　　　　　　　(b)　　　　　　　　(c)

图 12-53　一端双向固定，一端游动

12.5.1.3　两端游动

当轴系上的传动零件在工作时已具有确定的轴向位置时，应采用两端游动轴系支承形式，以避免传动零件本身的定位功能与轴系定位功能冲突。图 12-54 所示人字齿轮传动中，当大齿轮所在轴系采用两端单向固定支承形式时，小齿轮的工作位置就已确定，故小齿轮轴系就应采用两端游动支承形式，才能防止相互啮合的一对人字齿轮的轮齿卡死或两侧受力不均匀。

(a)　　　　　　　　　　　　　　(b)

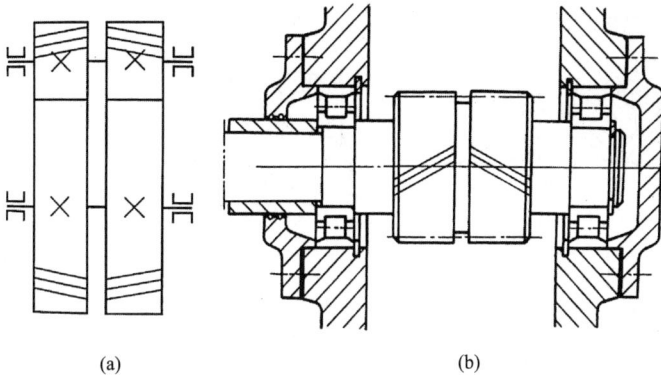

图 12-54　两端游动

12.5.2　轴系轴向位置的调整

　　轴系轴向位置调整的目的是使轴上零件有准确的工作位置。如蜗杆传动要求蜗轮的中间平面必须通过蜗杆轴线［图 12-55（a）］；锥齿轮传动要求两齿轮的锥顶必须重合［图 12-55（b）］等，这些都要求轴系的轴向位置应能调整。图 12-56 中所示锥齿轮轴系中，轴承装在轴承套杯内，通过改变垫片 1 的厚度来调整轴承套杯的轴向位置，即可调整锥齿轮的锥顶处于最佳的啮合位置。改变垫片 2 的厚度来调整轴承轴向间隙。

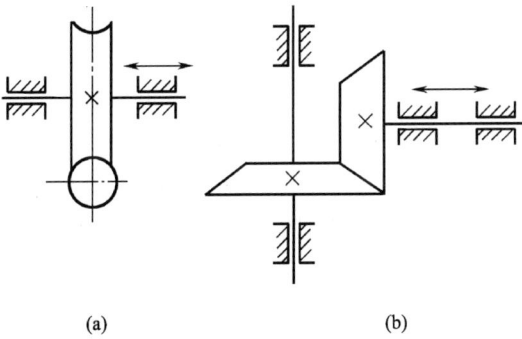

(a)　　　　　　　　　　　(b)

图 12-55　轴系轴向位置调整　　　　　　　图 12-56　圆锥齿轮轴系轴向位置调整

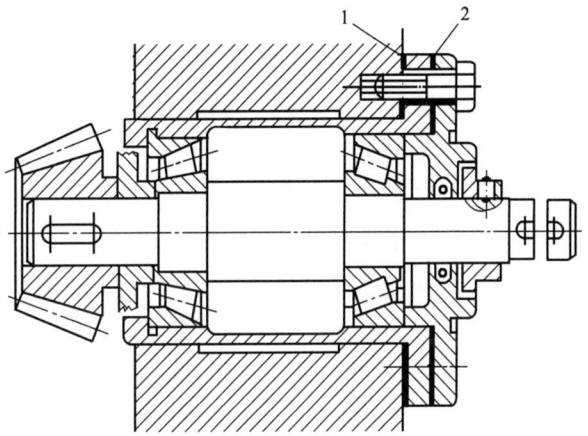

　　轴系轴向位置的调整还包括轴向间隙的调整，目的是保证轴承的旋转精度，提高轴承寿命和工作的平稳性，使轴承具有一定的热补偿能力。常用的调整方法一是靠加减轴承盖与机座间垫片的厚度来调整，如图 12-57（a）所示；二是如图 12-57（b）所示用螺钉 1 通过压盖 3 移动外圈位置进行调整，调整好后，用螺母 2 锁紧防松。图 12-56 中的端盖与套杯间的另一组垫片 2 也是用来调整轴承轴向间隙的。

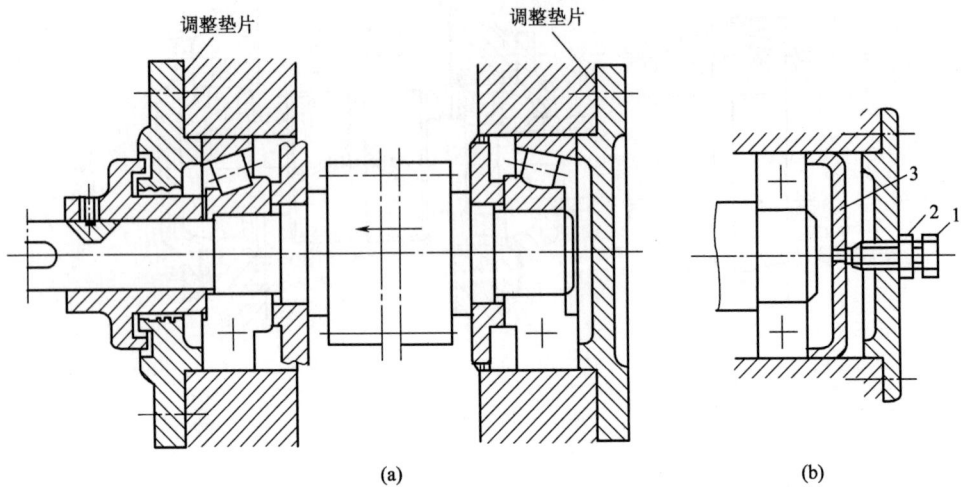

图 12-57　轴向间隙的调整

【思考题】

圆锥齿轮啮合传动中，其轴系的轴向位置设计应考虑哪些问题？如何解决？

12.5.3　滚动轴承的配合与装拆

12.5.3.1　滚动轴承的配合

滚动轴承的配合是指轴承内圈与轴颈、轴承外圈与轴承座孔的配合。滚动轴承的配合既影响轴承定位和固定效果，也影响轴承的工作精度和性能。合理选择滚动轴承的配合是改善轴承工作性能的重要手段。

由于滚动轴承是标准件，故内圈与轴颈的配合应采用基孔制，外圈与轴承座孔的配合应采用基轴制。工作时，通常内圈随轴一起转动，与轴颈配合的要紧些；而外圈不转动，与轴承座孔配合应松些。配合种类的选择应根据轴承的类型和尺寸，载荷的大小、方向和性质，转速的高低等因素来决定。一般来说，当载荷方向不变时，若内圈转动，其与轴的配合采用有过盈的配合，常用 k5、m5、m6、n6 等，外圈与轴承座孔选用有间隙的配合，常用 G7、H7、H6 等，转速越高，振动和载荷越大，旋转精度越高时，内、外圈均应采用较紧的配合，如与轴的配合常用 p6、r6 等，与座孔的配合常用 J7、JS7 等；游动的套圈和经常拆卸的轴承应采用较松的配合；当轴承安装在薄壁外壳或空心轴上时，应采用较紧的配合等。具体选用时可查阅机械设计手册和参考 GB/T 275—2015。

12.5.3.2　滚动轴承的装拆

在轴系结构设计时，应当考虑能方便地装拆轴承和其他零件。滚动轴承的装拆原则是不允许通过滚动体传递装拆力，即装拆内圈时施加的力必须直接作用于内圈，装拆外圈时施加的力必须直接作用于外圈，以免对轴承造成损坏。

轴承内圈与轴颈的配合通常较紧，安装时，小型轴承可用铜锤轻而均匀敲击配合套圈装入。中、大型轴承或较紧的轴承可用专用的压力机装配或将轴承放在矿物油中加热到 80~100℃后再进行装配。拆卸时也要用专门的拆卸工具，如压力机或图 12-58 所示拆卸器。为了便于拆卸，应使轴承内圈比轴肩露出足够的高度，或在轴肩上开槽（图 12-59），以便放入拆卸工具的钩头。同样，轴承外圈应比凸肩露出足够的高度，对于盲孔，可在端部开设专用拆卸螺纹孔，如图 12-60 所示，轴肩和凸肩的具体尺寸可查《机械设计手册》。

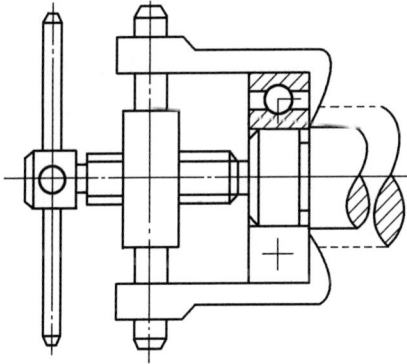

图 12-58　轴承的拆卸

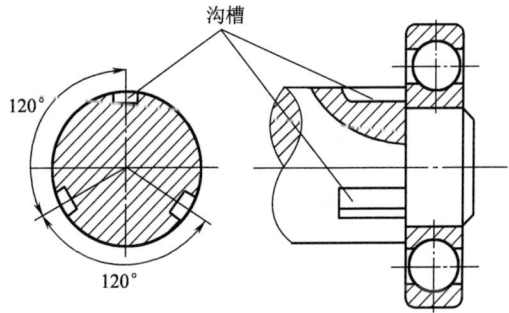

图 12-59　轴肩处开槽结构

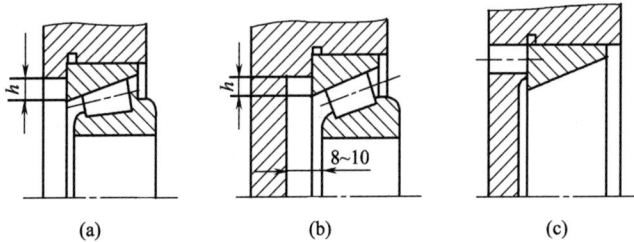

(a)　　　　　　　(b)　　　　　　　(c)

图 12-60　轴承外圈的拆卸

习题

12-1　如题图 12-1 所示传动系统，齿轮 2 空套在轴Ⅲ上，齿轮 1、3 均和轴用键连接，卷筒和齿轮 3 固连而和轴Ⅳ空套。试问：Ⅰ、Ⅱ、Ⅲ、Ⅳ轴工作时分别承受何种载荷？各轴产生什么应力？

12-2　按弯扭合成强度条件对轴的危险截面校核时，公 $\sigma_{ca} = \dfrac{M_{ca}}{W} = \sqrt{\dfrac{M^2+(\alpha T)^2}{W}} \leqslant [\sigma_{-1}]$ 中 α 的含义？α 的取值应如何确定？

12-3　说明下列型号滚动轴承的类型、结构特点、公差等级及其适用场合：6210/P5/C2、30203/P6、

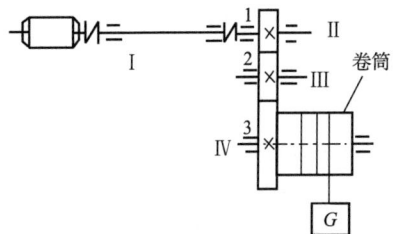

题图 12-1

N2312、7216AC、23315B。

12-4　试比较 6008、6208、6308、6408 等轴承的内径 d、外径 D、宽度 B、基本额定动载荷 C，并说明直径系列代号的意义。

12-5　常用的联轴器和离合器有哪些主要类型？各具有什么特点？

12-6　验算键连接时，若强度不够应采取什么措施？如需加一个键，这个键的位置放在何处合适？平键与楔键的位置放置有何不同？

12-7　轴系组合设计应考虑哪些问题？

12-8　设计题图 12-2 所示直齿圆柱齿轮减速器的输出轴。已知该轴传递功率 $P = 11kW$，转速 $n = 225r/min$，从动齿轮齿数 $Z_2 = 72$，模数 $m = 4mm$，轮毂宽度 $B = 75mm$，选用轻系列深沟球轴承，两轴承中心间距离为 130mm。

12-9　如题图 12-3 所示为两级圆柱齿轮减速器。已知高速级传动比 $i = 2.5$，低速级传动比 $i = 4$。若不计轮齿啮合及轴承摩擦的功率损失，试计算三根轴传递转矩之比，并按扭转强度估算三根轴的轴径之比。

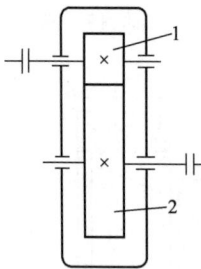

题图 12-2

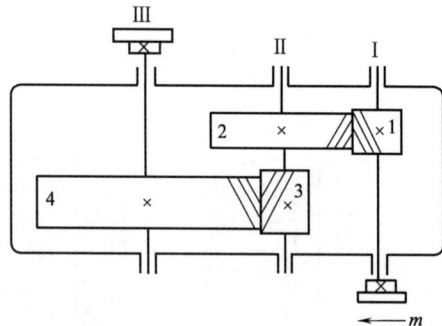

题图 12-3

12-10　已知一转轴在直径 $d = 30mm$ 处受不变的转矩 $T = 15 \times 10^3 N \cdot m$ 和弯矩 $M = 7 \times 10^3 N \cdot m$，轴的材料为经调质处理的 45 钢。问该轴能否满足强度要求？

12-11　某深沟球轴承需在径向载荷 $F_r = 6500N$ 作用下，以 $n = 960r/min$ 的转速工作 5000h。试求此轴承应有的基本额定动载荷 C。

12-12　某轴承的基本额定动载荷 $C = 61900N$。若当量动载荷分别为 $P = C$，$P = 0.5C$，$P = 0.1C$，轴承的寿命 L_{10} 相应各为多少转？若转速 $n = 90r/min$，轴承寿命 L_h 相应各为多少小时？

12-13　根据工作条件，某机械传动装置中轴的两端各采用一个深沟球轴承支承，轴径 $d = 35mm$，转速 $n = 2000r/min$，每个轴承承受径向载荷 $F_r = 2000N$，常温下工作，载荷平稳，预期寿命 $L_h = 8000h$，试选择轴承型号。

12-14　如图 12-15 所示，在轴的两端选用两个角接触球轴承 7207AC 支承。轴颈直径 $d = 35mm$，转速 $n = 1800r/min$。已知 $F_{r1} = 3390N$，$F_{r2} = 1040N$，轴向载荷 $F_a = 870N$，常温下工作，工作时有中等冲击，试分别按图示两种安装形式计算其工作寿命。

12-15　试校核非液体摩擦滑动轴承。已知：其径向载荷 $F_r = 16000N$，轴颈直径 $d = 80mm$，转速 $n = 720r/min$，轴承宽度 $B = 80mm$，轴瓦材料为 ZCuSn5Pb5Zn5。

12-16 一起重设备用非液体摩擦滑动轴承。已知轴颈直径 $d = 60\text{mm}$，转速 $n = 960\text{r/min}$，轴承宽度 $B = 60\text{mm}$，轴瓦材料为 ZCuPb30。求其所能承受的最大径向载荷。

12-17 铸造车间的混砂机与电动机之间用联轴器相连。已知：电动机功率 $P = 5.5\text{kW}$，转速 $n = 720\text{r/min}$，采用 LT6 型弹性套柱销联轴器（GB 4323—2017），试验算此联轴器是否适用。

12-18 指出题图 12-4 所示各轴系结构上的主要错误，说明其理由，并绘出正确的结构图。

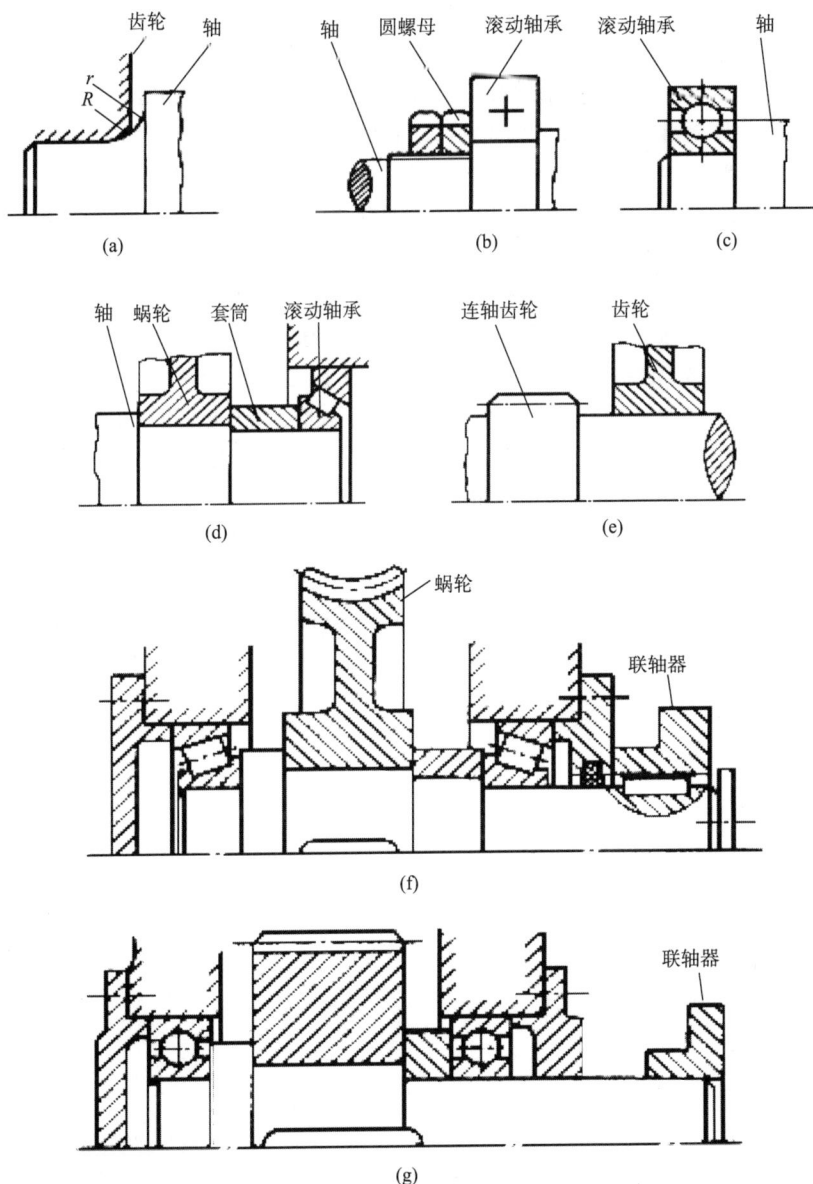

题图 12-4

参考文献

[1] 陶平．机械设计基础［M］．2版．武汉：华中科学技术大学出版社，2021.

[2] 王大康，李德才．机械设计基础［M］．4版．北京：机械工业出版社，2020.

[3] 陈革，孙志宏．机械设计基础［M］．北京：中国纺织出版社，2020.

[4] 荣辉，付铁．机械设计基础［M］．4版．北京：北京理工大学出版社，2018.

[5] 冯建雨，郭术花．机械设计基础［M］．北京：北京理工大学出版社，2020.

[6] 孙桓，葛文杰．机械原理［M］．9版．北京：高等教育出版社，2021.

[7] 濮良贵，陈国定，吴立言，等．机械设计［M］．9版．北京：高等教育出版社，2019.

[8] 吴宗泽，高志．机械设计［M］．2版．北京：高等教育出版社，2009.

[9] 陈东，钱瑞明，金京，等．机械设计［M］．北京：电子工业大学出版社，2010.

[10] 邱宣怀．机械设计［M］．4版．北京：高等教育出版社，1997.

[11] 张策．机械原理与机械设计［M］．北京：机械工业出版社，2011.

[12] 范元勋，梁医，张龙．机械原理与机械设计［M］．北京：清华大学出版社，2014.

[13] 臧勇．现代机械设计方法［M］．2版．北京：冶金工业出版社，2011.

[14] 陈浩，邓茂云．机械设计基础［M］．北京：科学出版社，2016.

[15] 史晓君，封金祥，王大为．机械设计基础［M］．北京：北京理工大学出版社，2016.

[16] 成大先．机械设计手册［M］．5版．北京：化学工业出版社，2017.

[17] 陈秀宁．机械设计基础［M］．2版．杭州：浙江大学出版社，2019.

[18] 李继庆，李育锡．机械设计基础［M］．3版．北京：高等教育出版社，2012.

[19] 汪信远．机械设计基础［M］．3版．北京：高等教育出版社，2001.

[20] 张洪丽，刘爱华，王建胜．现代机械设计基础［M］．2版．北京：科学出版社，2021.